全国青年彩虹工程·大学生预就业计划官方教材

全国电子商务人才从业能力教育官方教材

总策划 单兴华

U0229689

Web前端开发技术实用教程

全国青年彩虹工程实施指导办公室　　　组编
全国电子商务人才从业能力教育项目管理办公室

单兴华　张　琼　主编

中国人民大学出版社
·北京·

全国青年彩虹工程·大学生预就业计划官方教材
全国电子商务人才从业能力教育官方教材

总策划　单兴华
总主编　单兴华
主　审　王　勇　段　然

教材编写成员

（排名不分先后）

单兴华　陈旭东　陈　炜
刘园园　张　琼　单保忠
闫贺朋　王　瑾　张　健

编撰机构

中国共产主义青年团中央委员会
中国青少年发展服务中心
全国青年彩虹工程实施指导办公室
中国国际电子商务中心
中华人民共和国商务部培训中心
全国电子商务人才从业能力教育项目管理办公室
人力资源和社会保障部全国人才流动中心

联合编撰机构

国际互联网教育管理有限公司
北京易然教育科技有限公司
北京博奥思维教育科技有限公司
北京易然科技有限公司

21 世纪是信息化的时代，在全球信息化大势所趋的影响下，信息服务业已成为 21 世纪的主导产业，正引领着中国电子商务不断地完善和发展，中国的电子商务市场将成为各个国家和各大公司争夺的焦点。自 1997 年中国出现电子商务商业模式开始，电商行业始终保持着快速发展的势头，尤其是 2011 年以来，呈现了"几何级"的增长。2011 年电子商务市场交易规模为 6.3 万亿元，年增长率为 32.4%；2012 年交易规模达到 8.1 万亿元；2013 年为 10 万亿元；2016 年我国电子商务交易额更是达到 20 多万亿元，线下产品陆续搬到线上。

近年来，国家对电子商务越来越重视，尤其是党的十八大的胜利召开，国务院、商务部、工信部、国家发改委等各种有利政策相继出台，全国 600 多所本科院校陆续增设电子商务等职业教育，这些都必将会促进电子商务行业的良性、健康、高速发展。

随着"大数据时代"的到来，4G 技术得到推广和应用，移动互联网不断升级，物流行业不断完善，互联网金融兴起，这都为电子商务行业的发展奠定了更加坚实的基础，使电子商务行业展现了更加广阔的空间。

同时，电子商务专业人才的紧缺已经成为行业发展的主要瓶颈，商务部、人力资源和社会保障部、国家统计局公布数据显示：目前中国电子商务从业企业达到 4 万家左右，主要商业模式有 B2B、B2C、C2C、O2O、P2B、P2P 等，在中国 3 000 多万家中小企业中，有半数以上的企业在经营中尝试运用电子商务工具，企业应用电子商务比率在 80% 以上。据保守估计，国内对电子商务人才的缺口将达 300 万人以上。

响应党和国家的号召，为了促进行业的健康稳定发展，商务部正式推出了"全国电子商务人才从业能力教育项目"，并与北京化工大学国家大学科技园联合，共同将（北京）电子商务学院打造成为"全国电子商务人才从业能力实训基地"。学院在 2009 年凭借强大的师资力量、丰富的项目开发经验、良好的社会口碑，成为电子商务行业首家"全国电子商务人才标准化示范学院"，同年被人力资源和社会保障部授予"国家电子商务人才素质测评基地"。

2014 年 6 月，由团中央全国青年彩虹工程实施指导办公室联合商务部培训中心全国电子商务人才从业能力教育项目管理办公室共同推出"彩虹工程·大学生预就业计划"，旨在帮助解决贫困地区高中毕业生升学难、高校毕业生就业难的问题；为在校大学生提供实习岗位，提高大学生的创业、就业能力；为用人单位搭建校企沟通的有效平台；为互联网电子商务行业输送中高端人才及创业精英。

"彩虹工程·大学生预就业计划"由全国电子商务人才从业能力教育（北京）电子商

务学院负责具体实施，协同北京化工大学国家大学科技园、北京科技大学继续教育学院、兴业银行北京市分行、北京易然教育科技有限公司、北京博奥思维教育科技有限公司、宜信普惠信息咨询（北京）有限公司等，共同打造"彩虹工程预就业实训基地""彩虹工程预就业网络创业项目示范基地""彩虹工程预就业企业人才孵化基地"，将广大青年学生的普适性就业行为变为前瞻性预就业行为，提升广大青年学生的就业能力。

中国电子商务发展虽然起步较晚，但势头较强，政府也在积极推进电子商务的发展，目前政府级电子商务总体框架基本建立。

行业电子商务将成为下一代电子商务发展的主流，企业导入电子商务的比例将持续提高，中国将成为电子商务在全球发展最快、潜力最大的国家之一。

因此，在电子商务高速发展的形势下，电子商务人才只要认真做好理论和实践的结合，根据市场和企业的需求找准就业方向、明确学习目标，从现在开始努力学习和实践，提高就业能力与就业竞争力，就一定能实现快速就业、准确就业和高薪就业。

全国青年彩虹工程实施指导办公室
全国电子商务人才从业能力教育项目管理办公室

Web 前端开发在 2004 年才逐步发展起来，至今不过十来年的时间，但如今在各行各业已成为炙手可热的职业。一直以来，这个领域没有学校的正规教育，没有行业内成体系的理论指引，大多数从事这个职业的人都是从其他领域转过来的，因此非常急需系统培养此类专业人才。

本书完全是从一个新手的视角，围绕 Web 前端开发的三大技术要素——HTML、CSS 和 JavaScript 循序渐进地讲述前端技术的各项内容，既有基础知识的讲解，也有实操性强的案例。在学习本书的同时，读者还需要在实际工作中多积累、多实践、多总结，不断吸纳更多的编程思想、编程模式和设计理论。

● 如何阅读本书

本书分为四大部分，每个部分相对独立，读者可以从头至尾通读，也可以选择感兴趣的部分阅读。

第一部分（第 1~4 章）介绍网站制作基本技术。这部分将介绍前端页面制作中涉及的技术，包括 HTML 语言、CSS 样式及 DIV＋CSS 网页布局。通过一个完整的首页实例，从页面内容和结构定义到样式编写，将前端页面制作的内容贯穿起来。

第二部分（第 5~10 章）介绍 JavaScript 脚本技术。这部分是 Web 前端开发的重要章节，从 JavaScript 语言的基础语法到 JavaScript 的对象、事件，再到浏览器对象模型（BOM）和文档对象模型（DOM），以及数据缓存技术 Cookie。通过这些章节的学习，真正进入 Web 前端开发的领域。

第三部分（第 11~12 章）介绍 JavaScript 框架技术 jQuery。这部分是前端技术的进阶内容。通过 jQuery 技术的学习，为前端技术的简洁、快速、高效功能提供了可能。

第四部分（第 13 章）为 Web 前端综合实战。该部分通过一个爱尚悦图书电子商务网站的页面设计、制作及页面功能实现，展现了前端开发技术的整个流程，为读者今后的前端工作提供一种思路和参考。

● 本书特点

◇ 本书不是一本高深的"技术"书籍，也不是纯学术性的理论教程，而是完全从基础出发，用通俗易懂的案例指导读者掌握各个知识点，为进一步深入学习打下坚实基础。

◇ 本书围绕 Web 前端技术的三大块——HTML、CSS、JavaScript 循序渐进、逐步深入，尽量将复杂的问题简单化，让读者在掌握知识的同时具备实战能力。

◇ 本书每章后都配有同步实训和相关习题，让读者对章节内容有充分的练习和理解。

◇ 本书有些章节有知识扩展，让读者扩大知识深度和广度。

● 本书面向的读者

◇ 对 Web 前端有浓厚兴趣的非专业人员。

◇ 爱好网页设计、网页制作的大中专院校或中高职学生。

◇ 准备转行从事前端开发的人员。

◇ 从事 Web 前端培训的讲师。

由于编者的水平有限，书中难免会出现一些错误，恳请读者批评、指正。如果读者在阅读本书中发现任何错误，或对本书中的观点有不同见解，欢迎与编者交流讨论。请发送邮件至邮箱：zhangqiong9762@qq.com。

目 录

第 1 章

网站建设零接触

知识目标

掌握网站建设基本术语。
了解 Web 站点建设流程。

能力目标

能创建 Web 站点。
能熟练使用主流浏览器。

想看新闻、玩游戏、听歌、看电影、获取资料与讯息，到哪里？最快捷的方式就是连接互联网，输入网址，回车，搞定！谁给上网带来了如此快捷、便利的方式？谁呈现了互联网数不尽、用不完的资源？是网站！网站中的页面图文并茂，色彩炫酷，跳转自如。想拥有一个自己设计制作的网站吗？这一章就进入网站建设的新天地。

1.1 网站建设基本术语

1. 网站（Web Site）

网站即 Web Site，指在因特网上，根据一定的规则，使用相关工具制作的用于展示特定内容的相关网页的集合。网站是能以图文并茂的方式将信息呈现给用户的媒介方式，一个网站由若干页面组成，并存储在服务器端。用户可以通过浏览器向服务器端发送请求，服务器根据用户请求将页面传送到客户端，并以页面的方式呈现出来。

网站主要由域名、服务器空间、程序三部分组成，如图 1-1 所示。

图 1-1　网站的组成部分

2. 域名（Domain Name）

域名（Domain Name）是企业、政府、非政府组织等机构或者个人在域名注册商上注册的名称，是由一串用点分隔的名字，包括字母和数字，它就像一个家庭的门牌号码一样，用于在数据传输时标识计算机。

（1）域名的语法。

域名系统是分层的，级别最低的域名写在最左边，级别最高的域名写在最右边，允许定义子域。域的组成至少包含一个标签，如果有多个标签，标签必须用点分开。一个完整的域名总共不超过 255 个字符。如百度域名为 www.baidu.com，新浪域名为 www.sina.com.cn，淘宝域名为 www.taobao.com 等。

（2）域名级别。

域名可分为不同级别，包括顶级域名、二级域名、三级域名、注册域名。

顶级域名又分为两类：一类是国家顶级域名（national top-level domain names，简称 nTLDs），200 多个国家都按照 ISO3166 国家代码分配了顶级域名，例如中国是 cn，美国是 us，英国是 uk 等；二类是国际顶级域名（international top-level domain names，简称 iTLDs），例如表示工商企业的 .com，表示网络提供商的 .net，表示非营利组织的 .org 等。如图 1-2 所示。

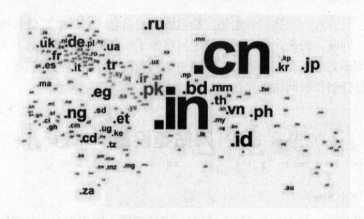

图 1-2 顶级域名类型

在实际使用和功能上，国际顶级域名与国家顶级域名没有任何区别，都是互联网上的具有唯一性的标识。只是在最终管理机构上，国际顶级域名由美国商业部授权的互联网名称与数字地址分配机构（The Internet Corporation for Assigned Names and Numbers），即 ICANN 负责注册和管理；而国家顶级域名则由中国互联网络管理中心（China Internet Network Information Center），即 CNNIC 负责注册和管理。

二级域名是指顶级域名之下的域名。在国际顶级域名下，它是指域名注册人的网上名称，如百度（www.baidu.com）中的 baidu，淘宝网（www.taobao.com）中的 taobao 等；在国家顶级域名下，它是表示注册企业类别的符号，如清华大学（www.tsinghua.edu.cn）中的 edu 表示教育网站，新浪网（www.sina.com.cn）中的 com 表示商业机构。

（3）域名类别。

域名主要分为组织域名、地区域名和城市域名，组织域名又有类别域名和行政区域名两种。类别域名指申请机构的性质，ac 是科研机构，com 是工商、金融等企业，edu 是教育机构，gov 是政府部门；行政区域名按照中国的各个行政区划分而成，行政区域名 34 个，适用于中国的省、自治区、直辖市。

3. 网页（Web Page）

网页是网站的组成部分，主要由文字、图片、动画、音乐、视频、程序等构成。一个网页对应的是一个 .html 或 .htm 文件，此文件主要是通过 HTML 语言制作出来的。HTML（Hypertext Markup Language），即超文本标记语言，用来描述网页的内容和结构。网页文件一般由浏览器来解读。

网站中的页面主要由首页和二级页面、其他页面构成。首页是网站的根基，浏览者进入网站首先看到的就是首页，而且所有的页面都是通过首页展示在浏览者面前的。二级页面是能够从网站首页直接链接到的页面，一般是网站整体内容的一个分支，这些网页彼此之间关联较少，各自独立代表了网站内容的一个方面。其他页面可以通过二级网页进行组织，有的也可以通过网站首页打开，但是在地位和层次上均不能称为二级网页。这些网页的组织要视具体情况而定，用户也可以通过分析再对这些网页进行更深入的结构划分。

百度首页页面效果如图 1-3 所示。

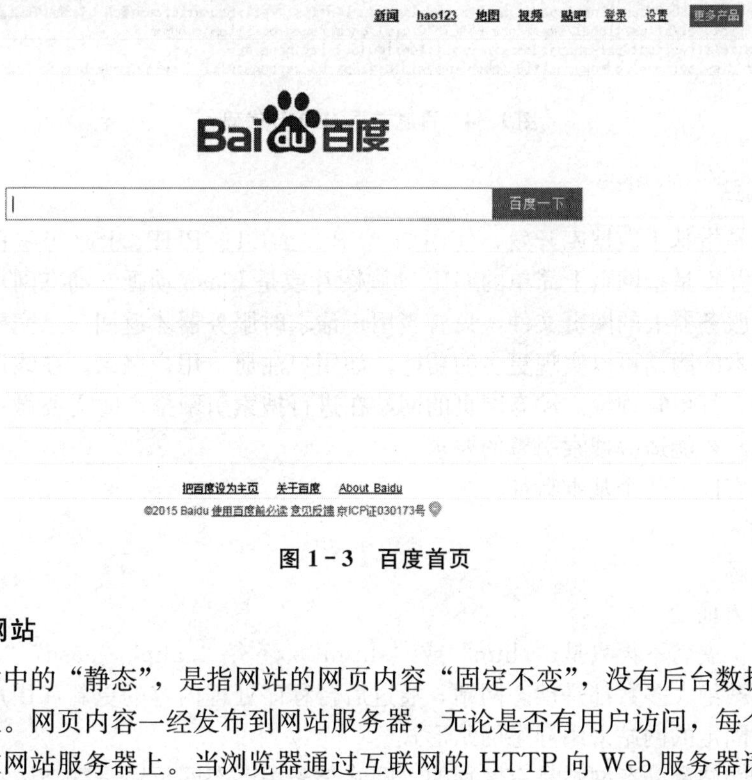

图 1-3　百度首页

4. 静态网站

静态网站中的"静态"，是指网站的网页内容"固定不变"，没有后台数据库，不含程序和不可交互。网页内容一经发布到网站服务器，无论是否有用户访问，每个静态网页的内容都保存在网站服务器上。当浏览器通过互联网的 HTTP 向 Web 服务器请求提供网页时，服务器仅仅是将原来设计好的静态 HTML 文档传给浏览器。每个网页都有一个固定的 URL 地址，且网页 URL 以 .htm、.html、.shtml 等常见形式为后缀。静态网页的内容相对稳定，因此容易被搜索引擎检索。

页面内容使用的仅仅是标准的 HTML 代码，图 1-3 所示的百度首页的 HTML 代码如图 1-4 所示。

```
<!DOCTYPE html><!--STATUS OK--><html><head><meta http-equiv="content-type" content="text/html;charset=utf-
8"><meta http-equiv="X-UA-Compatible" content="IE=Edge"><meta content="always" name="referrer"><link rel="dns-
prefetch" href="//s1.bdstatic.com"/><link rel="dns-prefetch" href="//t1.baidu.com"/><link rel="dns-prefetch"
href="//t2.baidu.com"/><link rel="dns-prefetch" href="//t3.baidu.com"/><link rel="dns-prefetch"
href="//t10.baidu.com"/><link rel="dns-prefetch" href="//t11.baidu.com"/><link rel="dns-prefetch"
href="//t12.baidu.com"/><link rel="dns-prefetch" href="//b1.bdstatic.com"/><title>百度一下，你就知道</title>
<style index="index" id="css_index">html,body{height:100%}html{overflow-y:auto}#wrapper{position:relative;
_position:;min-height:100%}#head{padding-bottom:100px;text-align:center;*z-index:1}#ftCon{height:100px;
position:absolute;bottom:44px;text-align:center;width:100%;margin:0 auto;z-
index:0;overflow:hidden}#ftConw{width:720px;margin:0 auto}body{font:12px arial;text-
align:;background:#fff}body,p,form,ul,li{margin:0;padding:0;list-style:none}body,form,#fm{position:relative}td{text-
align:left}img{border:0}a{color:#00c}a:active{color:#f60}.bg{background-image:url(https://ss1.bdstatic.com
/5eN1bjq8AAUYm2zgoY3K/r/www/cache/static/protocol/https/global/img/icons_2df80e9d.png);background-repeat:no-
repeat;_background-image:url(https://ss1.bdstatic.com/5eN1bjq8AAUYm2zgoY3K/r/www/cache/static/protocol/https/global
/img/icons_b5457670.gif)}.bg_tuiguang_browser{width:16px;height:16px;background-position:-600px 0;display:inline-
block;vertical-align:text-bottom;font-style:normal;overflow:hidden;margin-
right:5px}.bg_tuiguang_browser_big{width:56px;height:56px;position:absolute;left:10px;top:10px;background-
position:-600px -24px}
.bg_tuiguang_weishi{width:56px;height:56px;position:absolute;left:10px;top:10px;background-position:-672px -24px}.c-
icon{display:inline-block;width:14px;height:14px;vertical-align:text-bottom;font-style
normal;overflow:hidden;background:url(https://ss1.bdstatic.com/5eN1bjq8AAUYm2zgoY3K/r/www/cache/static/protocol/https
/global/img/icons_2df80e9d.png) no-repeat 0 0;_background-image:url(https://ss1.bdstatic.com/5eN1bjq8AAUYm2zgoY3K
/r/www/cache/static/protocol/https/global/img/icons_b5457670.gif)}.c-icon-triangle-down-blue{background-
position:-480px -168px}.c-icon-chevron-unfold2{background-position:-504px -168px}#nav{width:720px;margin:0 auto}#nv
a,#nv b,.btn,#1k{font-size:14px}input{border:0;padding:0}#nv{height:19px;font-size:16px;margin:0 0 4px};text-
align:left;text-indent:137px}.s_btn{width:95px;height:32px;padding-top:2px\9;font-size:14px;background-
color:#ddd;background-position:0 -48px;cursor:pointer}.s_btn_h{background-position:-240px
-48px}.s_btn_wr{width:97px;height:34px;display:inline-block;background-position:-120px -48px;*position:relative;z-
index:0;vertical-align:top}
#1k{margin:33px 0}#1k span{font:14px "宋体"}#1m{height:60px;line-height:15px}#1h{margin:16px 0 5px;word-
spacing:3px}#cp,#cp a{color:#666}#cp .c-icon-iclogo{width:14px;height:17px;display:inline-
block;overflow:hidden;background:url(https://ss1.bdstatic.com/5eN1bjq8AAUYm2zgoY3K/r/www/cache/static/protocol/https
/global/img/icons_2df80e9d.png) no-repeat;_background-image:url(https://ss1.bdstatic.com/5eN1bjq8AAUYm2zgoY3K/r/www
/cache/static/protocol/https/global/img/icons_b5457670.gif);background-position:-600px
-96px;position:relative;top:3px}#shouji{margin-right:14px}#u{display:none}#c-
tips-container{display:none}.bdsug{position:absolute;width:418px;background:#fff;display:none;border:1px solid
```

图 1-4　百度首页 HTML 代码

5. 动态网站

动态网站是指基于数据库开发，使用如 ASP、.NET、PHP、JSP 等编程语言开发而完成的网站，并不是指网页上简单的 GIF 动画图片或是 Flash 动画。动态网页实际上并不是独立存在于服务器上的网页文件，只有当用户请求时服务器才返回一个完整的网页。采用动态网页技术的网站可以实现更多的功能，如用户注册、用户登录、在线调查、信息展示、商品管理、订单管理等。动态网页的网站在进行搜索引擎推广时需要做一定的技术处理（如静态化）才能适应搜索引擎的要求。

动态网站有以下几个基本特征：

* 交互性。
* 自主更新。
* 因时因人而变。

网页文件扩展名不再只是 ".htm" 或 ".html"，还有 ".php"".asp"".jsp" 等。现在的互联网网站绝大多数都是动态网站，通过后台程序处理内容的更新和用户请求，除了极少部分内容固定的网站采用静态网站形式。

注：动态网站和静态网站是有区别的，网站是采用动态网页还是静态网页主要取决于网站的功能需求。如果网站功能比较简单，内容更新量不是很大，采用纯静态网页的方式会更简单，反之，采用动态网页技术来实现。

6. WWW（万维网）

WWW（World Wide Web），全名 "全球信息网" 或 "万维网"，是一种建立在 Internet

上的全球性的、交互式、多平台、分布式图形信息系统。它提供了一个可以轻松驾驭的图形化用户界面，可以查阅 Internet 上的文档，这些文档与它们之间的链接一起构成了一个庞大的信息网。WWW 遵循 HTTP 协议，缺省端口是 80。最初建立 WWW 的初衷是为了在科学家之间共享成果，科学家们可以将科研成果以图文形式放在网上进行共享。现在 WWW 的应用已远远超出了原设想，成为 Internet 上最受欢迎的应用之一，它的出现极大地推动了 Internet 的推广。

WWW 的构成如图 1-5 所示。

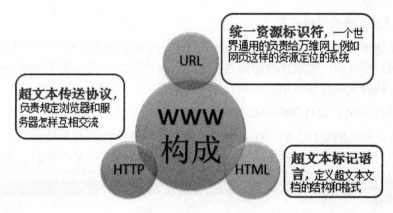

图 1-5　WWW 的构成

 ## 1.2　Web 站点的建设流程

网站从用户提出需求到最后的上线发布及正常运营维护，可以分为以下 9 个步骤，如图 1-6 所示。

1. 确定网站主题，准备资料

2. 确定网站的主要栏目

3. 确定页面之间的链接关系

4. 确定网站风格，进行整体网站布局

5. 制作网站

6. 购买网站空间并申请域名

7. 将网站上传到网站空间

8. 进行网站推广

9. 优化、运营网站

图 1-6　网站建设的流程

1. 确定网站主题，准备资料

即需要做一个什么样的网站，是关于旅游的、体育的、游戏的、购物的、资讯的、交友的，还是综合类的门户网站。总之，网站的主题一定要鲜明、集中，如果什么都有、什么都想做，那么结果就是什么也做不好。

2. 确定网站的主要栏目

即网站的主要分类模块，如企业网站可以划分的栏目有产品介绍、新闻资讯、招商专区、联系我们、诚聘英才等。

3. 确定页面之间的链接关系

超级链接就是页面的导航和向导，合理安排页面之间的链接关系，用户既能在浏览网站过程中感到轻松自如，也能快速地找到自己所需要的信息，而不至于在繁杂的页面海洋中迷失方向，从而带来良好的用户体验。

4. 确定网站风格，进行整体网站布局

网站风格就如人们穿的衣服一样，体现着这个网站整体的美观和品位。所以，可以根据网站的主题内容来确定整体网站风格，是活泼的、欢快的，还是凝重的、深沉的，这些都可以通过网站风格来体现。

5. 制作网站

整体布局确定后，就开始网站制作。可以先通过 PS 软件绘制网站的样图，审核通过后再进行具体的制作。网站制作分为前端页面和后台应用程序，网站技术人员可通过 HTML 语言、CSS 样式、JavaScript 脚本语言及后台编程语言如 PHP 来实现整个网站的设计和制作。

6. 购买网站空间并申请域名

域名就像网站的名字，空间就像网站的家，网站所有的页面内容和程序都需要放在申请的空间里，可以是租用的虚拟主机，也可以是自己独立的服务器，域名一定要简单好记。

7. 将网站上传到网站空间

一般网站可以通过两种方式上传到网站空间：（1）Web 服务的 HTTP 方式，类似于邮件添加附件的方式，通过 HTTP 协议、文件上传方式将网站所有信息上传到网站服务器端；（2）FTP 上传方式，这是一种 C/S 结构，客户端通过服务器端提供的用户名和密码连接服务器，并通过 FTP 协议，选择客户端本地网站文件上传到服务器对应目录中，然后通过域名访问对应目录下的网站文件。可以借助上传软件如 FlashFXP、CuteFTP、LeapFTP 等来实现网站上传。

8. 进行网站推广

以产品为核心内容，将网站以免费或收费方式展现给用户。常见的免费推广方式有发帖、交换链接、博客及微博、微信等新媒体渠道；付费推广方式有百度推广、谷歌推广、搜搜推广等。

9. 优化、运营网站

网站优化的步骤主要有内部优化、外部链接和综合测评几个阶段。内部优化可以从关键词选取、网站结构优化到锚文点的建立，最后进行搜索引擎收录。外部链接首先要找好链接建立的平台，进行相关的软文发布，最好是原创内容，并且要经常更新和维护，且实现高频率转载。

 ## 1.3 Web 站点建设工具

网页文件是文本文件格式，所以记事本就可以用来编辑网页。但为了提高网页编辑效率，并减少错误，一般建议用专业的编辑工具来制作网页。网页编辑工具可采用 Adobe 公司开发的"网页三剑客"来完成：

（1）网页编辑工具：Dreamweaver 或 FrontPage，UltraEdit，EditPlus。
（2）图像处理工具：Photoshop 或 Fireworks。
（3）网页动画制作工具：Flash。
如图 1-7 所示。

Dreamweaver　　FrontPage　　Flash　　Photoshop

图 1-7 网站制作工具

 ## 1.4 创建 Web 站点

在 Dreamweaver 环境下，需要创建站点实现整个网站的制作与开发。以 Dreamweaver CS6 为例，创建站点的步骤如下：
（1）运行 Dreamweaver CS6 应用程序。如图 1-8 所示。

图 1-8 打开 Dreamweaver

（2）在"站点"菜单下选择"新建站点"。如图 1-9 所示。

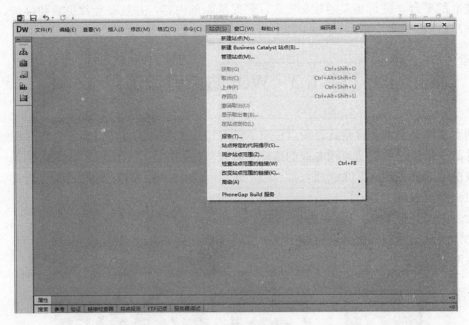

图 1-9　新建站点

（3）选择站点选项，设置站点名称，并指定站点文件夹。如图 1-10 所示。

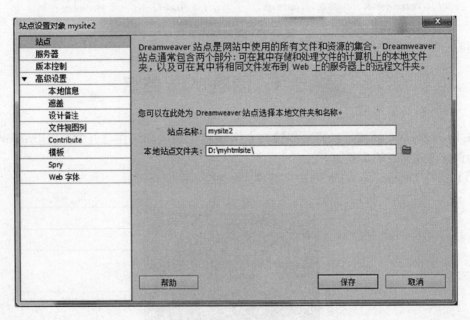

图 1-10　站点设置

（4）点击"保存"按钮，设置站点文件夹位置。如图 1-11 所示。

（5）在站点目录右击鼠标，创建文件，扩展名为 *.htm 或 *.html。如图 1-12 所示。

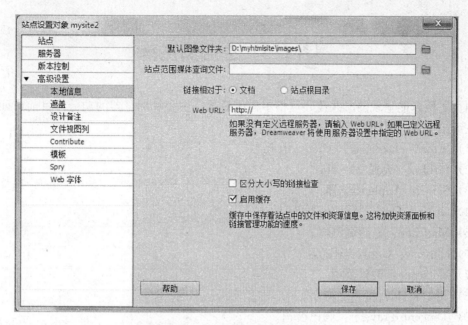

图 1 - 11 设置站点文件夹路径

图 1 - 12 创建文件

（6）编辑文件并保存。

（7）按 F12 键预览页面效果。如图 1 - 13 所示。

图 1 - 13 运行结果

1.5 主流浏览器

网页之所以能呈现图文并茂、风格多样的效果，主要是浏览器的功劳。目前市面上用到的主流浏览器（见图 1-14）有：

(1) Internet Explorer：Microsoft 微软。

(2) Firefox：火狐 Mozilla。

(3) Safari：Apple 浏览器。

(4) Opera：Opera 软件公司。

(5) Maxthon：遨游浏览器。

(6) Chrome：Google 浏览器。

(7) Netscape：网景公司。

(8) TheWorld：世界之窗。

(9) Tencent Traveler：腾讯公司。

图 1-14　各种浏览器

除了上述几款 PC 端常用浏览器外，还有手机端浏览器，另外还有百度浏览器、360 浏览器、搜狗浏览器、猎豹浏览器、淘宝浏览器、UC 浏览器等。在进行网页制作和浏览的时候，建议安装 Firefox、Chrome、Opera、IE10$^+$ 便于不同浏览器测试。这几款浏览器对于 Web 新技术 HTML5 和 CSS3 提供了较好支持，综合评分较好。

～～～～本章小结～～～～

　　本章主要介绍了网站建设的基本术语，如网页、网站、域名等；Web 站点的建设流程和工具 Dreamweaver；主流浏览器的介绍。通过本章的学习，让读者对网站建设流程及工具、环境有一个了解，为后续的学习打下基础。

～～～～同步实训～～～～

● 实训目的

　　熟悉各个浏览器，了解网页编辑工具 Dreamweaver CS6，掌握网站结构部署。

● 实训要求

　　1. 独立完成 Firefox、Chrome、Opera 等浏览器和 Dreamweaver CS6 的下载和安装。
　　2. 创建本地 Web 站点。
　　3. 创建网站分类目录。
　　4. 创建网页。

● 实训安排

　　Dreamweaver CS6 的操作，在设计模式下加入文字、图片、超级链接，做表格和表单。

● 页面效果

　　无。

● 代码参考

　　无。

● 项目小结

　　此项目重在熟悉 Web 开发环境。

～～～～教学一体化训练～～～～

● 重要概念

　　网页　网站　域名　WWW

● 课后讨论

　　1. 创建 Web 站点的流程如何？
　　2. 如何创建一个 Web 站点？
　　3. 用过什么样的浏览器？如何操作和设置？

第 2 章

网站结构描述利器——XHTML 语言

知识目标

掌握网页描述语言 XHTML 的语法特点及语法规范。

掌握 XHTML 语言的标记分类。

掌握网页设计语言 XHTML 的主要标签及其属性设置。

能力目标

会用记事本编写网页文档结构。

会在网页中加入标题、文字、图片及超链接信息。

会用列表实现新闻、歌曲等的纵向排列显示。

会用表格实现图文排版、单元格合并等操作。

会制作用户注册表单。

网站设计和制作分为前端和后台两个方面，前端设计主要是页面效果呈现，可借助 HTML 语言、CSS 样式、JavaScript 脚本语言等来综合实现；后台开发主要是网站的业务逻辑功能实现，如会员注册和登录、商品搜索和分类、购物车功能、订单功能等都需要借助 Web 编程语言（PHP，JSP 等）实现。这里，主要从网页的前端设计和制作技术来介绍制作网站的一般过程。

知道 Web 标准吗？Web 标准也叫作网站标准，是由 W3C 和其他标准化组织共同制定，其目的是规范在互联网上发布的网页内容可以相互访问并可向后兼容，从而满足大多数人访问网络资源的需求。

网页主要由三部分组成：结构（Structure）、表现（Presentation）和行为（Behavior）。在一个网页中，同样可以分为若干个组成部分，包括各级标题、正文段落、各种列表结构等，这就构成了一个网页的"结构"。每部分的字号、字体和颜色等属性就构成了它的"表现"。网页和传统媒体不同的一点是，它是可以随时更新的，而且可以和读者互动，那么如何变化以及如何交互，就称为它的"行为"。概括来说，"结构"决定了网页"是什么"，"表现"决定了网页看起来是"什么样子"，而"行为"决定了网页"做什么"。"结构""表现"和"行为"分别对应 3 种常用技术，即（X）HTML、CSS 和 JavaScript。（X）HTML 用来决定网页的结构和内容，CSS 用来设定网页的表现样式，JavaScript 用来控制网页的行为。如图 2-1 所示。

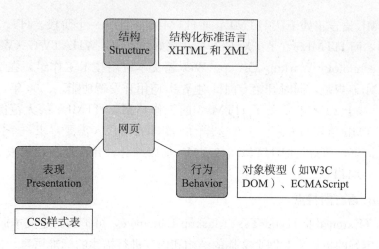

图 2-1　网页三大构成

 2.1　HTML 语言概述

HTML 语言的全称叫作超文本标记语言（HyperText Markup Language），是万维网的基石，被定义为万维网的基本规则之一。它主要用来描述网页的内容和结构，最终形成网页文件由浏览器解释、执行。HTML 语言是一种跨平台的标准语言，即无论在什么样的平台下，都可以用 HTML 语言来编写网页。

1. HTML 语言的发展历程

HTML 语言从出现到现在经历了很多版本，从 1993 年开始的第一版，到现在广泛使用的 XHTML1.1 和目前正受到越来越多关注的 HTML5，它的发展可谓坎坷，充满着变数。经过差不多二十年的技术革新，这门语言变得更加规范、强大，需要设计师编写的代码也越来越简洁。

HTML 语言的发展历程如图 2-2 所示。

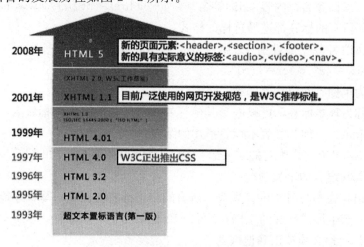

图 2-2　HTML 语言的发展历程

目前 HTML 语言正处于从 HTML4 向 HTML5 过渡的一个阶段。HTML4 得到了界内的广泛认同，而 HTML5 立足于对 CSS 样式更好的解决。WHATWG（Web Hypertext Application Technology Working Group，Web 超文本应用技术工作组）在 2004 年成立，并创立了 HTML5 规范，同时开始专门针对 Web 应用开发新功能。2006 年，W3C 又重新介入 HTML，并于 2008 年发布了 HTML5 的工作草案。HTML5 的大范围使用指日可待，它就是 HTML 语言的未来。而在这样的一个非常阶段，需要寻求一个能起到承上启下作用的过渡语言，那就是把 HTML 和 XML 加以结合，并在现在和未来都能派上用场的标记语言——XHTML。

2．XHTML 语言的特点

XHTML（Extensible HyperText Markup Language，可扩展的超文本标记语言），是用一系列已约定好的标记来对网页文档的结构和内容进行描述的标准语言。XHTML 语言是一种 W3C 标准，它是比 HTML 语言更严格、更纯净的 HTML 版本。虽然随着 2008 年 HTML5 版本的开发和发布，其被更多的浏览器更好兼容，未来能够更好实现网页描述语言的一定非 HTML5 莫属，但现在依然需要 XHTML 语言作为过渡。XHTML 语言的特点如下：

（1）XHTML 语言的目标是取代 HTML。

（2）XHTML 与 HTML4.01 几乎相同。

（3）XHTML 是更严格、更纯净的 HTML 版本。

（4）XHTML 是作为一种 XML 应用被重新定义的 HTML。

（5）XHTML 是一个 W3C 标准。

3．XHTML 语言的语法概述

（1）XHTML 语言的语法格式。

XHTML 语言定义的网页文档由两部分组成：

● 文档描述的内容。

● 描述内容的 HTML 标记。

可以写成：<标签名>内容</标签名>，如<a href="http://www.baidu.com">百度一下</a>。所有的标签都遵循这样的格式：

<标签名属性名 1="属性值 1" 属性名 2="属性名 2" …>

如<font size="5" color="red">。

标签可分为单标签和双标签两种：

● 双标签称为容器标签，可以嵌套其他标签；双标签格式为<标签名></标签名>，如<font></font>，加"/" 表示标签描述的结束；

● 单标签不需要有与之配对的结束标签，格式为<标签名/>，如
、<hr/>。

（2）XHTML 语言的定义规范。

XHTML 语言在书写时要讲究规范，所有的标记都要被正确书写，才能被浏览器更好地识别和兼容，产生形式良好的文档。XHTML 标签的定义规范有：

● XHTML 元素必须被正确地嵌套。

● XHTML 元素必须被关闭。

- 标签名必须用小写。
- XHTML 文档必须拥有根元素，即＜html＞。
- 属性名称必须小写。
- 属性值必须加引号。
- 每个属性都有属性值，没有属性值的用属性名代替，如＜input type＝"radio" checked＝"checked"/＞。
- 所有的尖括号和特殊符号用编码表示，如小于符号"＜"用"<"编码表示，大于符号"＞"用">"编码表示。

4. XHTML 文档结构

一个 HTML 文档必须以＜html＞开头，里面包括网页头部内容和网页主体内容，形式如下：

```
<html>
<head> 网页头部信息定义在这里</head>
<body> 网页所有内容定义在这里</body>
</html>
```

一个完整的网页定义形式如图 2-3 所示。

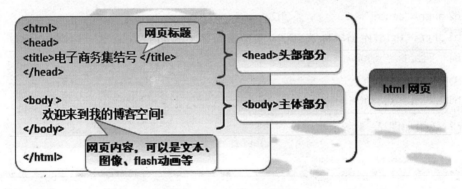

图 2-3　HTML 文档结构

 2.2　XHTML 常用标签介绍

标签主要用于组织 HTML 文档，并告知浏览器如何呈现网页。一般来说，标签由首标签（start tag）、内容（content）和尾标签（end tag）构成，单标签除外。浏览器一般不解析注释标签＜! ——注释内容——＞。下面是 XHTML 语言最常用的标签元素。

- 标题标签。
- 文本标签。
- 逻辑字体标签。
- 图片标签。

- 移动标签。
- 列表标签。
- 超链接标签。
- 表格标签。
- 表单标签。

在下面的内容中，会将上述标记的标签名称、属性、示例等一一呈现出来供读者参考（如无特别说明，下面标记均为双标记）。

1. 标题标签

标题标签主要用来定义网页中的标题内容，具体定义形式如表 2-1 所示。

表 2-1 　　　　　　　　　　　　标题标签

标签名称	属性	说明
＜h1＞，＜h2＞，＜h3＞，＜h4＞，＜h5＞，＜h6＞	align：对齐方式，值为 left、center、right，分别为居左、居中、居右对齐	用于指定不同级别的标题；紧跟其后的内容会隔行显示

例 2.1：标题标签

```
<h1 align="left"> 一级标题</h1>
<h2 align="center"> 二级标题</h2>
<h3 align="right"> 三级标题</h3>
<h4> 四级标题</h4>
<h5> 五级标题</h5>
<h6> 六级标题</h6>
```

运行效果如图 2-4 所示。

图 2-4　标题标签

2. 文本标签

（1）字体标签。

字体标签主要用来定义文字信息，可以设定文字大小、颜色、字体等属性，具体用法如表 2-2 所示。

表 2 - 2　　　　　　　　　　　　　　　　　　font 标签

标签名称	属性	说明
\<font\>	size：字体大小，取值为 1～7 color：字体颜色，取值为颜色英文单词或♯六位十六进制，范围为♯000000～♯FFFFFF face：设置字体	定义文字的字体、颜色及大小等

例 2.2：字体标签

\<font size= "5" color= "♯ FF0000" face= "微软雅黑"\> 4G 时代已到来！\</font\>

运行效果如图 2 - 5 所示。

4G时代已到来！

图 2 - 5　字体标签

（2）段落标签。

段落标签主要用来定义大段文本信息，用法如表 2 - 3 所示。

表 2 - 3　　　　　　　　　　　　　　　　　　段落标签

标签名称	属性	说明
\<p\>	align：对齐方式，值为 left、center、right，分别为居左、居中、居右对齐	段落标记，紧跟其后的内容会隔行显示

例 2.3：段落标签

\< p align= "center"\> 过年的红包发了吗？\</p\> 还没有啦！

运行效果如图 2 - 6 所示。

过年的红包发了吗？

还没有啦！

图 2 - 6　段落标签

3. 逻辑字体标签

逻辑字体标签主要用来定义文字的加粗、斜体、上标、下标等，具体定义如表 2 - 4 所示。

表 2 - 4   逻辑字体标签

标签名称	属性	说明
$<$b$>$，$<$strong$>$ $<$i$>$，$<$em$>$ $<$sup$>$ $<$sub$>$		定义逻辑字体 $<$b$>$，$<$strong$>$：加粗 $<$i$>$，$<$em$>$：斜体 $<$sub$>$：下标 $<$sup$>$：上标

4. 分隔标签及特殊字符

（1）分隔线标签。

分隔线标签主要通过横线来分隔不同内容，可定义横线粗细、长短、颜色等，具体定义如表 2-5 所示。

表 2 - 5   分隔线标签

标签名称	属性	说明
$<$hr/$>$	width：线的长度 size：线的粗细 align：对齐方式，默认居中 color：线的颜色	定义一根直线，单标记

例 2.4： 分隔线

```
< hr color= "# 999900" width= "600" size= "2" align= "left"/>
```

运行效果如图 2-7 所示。

图 2-7   分割线标签

（2）换行标签。

换行标签具体定义如表 2-6 所示。

表 2 - 6   换行标签

标签名称	属性	说明
$<$br/$>$	无	换行标记，单标记

（3）特殊字符。

特殊字符具体定义如表 2-7 所示。

表 2 - 7   特殊字符

标签名称	属性	说明
	无	空格，能在浏览器中正确解析，不建议用空格键
&lt	无	"<" 符号

续前表

标签名称	属性	说明
&gt	无	"＞"符号
&copy	无	"©"版权号

5. 图片标签

图片标签用来在网页中加入图片文件，浏览器支持的图片文件一般有 jpg、jpeg、gif、png 格式等。加入图片的具体方式如表 2-8 所示。

表 2-8　　　　　　　　　　图片标签

标签名称	属性	说明
<img/>	src：图片存放路径，一般用相对路径 width：图片宽度 height：图片高度 align：图片在页面对齐方式 border：图片边框 alt：图片显示后的描述（有些浏览器不支持，可用 title）	加入图片标记，一般支持 jpg、jpeg、gif、png 格式的图片。

例 2.5：图片标签

Baby,看过来! <img src="images/212465. jpg" alt="Baby,看过来!" width="300" height="200" align= "center"/>

运行效果如图 2-8 所示。

图 2-8　图片标签

6. 移动标签

移动标签可以控制网页上的文字或图片朝设定方向移动，且可以设置移动速度和移动方式，具体用法如表 2-9 所示。

表 2-9　　　　　　　　　　移动标签

标签名称	属性	说明
<marquee>	direction：方向，值为 left（左）、right（右）、up（上）、down（下） behavior：方式，值为 alternate（来回走）、slide（走一圈）、scroll（循环向一个方向移动） scrollamount：速度，值越大速度越快	设置文字和图片移动标记

例 2.6：移动标签

```
< marquee direction="up" height="100" behavior="alternate" scrollamount="4"> 今日热
点播报</marquee>
```

运行效果如图 2-9 所示。

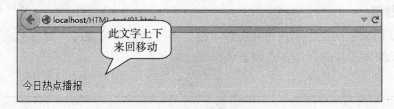

图 2-9 移动标签

7. 列表标签

列表标签用来定义非常规整的文字或图片排列，主要分为无序列表＜ul＞、有序列表＜ol＞和定义列表＜dl＞。

（1）无序列表和有序列表标签。

这两种列表标签均由列表项＜li＞构成，无序列表的列表项默认用粗体圆点进行标记，而有序列表的列表项用阿拉伯数字标记。具体用法如表 2-10 所示。

表 2-10　　　　　　　　　　　无序列表和有序列表标签

标签名称	属性	说明
＜ul＞	Type：定义列表符号形式；取值为 Circle（圆圈）、square（方块）、Disc（圆点） compact="compact"，以紧凑方式呈现	＜ul＞：定义无序列表 列表可以嵌套
＜ol＞	Type：定义列表符号形式；取值为 1（阿拉伯数字序列）、A 或 a（大小写英文字母序列）、I 或 i（罗马数字序列） compact="compact"，以紧凑方式呈现	＜ol＞：定义有序列表 列表可以嵌套
＜li＞	Type：定义某一列表项的符号形式	＜li＞：定义列表项

例 2.7：列表标签

```
<ul type= "square"compact= "compact">
<li> 新浪新闻</li>
<li> 凤凰网</li>
<li> 中华网</li>
<li> 法制日报</li>
<li> 光明网</li>
</ul>
<hr/>
<ol type="1">
```

```
<li> 邮局平邮</li>
<li> 快递公司</li>
<li> 淘宝快递</li>
</ol>
```

运行效果如图2-10所示。

图 2 - 10　列表标签

（2）定义列表标签。

定义列表标签不仅仅是一列项目，而且是项目及其注释的组合，一般用于术语定义。定义列表以<dl>标签开始，每个定义列表项以<dt>开始，每个定义列表项的定义以<dd>开始。具体用法如表2-11所示。

表 2 - 11　　　　　　　　　　　　　　　　定义列表标签

标签名称	属性	说明
<dl>	compact＝"compact"，以紧凑方式呈现	<dl>：定义定义列表
<dt>		<dt>：定义一个定义列表项
<dd>		<dd>：定义列表项中的每一项内容

例 2.8：定义列表

```
<dl>
    <dt> 货物配送方式</dt>
    <dd> 邮局平邮</dd>
    <dd> 快递公司</dd>
    <dd> 淘宝快递</dd>
    <dt> 货物付款方式</dt>
        <dd> 货到付款</dd>
        <dd> 网上支付</dd>
</dl>
```

运行结果如图 2-11 所示。

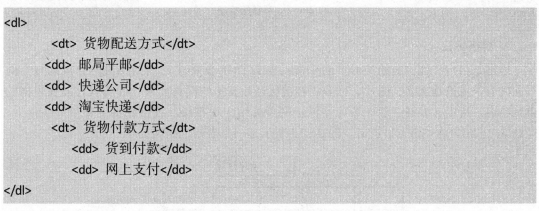

图 2 - 11　定义列表

8. 超链接标签

超链接标签可以实现网页之间的相互跳转，一般通过点击文字或图片跳转到其他页面，或在页面内部不同内容之间跳转，如"回顶部"的操作，具体用法如表2-12所示。

表 2-12　　　　　　　　　　　　　　　　超链接标签

标签名称	属性	说明
<a>	href：链接目标地址 name：锚名称 target：目标窗口打开方式，如"new" "_self""_top""_parent" title：链接描述标题	定义文字或图片的超链接标记，可以是内部链接或外部链接；外部链接一定是完整的 URL 地址，一定加上协议，如http://，ftp://，mailto：等

例 2.9：超链接标签

```
<a href= "news/news. htm" title="进入新闻网站" target="new"> 进入新闻频道</a>
<br/>
<a href= "http://www. taobao. com"> 进入淘宝</a> <br/>
<a href= "ftp://ftp. oracle. com"> 进入 FTP 服务器</a> <br/>
<a href= "ZoomIt. exe"> 下载软件</a> <br/>
<a href= "mailto: admin@ 163. com"> 给管理员写信</a>
```

运行效果如图2-12所示。

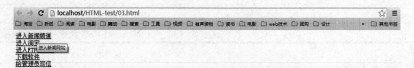

图 2-12　超链接标签

9. 表格标签

表格是由行和列构成的矩形页面元素。在 HTML 文档中广泛使用表格存放网页上的页面内容，无论是文字、图片、列表、超链接还是其他的网页元素，都可以存放在表格的单元格内，所以，表格一般作为容器标记网页的结构和布局。表格标签主要由<table>、<tr>、<td>或<th>来定义，图2-13所示是一个表格的结构。

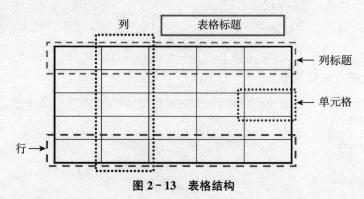

图 2-13　表格结构

表格标签的属性定义具体如表 2-13 所示。

表 2-13　　　　　　　　　　　　　　　表格标签

标签名称	属性	说明
<table>	border：表格的边框线粗细 width：表格宽度，单位是像素；也可以用百分比来设置 height：表格高度 align：表格的对齐方式 cellspacing：相邻单元格之间的距离 cellpadding：单元格中的内容和边框线之间的距离 bgcolor：表格的背景颜色 background：表格的背景图片	定义一个表格
<tr>	bgcolor：单元格的背景颜色	定义表格中的一行
<th>	border：单元格的边框线粗细 width：单元格宽度，单位是像素；也可以用百分比来设置	定义一行中的单元格，一般为表头信息，内容会居中加粗显示
<td>	height：单元格高度 align：单元格内容的对齐方式 bgcolor：单元格的背景颜色 background：单元格的背景图片 colspan：合并相邻右边的单元格 rowspan：合并相邻下边的单元格	定义一行中的单元格，一般为表格正文内容，内容居左正常显示

例 2.10：表格标签基本属性定义

```
<table border="1" width="300" align="center"height="150"  cellspacing="5" cellpadding="5" bgcolor="# CCCC00">
<tr> <td align="center"> 姓名</td> <td align="center"> 性别</td> <td> 头像</td> </tr>
<tr> <td> 张晓伟</td> <td> 男</td> <td> <img src="images/none. gif"/> </td> </tr>
</table>
```

运行效果如图 2-14 所示。

图 2-14　表格实例（一）

例 2.11：表格单元格合并

```
<table border="1" width="400" cellspacing="0" align="center">
<tr> <th colspan="6"> 购物车信息表</th> </tr>
<tr> <th> 编号</th> <th> 商品</th> <th> 单价</th> <th> 数量</th> <th> 小计</th>
<th> 总计</th> </tr>
<tr> <td> 1</td> <td> 魔鬼经济学</td> <td> 20.1</td> <td> 1 </td> <td> 20.1</td>
<td rowspan="3"> 50.9</td> </tr>
<tr> <td> 2</td> <td> 优雅女人</td> <td> 15.3</td> <td> 1</td> <td> 15.3</td> </tr>
<tr> <td> 3</td> <td> 玩转微信</td> <td> 15.5</td> <td> 1</td> <td> 15.5</td> </tr>
</table>
```

注：当向右或向下合并时，被合并的单元格就不需要定义了。

运行效果如图 2-15 所示。

购物车信息表					
编号	商品	单价	数量	小计	总计
1	魔鬼经济学	20.1	1	20.1	50.9
2	优雅女人	15.3	1	15.3	
3	玩转微信营销实战手册	15.5	1	15.5	

图 2-15　表格实例（二）

说明：

第一行第一个单元格合并了后面 5 个单元格，用 colspan＝"6" 来定义。

第三行第六个单元格向下合并了 2 个单元格，用 rowspan＝"3" 来定义。

至此，表格的使用介绍完毕。

10. 表单标签

表单是一个可以包含多个表单元素、可直接与用户交互的容器标记，图 2-16 所示的操作中都有表单的应用。

图 2-16　百度首页和百度通行证登录页面的表单元素

表单标签的具体定义如表 2 - 14 所示。

表 2 - 14　　　　　　　　　　　　　　表单标签

表单标签	标签定义	属性说明
＜form＞	＜form method＝"" action＝"" name＝"" enctype＝""＞	action：用来设置接收和处理表单内容的服务器程序的 URL method：定义浏览器将表单中的信息提交给服务器端的处理程序的方式，取值可以为 get 或 post enctype：指示浏览器使用哪种编码方法将表单数据传送给 www 服务器，默认的值为"application/x-www-form-urlencoded"

可见，表单主要是为了方便获取用户信息并对用户提交信息进行处理的页面元素，它所包括的元素主要有文本框、密码框、单选按钮、复选框、下拉列表、文件域、文本域、图像域文件域、普通按钮文件域、提交按钮文件域、重置按钮、随藏域等，下面介绍这些表单元素的定义形式。

（1）文本框。

文本框的具体定义如表 2 - 15 所示。

表 2 - 15　　　　　　　　　　　　　　文本框

表单元素	标签定义	属性说明
文本框	＜input type＝"text" size＝"" value＝"" name＝"" maxlength＝"100" /＞	type："text"定义的单行文本框，用户可输入文本 size：文本框的长度 value：文本框中的文本值 name：文本框的名字 maxlength：文本框可输入的最多字符数

（2）密码框。

密码框的具体定义如表 2 - 16 所示。

表 2 - 16　　　　　　　　　　　　　　密码框

表单元素	标签定义	属性说明
密码框	＜input type＝"password" size＝"" value＝"" name＝"" maxlength＝" 100" /＞	type："password"定义为密码框，输入内容不见 size：密码框的长度 value：密码框中的文本值，一般不需要定义 name：密码框的名字 maxlength：密码框可输入的最多字符数

（3）单选按钮。

单选按钮的具体定义如表 2 - 17 所示。

表 2－17 单选按钮

表单元素	标签定义	属性说明
单选按钮	\<input type="radio" name="" value="" checked="checked" />	type："radio"定义为单选按钮 name：名称，多个单选按钮为一组的话，应该定义为同名 value：单选按钮的值 checked：默认被选中

（4）复选框。

复选框的具体定义如表 2－18 所示。

表 2－18 复选框

表单元素	标签定义	属性说明
复选框	\<input type="checkbox" name="" value="" checked="checked" />	type："checkbox"定义为复选按钮 name：名称，多个复选按钮为一组的话，应该定义为同名 value：复选按钮的值 checked：默认被选中

（5）下拉列表。

下拉列表的具体定义如表 2－19 所示。

表 2－19 下拉列表

表单元素	标签定义	属性说明
下拉列表	\<select name="" size="" multiple=" multiple" > \<option value=" " selected=" selected" > \</option> \</select>	select：定义一个下拉列表 name：列表名称 size：显示的列表项数目 option：定义下拉列表中的选项 value：选项的值 selected：默认选中的下拉选项

（6）文件域。

文件域的具体定义如表 2－20 所示。

表 2－20 文件域

表单元素	标签定义	属性说明
文件域	\<input type="file" name=" " />	type："file"定义为文件域 name：文件域名称

（7）文本域。

文本域的具体定义如表 2－21 所示。

表 2 - 21　　　　　　　　　　　　　　　文本域

表单元素	标签定义	属性说明
文本域	<textarea rows="" cols="" name="" ></textarea>	name：文本域的名称 rows：文本域的行数 cols：文本域的列数

（8）图像域。

图像域的具体定义如表 2 - 22 所示。

表 2 - 22　　　　　　　　　　　　　　　图像域

表单元素	标签定义	属性说明
图像域	<input type=" image" src=" " value=" " />	type："image"定义为图像域 src：图像域显示的图像 URL 地址 value：图像域的值 图像域显示为按钮形式，点击可提交

（9）普通按钮。

普通按钮的具体定义如表 2 - 23 所示。

表 2 - 23　　　　　　　　　　　　　　　普通按钮

表单元素	标签定义	属性说明
普通按钮	<input type=" button" value=" " name="" />	type："button"定义为按钮 value：按钮上显示的文本 name：按钮名称

（10）提交按钮。

提交按钮的具体定义如表 2 - 24 所示。

表 2 - 24　　　　　　　　　　　　　　　提交按钮

表单元素	标签定义	属性说明
提交按钮	<input type=" submit" value=" " name="" />	type："submit"定义为提交按钮 value：按钮上显示的文本，默认是"提交查询内容" name：按钮名称 它是功能按钮，可提交用户信息

（11）重置按钮。

重置按钮的具体定义如表 2 - 25 所示。

表 2 - 25　　　　　　　　　　　　　　　重置按钮

表单元素	标签定义	属性说明
重置按钮	<input type=" reset" value=" " name="" />	type："reset"定义为重置按钮 value：按钮上显示的文本，默认是"重置" name：按钮名称 它是功能按钮，可将用户信息重置

（12）隐藏域。

隐藏域的具体定义如表 2-26 所示。

表 2-26 隐藏域

表单元素	标签定义	属性说明
隐藏域	＜input type=" hidden" value="" name="" /＞	type："hidden" 定义为隐藏域，此表单元素在页面上不可见 value：隐藏域的值 name：名称 隐藏域一般作为传参使用

例 2.12： 表单标签综合实例

代码如下：

```
<table align="center" width="600" cellspacing="0" border="1" cellpadding="0">
<form method="post" name="form1" action="success. html" enctype="application/x-www-form-urlencoded">
<tr>
<td> 用户名:</td>
<td> <input type="text" size="30" value="请输入姓名" name="uname" maxlength="100"/> </td>
</tr>
<tr>
<td> 密码:</td>
<td> <input type="password" name="upwd" size="30"/> </td>
</tr>
<tr>
<td> 性别:</td>
<td> <input type="radio" name="gender" value="boy" checked="checked"/>
男   <input type="radio" name="gender" value="girl"/> 女
</td>
</tr>
<tr>
<td> 兴趣爱好:</td>
<td> <input type="checkbox" name="hobby" value="1" checked="checked"/>
上网  <input type="checkbox" name="hobby" value="2"/> 学习  
<input type="checkbox" name="hobby" value="3"/> 跳舞  
<input type="checkbox" name="hobby" value="4"/> 看书  
<input type="checkbox" name="hobby" value="5"/> 爬山  
</td>
</tr>
<tr>
```

```
<td> 所在城市:</td>
<td> <select name= "selcity" size= "5" multiple= "multiple">
<option value= "beijing"> 北京</option>
<option value= "shanghai" selected= "selected"> 上海</option>
<option value= "tianjin"> 天津</option>
<option value= "nanjing"> 南京</option>
<option value= "chongqing"> 重庆</option>
</select> </td>
</tr>
<tr>
<td> 个人简介:</td>
<td> <textarea rows= "8" cols= "60"> 大家好,我叫 XXX</textarea> </td>
</tr>
<tr>
<td> 上传照片:</td>
<td> <input type= "file" name= "upfile"/> </td>
</tr>
<tr> <td colspan= "2"> <input type= "submit" value= "注册"/>  
<input type= "reset" value= "重新填写"/>  
<input type= "button" value= "点我试试" onclick= "window. alert('O(∩_∩)O 哈哈~ ,上当
了吧! ');"/>  
<input type= "image" src= "images/title_login_2. gif" value= "注册"/>
</td> </tr>
</form>
</table>
```

运行效果如图 2-17 所示。

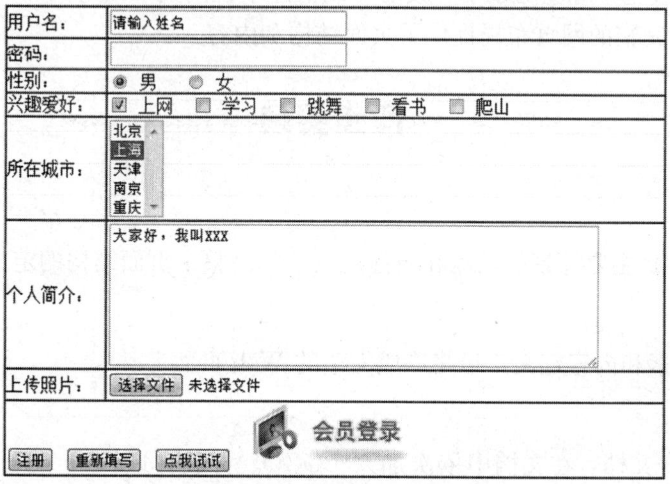

图 2-17   表单标签综合实例

到这里，关于 XHTML 语言的主要标记就介绍完了。标记本身并不难，关键是要将其灵活运用到网页制作中，根据网页内容进行具体选择，并且要注意书写规范。

知识扩展　　　　　　　　　　HTML5

HTML5 草案的前身名为 Web Applications 1.0，于 2004 年被 WHATWG 提出，于 2007 年被 W3C 接纳，并成立了新的 HTML 工作团队。HTML5 的第一份正式草案已于 2008 年 1 月 22 日公布，虽然仍处于完善之中，然而，大部分浏览器已经具备了 HTML5 支持。HTML5 将会取代 1999 年制定的 HTML 4.01、XHTML 1.0 标准，为桌面和移动平台带来无缝衔接的丰富内容。"HTML5 将推动 Web 进入新的时代！"

HTML5 的新特性：

（1）语义特性；

（2）本地存储特性；

（3）设备兼容特性；

（4）连接特性；

（5）网页多媒体特性；

（6）三维、图形及特效特性；

（7）性能与集成特性；

（8）CSS3 特性。

本章小结

本章主要介绍了 XHTML 语言的特点与书写规范，重点介绍了 XHTML 常用标签的属性和标签定义，包括标题标签<h1>～<h6>，文本标签<font>，图片标签<img>，超级链接标签<a>，列表标签<ul>、<ol>、<li>，表格标签<table>，表单标签<form>等。通过基本标签的学习，读者可以快速掌握网页结构定义和内容添加，为后续添加 CSS 样式和完整的网页布局提供了页面结构和内容。

同步实训

● 实训目的

了解 XHTML 主要标签的功能和属性定义，掌握整个页面结构的定义方式。

● 实训要求

通过页面元素和内容定义，最终形成完整的 Web 页面。

● 实训安排

创建 HTML 文档，在文档中依次加入 LOGO、导航、Flash 广告、超链接、图文信息、页尾信息。

页面效果如图 2 - 18 所示。

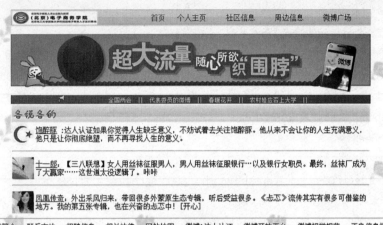

图 2 - 18　微博完整页面效果

代码实现（参考）：

```
<! DOCTYPE html PUBLIC "-//W3C//DTD XHTML 1. 0 Transitional//EN"
"http://www. w3. org/TR/xhtml1/DTD/xhtml1-transitional. dtd">
  <html xmlns= "http://www. w3. org/1999/xhtml">
  <head>
  <meta http-equiv= "Content-Type" content= "text/html;charset= utf-8"/>
  <title> 北京电子商务微博-随时随地记录你的生活点滴</title>
  </head>
  <body background= "images/ bg. jpg">
  <table align= "center" width= "800" background= "images/menu2 - bg. jpg">
    <tr>
      <td> <img src= "images/logo. png" width= "190" height= "30"/> </td>
      <td> <font color= "# CC6600"> <strong> 首页</strong> <4/font> </td>
      <td> <font color= "# 003399"> 个人主页</font> </td>
      <td> <font color= "# 003399"> 社区信息</font> </td>
      <td> <font color= "# 003399"> 周边信息</font> </td>
      <td> <font color= "# 003399"> 微博广场</font> </td>
    </tr>
  </table>
  <center>
    <embed src= "flash/banner. swf" width= "800"> </embed>
  </center>
  <center>
```

```
<marquee scrollamount="4" bgcolor="# 3D6DAB" width="800" onmouseover="stop();"
onmouseout="start();">
    <img src="images/lb. png"/>
    <font color="# FF0000"> <strong> 正在热议:</strong> </font>
    <font color="# E1F5F8" size="2"> 全国两会   ||  代表委员的
微博   ||  春暖花开   ||  农村娃应否上大
学   ||  </font>
    </marquee>
    </center>
    <table border="0" align="center" width="800" bgcolor="# FFFFFF">
    <tr>
        <td colspan="2" background="images/menu-  bg. gif" height="35"> <font color="#
3E6EAC" face="方正舒体" size="5"> <strong> 各说各的</strong> </font> </td>
    </tr>
    <tr>
        <td> <img src="images/image3. jpg"/> </td>
        <td> <a href="next. html"> 饱醉豚</a> :达人认证如果你觉得人生缺乏意义,不妨
试着去关注饱醉豚。他从来不会让你的人生充满意义,他只是让你彻底绝望,而不再寻找人
生的意义。</td>
    </tr>
    <tr>
        <td colspan="2"> <hr/> </td>
    </tr>
    <tr>
        <td> <img src="images/image(5). jpg"/> </td>
        <td> <a href="#"> 十一郎</a> :【三八联想】……最终,丝袜厂成为了大赢家……
这世道太没逻辑了。咔咔</td>
    </tr>
    <tr>
        <td colspan="2"> <hr/> </td>
    </tr>
    <tr>
        <td> <img src="images/image(4). jpg"/> </td>
        <td> <a href="#"> 凤凰传奇</a> :外出采风归来,带回很多外蒙原生态专辑,听后
受益很多。《忐忑》流传其实有很多可借鉴的地方。我的第五张专辑,也在兴奋的忐忑中!
[开心]</td>
    </tr>
```

```
    </table>
    <hr/>
    <center>
    公司简介—联系方法—招聘信息—相关法律—网站地图—微博 i 达人认证—微博开
放平台—微博视觉规范—不良信息举报<br/>
    北京电子商务学院版权所有<br/>
    &copy;1997—2015
    </center>
    </body>
</html>
```

● 项目小结

　　只要清楚每一个标签的定义方法及作用，明了网页内容的编排，就能轻松定义 Web
页面的结构。

教学一体化训练

● 重要概念

　　XHTML 语言　列表　超链接　表格　表单

● 课后讨论

　　1. XHTML 语言的书写规范有哪些？

　　2. XHTML 语言主要描述的网页结构和内容有哪些？

　　3. XHTML 语言的主要标记及其属性有哪些？

● 课后自测

　　选择题

　　1. 下列说法中，不正确的是（　　）。

　　A. HTML 文档是文本格式的　　　　　B. URL 用来在 Web 上定位资源

　　C. HTTP 用来传输 HTML 文档　　　　D. Web 与平台有关

　　2. 用 HTML 标记语言编写一个简单的网页，网页最基本的结构是（　　）。

　　A. <html><head>… </head><frame>… </frame></html>

　　B. <html><title>… </title><body>… </body></html>

　　C. <html><title>… </title><frame>… </frame></html>

　　D. <html><head>… </head><body>… </body></html>

　　3. 在 HTML 语言中，表示跳转到页面锚点为"bn"位置的代码是（　　）。

　　A. <a name="＃bn">… </a>

　　B. <a href="bn">… </a>

　　C. <a href="＃bn">… </a>

　　D. <a name="bn">… </a>

4. 在 HTML 语言中，表示新开一个窗口的超链接代码是（　　　）。

A. <a href＝URL target＝ _ top>…　</a>

B. <a href＝URL target＝ _ self>…　</a>

C. <a href＝URL target＝ _ blank>…　</a>

D. <a href＝URL target＝ _ parent>…　</a>

5. 在 HTML 语言中，表示一条水平线的 HTML 代码是（　　　）。

A. <hr/>　　　　　　B.
　　　　　　C. <hr></hr>　　　D. <tr>

6. 在 HTML 语言中，标签<strong></strong>表示（　　　）。

A. 斜体　　　　　　B. 粗体　　　　　　C. 下划线　　　　　　D. 上标

7. 在 HTML 中，<form method＝? >，method 表示（　　　）。

A. 提交的方式　　　　　　　　　　B. 表单所用的脚本语言

C. 提交的 URL 地址　　　　　　　　D. 表单的形式

8. 设置表格的单元格间距为 0 的 HTML 代码是（　　　）。

A. <table cellspacing ＝0>　　　　　　B. <table height＝0>

C. <table border＝0>　　　　　　　　D. <table cellpadding ＝0>

9. 以下创建 mail 链接的方法，正确的 HTML 代码是（　　　）。

A. <a href＝" master@163. com" >管理员</a>

B. <a href＝" callto：master@163. com" >管理员</a>

C. <a href＝" mailto：master@163. com" >管理员</a>

D. <a href＝" Email：master@163. com" >管理员</a>

10. 定义表单的复选框的 HTML 代码是（　　　）。

A. <input type＝submit>　　　　　　B. <input type＝iamge>

C. <input type＝text>　　　　　　　　D. <input type＝checkbox>

判断题

1. HTML 表格在默认情况下有边框。（　　　）

2. WWW 是超文本传输协议的意思。（　　　）

3. <ol>产生带有圆点列表符号的列表。（　　　）

4. HTML 标记一般不区分大小写。（　　　）

5. 在 HTML 页面中，设置页面背景颜色的属性为 background。（　　　）

6. 在新窗口打开链接的 html 代码是<a　href＝" # "　　target＝"blank" >新窗口打开</a>。（　　　）

7. <title>标记符应位于<body>标记符之间。（　　　）

8. 用 H1 标记符修饰的文字通常比用 H6 标记符修饰的小。（　　　）

第3章

网站的“华丽外衣”——CSS 样式

知识目标

掌握 CSS 样式表的语法构成。

掌握 CSS 样式中选择器分类。

掌握 CSS 样式属性设置内容。

能力目标

会在网页中引入不同 CSS 样式内容。

会对不同网页元素设置需要的样式属性。

掌握文本、字体、背景、列表、边框、表格等样式属性设置。

前面的章节中谈到了 XHTML 语言用来定义网页的结构和内容，而光有这些是不够的，网页还需要样式风格的统一，就好像给网页穿上漂亮得体的“外衣”，让它给用户带来愉悦的视觉感受，这就需要用到 CSS 样式。

3.1 CSS 样式表概述

CSS 是 Cascading Style Sheets 的简写，全称为“层叠样式表”。CSS 样式可以设置网页元素的大小、颜色、位置、显示、背景等，使网页的显示效果与 Word 排版的一样。有了 CSS 样式，就可以将网页结构内容和其表现风格分离，将原来由 XHTML 语言所承担的一些与结构无关的功能剥离出来，改由 CSS 来完成。

3.2 在网页中引入 CSS 样式表的方式

在页面中引入 CSS 样式的方式主要有以下三种。

1. 行内样式

直接在标签后加入 style 属性，并加入样式定义，代码如下：

```
<p style="color:red;font-size:20px"> 顾客虐我千百遍,我视顾客如初恋！</p>
```

注：段落标记中定义的样式只对当前的段落有效果，对其他的段落标记无影响。

2. 内嵌样式

在网页的<head>标记中引入<style>标记进行样式定义，代码如下：

```
<head>
<style type="text/css">
p{color:red;font-size:20px}/* 在 head 标签内书写* /
</style>
</head>
```

注：通过 style 标记定义的段落标记样式，会对当前页面中所有的段落标记有效果。

3. 外部样式

首先创建一个独立的 CSS 样式文件，并编写好样式内容，然后在需要此样式的页面的<head>标记中，通过链接的方式引入样式文件，代码如下：

```
<head>
    <link href="css/main. css" rel="stylesheet" type="text/css">
</head>
```

- href——指定需要加载的资源（CSS 文件）的地址 URI。
- rel——指定链接类型，值为 stylesheet。
- type——包含内容的类型，一般使用 type=" text/css"。

此样式文件独立于网页，可以在站点内的任何一个网页中引入。

三种引入方式说明：

- 行内、内嵌、外部样式表各有优势，实际的开发中常常需要混合使用。
- 有关整个网站统一风格的样式代码，放置在独立的样式文件 *. css 中。
- 某些样式不同的页面，除了链接外部样式文件，还需定义内嵌样式。
- 某个网页内，有部分内容与其他元素不同样式，采用行内样式。

说明：多个样式作用于同一个或同一类网页标签上时，如果样式不冲突，则采取"叠加"原则，所有的样式都会作用于此元素；如样式有冲突，即同一个样式属性效果不同，一般采取"优先"原则，优先级高的样式会作用于此元素。

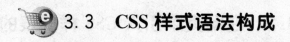 **3.3 CSS 样式语法构成**

CSS 语法由三部分构成：选择器（或选择器）、属性和值，如图 3 - 1 所示。

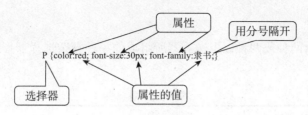

图 3-1　CSS 语法结构

　　每个 CSS 选择符由一个或多个 CSS 属性组成；每个属性设置需用分号隔开。每个属性名都有对应的属性值，中间用冒号分隔。CSS 语法对大小写并不敏感，但在 CSS 语法中推荐使用小写。

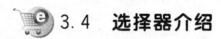 3.4　选择器介绍

　　选择器（Selector），即 CSS 样式名称，指样式作用于的网页元素对象。自定义的 CSS 选择器可以由英文字母（A~Z 或 a~z）、数字（0~9）、连字符（-）、下划线（＿）等构成，一般以字母或下划线开头，区分大小写。选择器主要有基本选择器、复合选择器、特殊选择器，下面分别介绍。

1. 基本选择器

　　基本选择器主要包括标签选择器、类别选择器和 ID 选择器，它们是选择器中最基础也是最重要的选择器形式，具体用法如表 3-1 所示。

表 3-1　　　　　　　　　　　　　　　基本选择器

类别	选择器	定义格式	示例	说明
基本选择器	标签选择器	标签名〔样式规则;〕	h2 { background-color：#CCFF33; text-align：center; }（h2 即为标签选择器）	用 html 标签如 p、div、ul、li 等作为选择器；同一类 html 标签均会使用此样式
	类别选择器	．类名〔样式规则;〕	．myclass1 { border：1px solid #00FF00; color：#AA00FF }（".myclass1" 为类别选择器） ＜divclass＝" myclass1" ＞这是块标记＜/div＞ ＜pclass＝" myclass1" ＞段落标记＜/p＞	同一类名的标签会使用同一样式，定义类名前面有点（．）符号，引用此类别样式用 class＝"类名" 格式
	ID 选择器	#id 名〔样式规则;〕	#box { width：800px; margin：0px auto; }（"#box" 为 ID 选择器） ＜div id＝" box" ＞盒子一＜/div＞	ID 选择器用"#" 来定义，一般 ID 名称唯一，只有使用此 ID 选择器的元素才有此样式效果

2. 复合选择器

复合选择器是由两种或两种以上选择器所组成的一种复杂选择器形式，它们的具体用法如表 3-2 所示。

表 3-2 　　　　　　　　　　　　　　　　复合选择器

类别	选择器	定义格式	示例	说明

复合选择器	群组选择器	选择器1，选择器2，… {样式规则;}	h1, h2, h3, p, div {
			　font-size: 12px;
			　font-family: 宋体;
			}
				h1、h2、h3、p、div 即是多个标签选择器组成的复合选择器，它们使用同一样式，减少代码量，提高重用率

	包含选择器	父选择器子选择器 {样式规则;}	#main li {
			　line-height: 25px;
			　font-size: 12px;
			　float: left;
			}
			\<div id=" main" >
			\<ul>
			\<li>时事要闻\</li>
			\<li>经典评论\</li>
			\<li>热门话题\</li>
			\</ul>
			\</div>
				选择器 "#main li" 只对 id="main" 的 div 内的子标记 li 应用样式
				对某一对象的子对象进行样式定义，前一对象包含后一对象，中间用空格隔开，可以多级包含，如 div li a {color: #00AA88;}，设定 div 标签中的列表项中的超链接样式

	交集选择器	标签选择器类别选择器 {样式规则;} 或 标签选择器 ID 选择器 {样式规则;}	li.first {
			　color: #00FFFF;
			}
			\<li class=" first" >Chrome 5.0\</li>
			\<li>Safari 4.0\</li>
			\<li>FireFox 3.6\</li>
			\<li>Opera 10\</li>
				选择器 "li.first" 表示只有 class="first" 的列表项才能使用此样式
				交集选择器由两个选择器直接连接构成，选中二者各自元素范围的交集，针对具有某一个特定样式的选择器进行的设定

3. 特殊选择器

特殊选择器包括伪类选择器和通配符选择器。伪类选择器通过定义元素的不同状态形成不同样式。如超级链接 A 标记在操作中的四种状态，分别可用四种伪类选择器形式来定义。如表 3-3 所示。

表 3-3 　　　　　　　　　　　　　　　　特殊选择器

类别	选择器	定义格式	示例	说明

特殊选择器	伪类选择器	: 伪类 {样式规则;}	a: link, a: visited {
			　color: blue;
			　text-decoration: none;
			}
			a: hover {
			color: red;
			text-decoration: underline;}
				对同一个 HTML 元素的各种状态和其所包括的部分内容是一种定义方式
				a: link: 链接未被访问前
				a: hover: 鼠标经过链接时
				a: active: 在鼠标点击与释放之间发生的事件
				a: visited: 访问过的链接

续前表

类别	选择器	定义格式	示例	说明

特殊选择器	通配符选择器	*〔样式规则;〕	* {
			　　font-size：12px;
			　　font-family：宋体;
			}
				文档中所有的元素字体大小均为 12px，字体均为宋体。可以与任何元素匹配，优先级最低

3.5　CSS 样式属性

CSS 样式属性主要用来描述页面内容的显示效果，如文字大小、颜色、对齐方式、元素边框、背景、宽高等。下面将分别介绍常用样式属性及其取值，其内容主要来源于《CSS2.0 样式表中文手册》，配合实例更好理解。

1. 字体属性

字体属性主要用来设置文字的字体、大小、颜色、加粗等效果，有关字体属性设置介绍如下。

（1）font-family：字体类型。

语法：

font-family：name

取值：

name：字体名称。可设置多个字体，按优先顺序排列，以逗号隔开。如果字体名称包含空格，则应使用引号括起。

举例：

```
p{font-family:"微软雅黑";}
div{font-family:Verdana,Geneva,sans-serif;}
```

（2）font-size：字体大小。

语法：

font-size：xx-small ｜ x-small ｜ small ｜ medium ｜ large ｜ x-large ｜ xx-large ｜ larger ｜ smaller ｜ length

取值：

xx-small：绝对字体尺寸。根据对象字体进行调整，最小。

x-small：绝对字体尺寸。根据对象字体进行调整，较小。

small：绝对字体尺寸。根据对象字体进行调整，小。

medium：默认值。绝对字体尺寸，根据对象字体进行调整，正常。

large：绝对字体尺寸。根据对象字体进行调整，大。

x-large：绝对字体尺寸。根据对象字体进行调整，较大。

xx-large：绝对字体尺寸。根据对象字体进行调整，最大。

larger：相对字体尺寸。相对于父对象中字体尺寸进行相对增大，使用成比例的 em 单位计算。

smaller：相对字体尺寸。相对于父对象中字体尺寸进行相对减小，使用成比例的 em 单位计算。

length：百分数｜由浮点数字和单位标识符组成的长度值，不可为负值。其百分比取值是基于父对象中字体的尺寸。

举例：

```
p{font-style:normal;}
p{font-size:12px;}
p{font-size:20%;}
```

（3）color：字体颜色。

语法：

color：RGB（rgb）｜＃RRGGBB｜颜色名称

取值：

RGB（rgb）：R，红色值，取正整数或百分数；G，绿色值，取正整数或百分数；B，蓝色值，取值正整数或百分数。正整数值的取值范围为 0～255。百分数值的取值范围为 0.0%～100.0%。

＃RRGGBB：RR、GG、BB 分别表示两位十六进制的红色、绿色、蓝色，取值范围为 00～FF；如果每个参数各自在两位上的数字都相同，可简写为＃RGB。

颜色名称：颜色的英文单词。

举例如下：

```
div{color:rgb(132,20,180);}
div{color:rgb(12% ,200,50% );}
div{color:# FF0000;}
div{color:# F00;}
div{color:red;}
```

（4）font-weight：字体粗细。

语法：

font-weight：normal｜bold｜bolder｜lighter｜100｜200｜300｜400｜500｜600｜700｜800｜900

取值：

normal：默认值。正常的字体。相当于 400。声明此值将取消之前任何设置。

bold：粗体。相当于 700。也相当于 b 对象的作用。

bolder：比 normal 粗。

lighter：比 normal 细。

100：字体至少像 200 那样细。

200：字体至少像 100 那样粗，像 300 那样细。

300：字体至少像 200 那样粗，像 400 那样细。

400：相当于 normal。

500：字体至少像 400 那样粗，像 600 那样细。

600：字体至少像 500 那样粗，像 700 那样细。

700：相当于 bold。

800：字体至少像 700 那样粗，像 900 那样细。

900：字体至少像 800 那样粗。

举例：

```
p{font-weight:bold;}
span{font-weight:900;}
```

（5）font-style：字体斜体。

语法：

font-style：normal | italic | oblique

取值：

normal：默认值。正常的字体。

italic：斜体。对于没有斜体变量的特殊字体，将应用 oblique。

oblique：倾斜的字体。

例 3.1：文字效果设定

代码如下：

```
<!DOCTYPE html PUBLIC "-//W3C//DTD XHTML 1.0 Transitional//EN"
"http://www. w3. org/TR/xhtml1/DTD/xhtml1-transitional. dtd">
<html xmlns="http://www. w3. org/1999/xhtml">
    <head>
    <meta http-equiv="Content-Type" content="text/html;charset= utf-8"/>
    <title> 文本字体样式</title>
    <style type= "text/css">
        div{width:650px;}
        div h2{font-family:"微软雅黑";font-size:24px;color:# 000;font-weight:normal;}
        div p{font-family:"宋体";font-size:18px;color:# 333;line-height:25px;text-indent:2em;}
        div p span{font-style:italic;font-weight:bolder;}
    </style>
    </head>
    <body>
    <div>
    <h2> 习近平入选《时代》全球百位年度最有影响力人物</h2>
        <p> 美国<span>《时代周刊》</span> 16 日在其网站公布了 2015 年度全球一百位
最有影响力人物名单。中国国家主席习近平再次入选。</p>
        <p> 前澳大利亚总理陆克文为<span>《时代周刊》</span> 撰文评价习近平称,习
近平的成功关乎中国以及世界的命运。中国将成为亚洲的主导经济体,同时中国正寻求通
```

过其积极的外交政策将这种经济实力转变成地缘政治影响力和新的全球秩序。 </p>

        <p> 自 2009 年首次入选以来,习近平已是第 6 次入选《时代周刊》全球百位年度最有影响力人物。就任中国国家主席之后,习近平第 3 次入选。 </p>

    </div>

    </body>

    </html>

运行效果如图 3-2 所示。

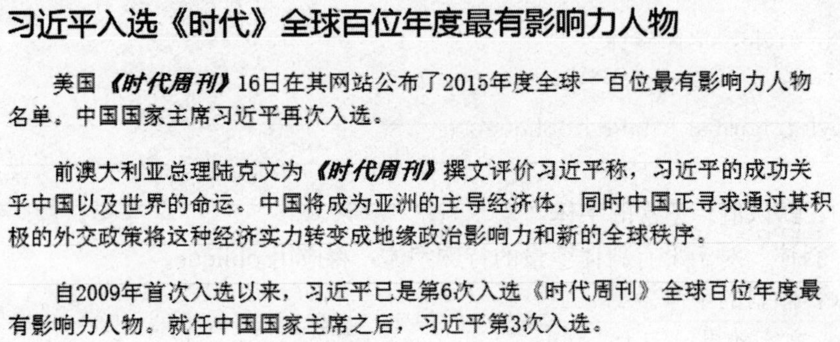

习近平入选《时代》全球百位年度最有影响力人物

      美国 *《时代周刊》* 16日在其网站公布了2015年度全球一百位最有影响力人物名单。中国国家主席习近平再次入选。

      前澳大利亚总理陆克文为 *《时代周刊》* 撰文评价习近平称,习近平的成功关乎中国以及世界的命运。中国将成为亚洲的主导经济体,同时中国正寻求通过其积极的外交政策将这种经济实力转变成地缘政治影响力和新的全球秩序。

      自2009年首次入选以来,习近平已是第6次入选《时代周刊》全球百位年度最有影响力人物。就任中国国家主席之后,习近平第3次入选。

图 3-2　字体样式效果

2. 文本属性

CSS 文本属性可以定义文本的水平或垂直对齐方式、字符和单词的间距、文本的修饰方式、段落的缩进等样式效果,具体用法介绍如下。

（1）text-align：段落水平对齐。

语法：

text-align：left ｜ right ｜ center ｜ justify

取值：

left：默认值。左对齐。

right：右对齐。

center：居中对齐。

justify：两端对齐。

（2）vertical-align：段落垂直对齐。

语法：

vertical-align：auto ｜ baseline ｜ sub ｜ super ｜ top ｜ text-top ｜ middle ｜ bottom ｜ text-bottom ｜ length

取值：

auto：根据 layout-flow 属性的值对齐对象内容。

baseline：CSS1 默认值。将支持 valign 特性的对象的内容与基线对齐。

sub：垂直对齐文本的下标。

super：垂直对齐文本的上标。

top：将支持 valign 特性的对象的内容对象顶端对齐。

text-top：将支持 valign 特性的对象的文本与对象顶端对齐。

middle：将支持 valign 特性的对象的内容与对象中部对齐。

bottom：将支持 valign 特性的对象的内容与对象底端对齐。

text-bottom：将支持 valign 特性的对象的文本与对象底端对齐。

length：由浮点数字和单位标识符组成的长度值 ｜ 百分数，可为负数。定义由基线算起的偏移量。

（3）letter-spacing：字母之间的间距。

语法：

letter-spacing：normal ｜ length

取值：

normal：默认值，默认间隔。

length：由浮点数字和单位标识符组成的长度值，允许为负值。

（4）word-spacing：单词的间距。

语法：

word-spacing：normal ｜ length

取值：

normal：默认值，默认间隔。

length：由浮点数字和单位标识符组成的长度值，允许为负值。

（5）text-indent：文本首行的缩进。

语法：

text-indent：length

取值：

length：百分比数字 ｜ 由浮点数字和单位标识符组成的长度值，允许为负值。

（6）white-space：控制文本的排版方式。

语法：

white-space：normal ｜ pre ｜ nowrap ｜ pre-wrap ｜ pre-line ｜ inherit

取值：

normal：正常无变化（默认处理方式，文本自动处理换行，假如抵达容器边界内容会转到下一行）。

pre：保持 HTML 源代码的空格与换行，等同于 pre 标签。

nowrap：强制文本在一行，除非遇到 br 换行标签。

pre-wrap：同 pre 属性，但是遇到超出容器范围的时候会自动换行。

pre-line：同 pre 属性，但是遇到连续空格会被看作一个空格。

inherit：继承。

（7）text-decoration：文本的修饰。

语法：

text-decoration：underline ｜ overline ｜ line-through ｜ none

取值：

underline：下划线。

overline：顶划线。

line-through：删除线。

none：无修饰。

举例：

```
a:link,a:visited{text-decoration:none;}/*  去掉超链接的下划线* /
a:hover{text-decoration:underline;}/*  鼠标悬停在超链接上时显示下划线* /
```

（8）text-transform：英文字母大小写。

语法：

text-transform：none ｜ capitalize ｜ uppercase ｜ lowercase

取值：

none：默认值。无转换发生。

capitalize：将每个单词的第一个字母转换成大写，其余无转换发生。

uppercase：转换成大写。

（9）line-height：文本行高。

语法：

line-height：normal ｜ length

取值：

normal：默认值。默认行高。

length：百分比数字 ｜ 由浮点数字和单位标识符组成的长度值，允许为负值。其百分比取值是基于字体的高度尺寸。

例 3.2：文本样式属性

代码如下：

```
< !DOCTYPE html PUBLIC "-//W3C//DTD XHTML 1. 0 Transitional//EN"
"http://www. w3. org/TR/xhtml1/DTD/xhtml1-transitional. dtd">
< html xmlns="http://www. w3. org/1999/xhtml">
< head>
< meta http-equiv="Content-Type" content="text/html;charset= utf-8"/>
< title> 文本样式属性</title>
< style type="text/css">
div{
    font-family:"华文行楷";
    font-size:20px;
    font-weight:bold;
    text-transform:capitalize;
    color:# 039;
    text-decoration:underline;
    letter-spacing:5px;
    text-indent:2em;
```

```
        width:500px;
    }
    </style>
    </head>
    < body>
    < div>
```

此属性效果不会被累积作用。例如,假如父对象的此属性设为 tb-rl,子对象的此属性值设为 tb-rl 不会导致子对象的旋转。对应的脚本特性为 writingMode。< br/>

How are you! I am glad to meet you!
```
    </div>
    </body>
</html>
```

运行结果如图 3-3 所示。

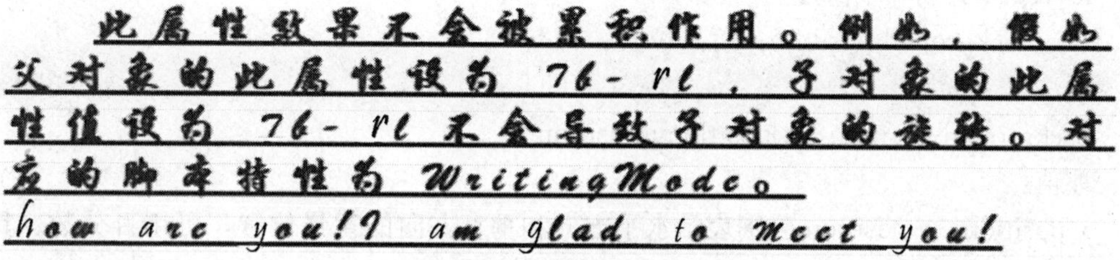

图 3-3　文本样式效果

3. 背景属性

在定义包含文字的 p 段落、div 层、表格、列表等元素的背景颜色与背景图片时,可以使用 background 属性来实现。背景样式属性的作用区域为对象的内容区域与内补丁(padding)区域,不包括边框(border)与外补丁(margin)区域。关于内补丁、外补丁与边框属性将在后面章节中介绍。背景属性介绍如下。

(1) background-color:背景颜色。

语法:

background-color:transparent | color

取值:

transparent:默认值。背景色透明。

color:指定颜色。颜色取值可以通过三种方式指定:RGB(rgb)、♯RRGGBB、颜色值。

举例:

```
p{background-color:# FF0000;}
```

(2) background-image:背景图片。

语法:

background-image：none ｜ url（url）

取值：

none：默认值。无背景图。

url（url）：使用绝对或相对 url 地址指定背景图像。

举例：

```
div{background-image:url("images/bg. jpg")}
```

（3）background-repeat：背景重复方式。

语法：

background-repeat：repeat ｜ no-repeat ｜ repeat-x ｜ repeat-y

取值：

repeat：平铺整个页面，左右与上下四个方位。

repeat-x：在 x 轴上平铺，左右方位。

repeat-y：在 y 轴上平铺，上下方位。

no-repeat：图片不重复。

（4）background-position：背景位置。

语法：

background-position：x-positiony-position

取值：

x-position、y-position 分别表示水平方向和垂直方向的背景位置，可用百分数、具体数值或方位取值表示。x-position 方位可取的值为 left（左）、center（中）、right（右）；垂直方位可取的值为 top（上）、center（中）、bottom（下）。默认值为 0%。此时背景图片将被定位于对象不包括补丁（padding）的内容区域的左上角。如果只指定了一个值，该值将用于横坐标，纵坐标将默认为 50%。

举例：

```
# div1{background-position:50% 50% ;}
p{background-position:right bottom;}
# div2{background-position:10px 0px;}
# div3{background-position:0% }
```

（5）background-attachment：固定或滚动背景。

语法：

background-attachment：scroll ｜ fixed

取值：

scroll：默认值。背景图像随对象内容滚动。

fixed：背景图像固定。

（6）background：复合属性，设置所有背景属性。

语法：

background：background-color ｜ background-image ｜ background-repeat ｜ background-attachment ｜ background-position

取值：

background-color：设置背景的颜色。

background-image：设置背景图片。

background-repeat：设置背景图片是否重复。

background-attachment：设置背景图片是否固定。

background-position：设置背景图片位置。

设置复合属性值时，可取以上属性值中的一个或多个。

举例如下：

```
div{background:# FF0 no-repeat scroll 5% 60% ;}
body{background:url("images/bg. gif") repeat-y;}
```

例 3.3：背景样式效果

代码如下：

```
< !DOCTYPE html PUBLIC "-//W3C//DTD XHTML 1. 0 Transitional//EN"
"http://www. w3. org/TR/xhtml1/DTD/xhtml1-transitional. dtd">
< html xmlns="http://www. w3. org/1999/xhtml">
    < head>
    < meta http-equiv="Content-Type" content="text/html;charset= utf-8"/>
    <title> 背景样式</title>
    < style>
    body{
        background-image:url(images/bg1. jpg);
        /* 加背景图片* /
        background-position:right bottom;/* 背景图片的位置* /
        background-repeat:no-repeat;/* 背景图片不重复* /
        height:2000px;
        width:auto;
        background-attachment:fixed;/* 背景图片固定* /
        background-color:# E9FBFF;/* 加背景颜色* /
        background:# E9FBFF url(images/bg1. jpg) no-repeat fixed right bottom;/* 复合属
性* /
    }
    </style>
    </head>
    < body>
    </body>
</html>
```

运行效果如图 3 - 4 所示。

图 3 - 4　背景样式效果

上例中，将背景图片放置在页面右下角位置，不重复；图片左上边缘有羽化效果，取图片左上角颜色作为整个页面的背景颜色，使整个页面混成一体。页面滚动时，背景图片是固定不动的。

4. 边框属性

每个网页内容或元素外面都可以添加边框样式，如图片、段落、标题、列表等。边框分为上边框（top）、下边框（bottom）、左边框（left）、右边框（right），每个边框都有颜色（color）、样式（style）、宽度（width）三个属性。如果上、下、左、右的边框表现不一样，可以分别定义；如果一样，可以统一使用 border 属性定义。通常使用 border-width 属性定义边框的宽度，border-color 属性定义边框的颜色，border-style 属性定义边框的样式，border 属性统一定义边框样式的三个属性。边框设置为四边，顺序依次为上、右、下、左。

（1）border-width：边框宽度。

语法：

border-width：medium ｜ thin ｜ thick ｜ length

取值：

medium：默认值。默认宽度。

thin：小于默认宽度。

thick：大于默认宽度。

length：由数字和单位组成的长度值。

属性 border-top-width、border-right-width、border-bottom-width、border-left-width 可单独设置上、右、下、左四边的边框宽度。

（2）border-color：边框颜色。

语法：

border-color：rgb（R，G，B）| ♯RRGGBB | ♯RGB | color name

取值：

rgb（R，G，B）：用取值在 0～255 或 0％～100％的形式表示红色、绿色、蓝色。

♯RRGGBB，♯RGB：用六位或三位的十六进制颜色值表示颜色。

color name：颜色名称。

属性 border-top-color、border-right-color、border-bottom-color、border-left-color 可分别设置上、右、下、左的颜色。

（3）border-style：边框样式。

语法：

border-style：none | hidden | dotted | dashed | solid | double | groove | ridge | inset | out-set

取值：

none：默认值。无边框。不受任何指定的 border-width 值影响。

hidden：隐藏边框。

dotted：点线。

dashed：虚线。

solid：实线。

double：双线边框。两条单线与其间隔的和等于指定的 border-width 值。

groove：根据 border-color 的值画 3D 凹槽。

ridge：根据 border-color 的值画 3D 凸槽。

inset：根据 border-color 的值画 3D 凹边。

outset：根据 border-color 的值画 3D 凸边。

属性值 border-top-style、border-right-style、border-bottom-style、border-left-style 分别设置上、右、下、左四边的边框样式。

（4）border：合并设置边框样式。

语法：

border：border-width | border-style | border-color

取值：

border-width：边框宽度。

border-style：边框样式。

border-color：边框颜色。

一般需要同时设置这三个属性的值，否则边框效果不会显示。

举例如下：

```
div{border:1px solid # FF0000;}
```

例 3.4：对表单元素添加边框效果

代码如下：

```
<!DOCTYPE html PUBLIC "-//W3C//DTD XHTML 1.0 Transitional//EN"
"http://www.w3.org/TR/xhtml1/DTD/xhtml1-transitional.dtd">
<html xmlns="http://www.w3.org/1999/xhtml">
    <head>
    <meta http-equiv="Content-Type" content="text/html;charset= utf-8"/>
    <title> 边框线应用</title>
    <style>
    .txt1{
            /* 第一种设置方法* /
            /* border-bottom:1px solid # 00f;border-top:none;
            border-left:none;border-right:none;* /
            /* 第二种设置方法* /
            border:none;border-bottom:1px solid # 333;
    }
    .btn1{
            border:3px ridge # 09F;background-color:# 0CF;color:# FFF;
            width:80px;font-size:14pt;font-family:"微软雅黑";
    }
    .btn2{
            background-image:url(images/icons/docked-loading. png);
            width:130px;height:67px;background-repeat:no-repeat;
            color:# FFF;font-size:24pt;font-weight:bold;font-family:"微软雅黑";
    }
    </style>
    </head>
    <body>
    <p> 用户名:< input type="text" name="textfield" id="textfield" class="txt1" value="joan2014"/>
    </p>
    <p> 密码:< input type="password" name="textfield2" id="textfield2" class="txt1"/>
    </p>
    <p>
    <input type="submit" name="button" id="button" value="注册" class="btn1"/>
    <input type="button" name="button2" id="button2" value="登录" class="btn1"/>
    <input type="button" value="点击" class="btn2"/> </p>
    </body>
    </html>
```

运行效果如图 3 - 5 所示。

用户名：joan2014

密　码：

注册　　登录　　**点击**

图 3 - 5　边框样式效果

5. 列表属性

列表主要用于定义文字或图片的排列，一个列表由若干个列表项构成，每个列表项前有列表符号或列表图像进行标注。列表属性就是用来设置列表和列表项的样式效果，下面的样式属性对无序列表和有序列表都可以进行设置。

（1）list-style-type：设置列表符号类型。

语法：

list-style-type：disc｜circle｜square｜decimal｜lower-roman｜upper-roman｜lower-alpha｜upper-alpha｜none 等

取值：

disc：实心圆。

circle：空心圆。

square：实心方块。

decimal：阿拉伯数字。

lower-roman：小写罗马数字。

upper-roman：大写罗马数字。

lower-alpha：小写英文字母。

upper-alpha：大写英文字母。

none：不使用项目符号。

（2）list-style-image：设置列表图像。

语法：

list-style-image：none ｜ url（url）

取值：

none：默认值。不指定图像。

url（url）：使用绝对或相对 url 地址指定图像。

（3）list-style-position：设置列表位置。

语法：

list-style-position：outside ｜ inside

取值：

outside：默认值。列表项目标记放置在文本以外，且环绕文本不根据标记对齐。

inside：列表项目标记放置在文本以内，且环绕文本根据标记对齐。

（4）list-style：复合属性，设置列表有关样式。

语法：

list-style：list-style-image | list-style-position | list-style-type

取值：

list-style-image：设置列表图像值。

list-style-position：设置列表位置值。

list-style-type：设置列表符号类型。

默认值为 disc outside none。当 list-style-image 和 list-style-type 都被指定时，list-style-image 将获得优先权。

例 3.5：列表样式

代码如下：

```
<!DOCTYPE html PUBLIC "-//W3C//DTD XHTML 1.0 Transitional//EN"
"http://www.w3.org/TR/xhtml1/DTD/xhtml1-transitional.dtd">
<html xmlns="http://www.w3.org/1999/xhtml">
<head>
<meta http-equiv="Content-Type" content="text/html;charset= utf-8"/>
<title> 无标题文档</title>
<style type="text/css">
ul{
      list-style-type:square;/* 设置列表符号为方块* /
      list-style-image:url(images/icon.png);/* 定义列表图片* /
      list-style-position:inside;
      margin:0px;padding:0px;
}
li{
      font-size:16px;font-family:"幼圆";color:# 039;font-weight:bold;
      border-bottom:1px dashed # 960;width:160px;line-height:30px;
}
</style>
</head>
<body>
<div>
<ul>
<li> 环球时报</li>
<li> 京华时报</li>
<li> 北京晚报</li>
```

```
</ul>
</div>
</body>
</html>
```

运行效果如图 3-6 所示。

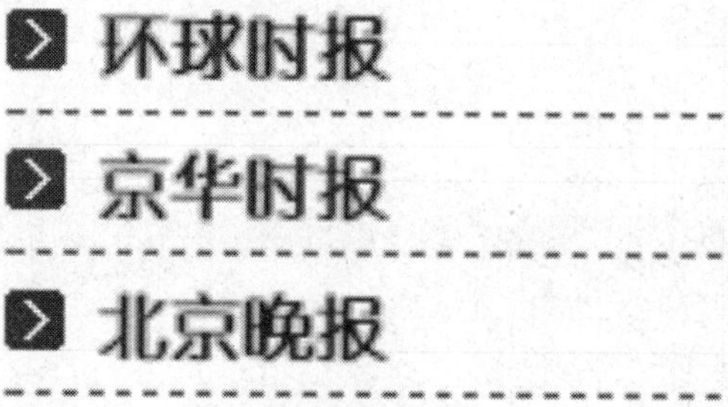

图 3-6　列表样式效果

注：在列表设置中，列表项与列表之间、列表与包含它的元素之间默认有填充距离和间距，所以一般在定义 ul 样式时，需添加属性定义 padding：0px；margin：0px；以消除这些默认距离。除了列表有这种情况，还有段落标签 p、标题标记（h1～h6）这类标签在页面中添加时，其前后元素均会和这些元素有默认的距离出现，也可以添加 margin：0px 语句以消除这些默认距离所带来的影响。

例 3.6：边框与列表综合样式实例

代码如下：

```
<!DOCTYPE html PUBLIC "-//W3C//DTD XHTML 1.0 Transitional//EN"
"http://www.w3.org/TR/xhtml1/DTD/xhtml1-transitional.dtd">
<html xmlns="http://www.w3.org/1999/xhtml">
<head>
<meta http-equiv="Content-Type" conteht="text/html;charset= utf-8"/>
<title> 边框线属性</title>
<style type="text/css">
div{border:1px solid # 09F;width:240px;}
div h3{font-size:14px;background-color:# D7F0F9;
margin:0px;padding:10px;/* h3 中的文字距离,h3 的边界的填充距离* /
}
ul{padding:0px;margin:0px;}
li{
    border-bottom:1px dotted # 996600;width:200px;height:30px;line-height:30px;
list-style-type:none;padding-left:24px;
```

```
                background:url(images/icon. png) no-repeat 5px 50% ;/* 设置列表项的背景图标* /
}

</style>
</head>
<body>
<div>
<h3> 经典老歌</h3>
<ul>
<li> 相见恨晚—彭佳慧</li>
<li> 皇后大道东—罗大佑</li>
<li> 轻轻地告诉你—杨钰莹</li>
<li> 蒙娜丽莎的眼泪—林志炫</li>
<li> 领悟—辛晓琪</li>
<li style="border:none;"> 阴天—莫文蔚</li>
</ul>
</div>
</body>
</html>
```

运行效果如图 3-7 所示。

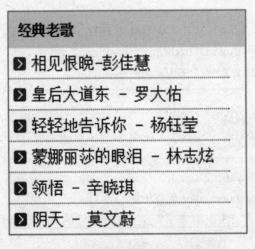

图 3-7　边框与列表综合样式效果

上例中，列表项前的图标并不是列表图片，而是背景图片，设置其位置在列表项左侧且垂直居中，其值为 50%。

例 3.7：表格与边框线综合样式实例

代码如下：

```
<!DOCTYPE html PUBLIC "-//W3C//DTD XHTML 1. 0 Transitional//EN"
"http://www. w3. org/TR/xhtml1/DTD/xhtml1-transitional. dtd">
<html xmlns="http://www. w3. org/1999/xhtml">
<head>
<meta http-equiv="Content-Type" content="text/html;charset= utf-8"/>
<title> 表格样式</title>
<style>
table{
        width:750px;border:1px solid # 39C;
        border-collapse:collapse;/* 将相邻边线叠合在一起* /
        margin:0px auto;/* 使表格水平居中,距离页面上面的距离是 0px* /
}
td{
        color:# 000;font-size:14px;font-family:"微软雅黑";
        border-bottom:1px dotted # CCCCCC;padding:5px;
}
td. line1{
    background-color:# F3F9FB;border-bottom:1px solid # 39C;padding:5px 0px 5px 30px;color:
# 006;
}
td span. s1{
        color:# 999;font-size:12px;
}
</style>
</head>
<body>
<table>
<tr>
<td colspan="5" class= 'line1'> 普通主题</td>
</tr>
<tr>
<td> <img src="images/lb. png" width= "15" height= "16"/> </td>
<td> win7 旗舰版电脑桌面添加重启快捷键的方法< /td>
<td> parkers<br/> <span class="s1"> 2014-12-03</span> </td>
<td> 0/4< /td>
<td> parkers<br/> <span class="s1"> 20 分钟前</span> </td>
</tr>
<tr>
```

```
        <td> <img src="images/lb. png" width= "15" height="16"/> </td>
<td> phpurl 替换问题</td>
<td> zhxibin<br/> <span class= "s1"> 2014-12-03</span>
</td>
<td> 0/400</td>
<td> parkers<br/> <span class= "s1"> 1 小时前</span> </td>
</tr>
<tr>
<td> <img src= "images/lb. png" width= "15" height="16"/> </td>
<td> php mysql 查询的排列问题求助。< /td>
<td> sohu304<br/> <span class= "s1"> 2014-12-02</span>
</td>
<td> 12/580</td>
<td> parkers<br/> <span class= "s1"> 1 小时前</span> </td>
</tr>
<tr>
<td> <img src= "images/lb. png" width= "15" height="16"/> </td>
<td> 还是第 9 课的问题,试了一晚上 php 还是无法添加数据到 mysql 数据库</td>
<td> jiadianhuo<br/> <span class= "s1"> 2014-12-03</span> </td>
<td> 35/890</td>
<td> parkers<br/> <span class= "s1"> 1 小时前<span class= "s1"> </td>
</tr>
</table>
</body>
</html>
```

运行效果如图 3-8 所示。

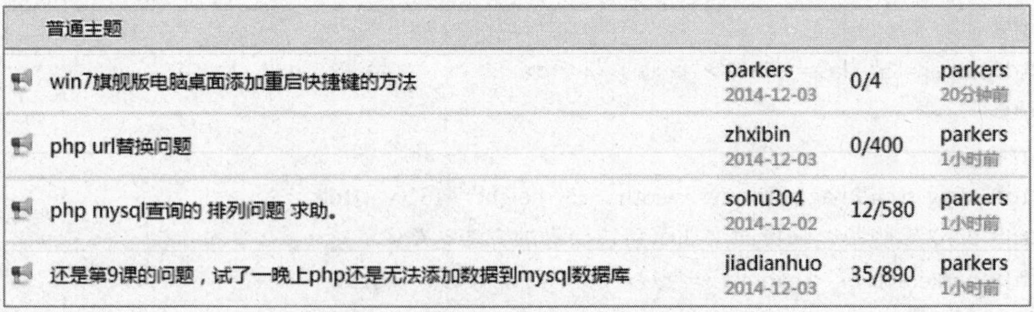

普通主题				
📢 win7旗舰版电脑桌面添加重启快捷键的方法	parkers 2014-12-03	0/4	parkers 20分钟前
📢 php url替换问题	zhxibin 2014-12-03	0/400	parkers 1小时前
📢 php mysql查询的 排列问题 求助。	sohu304 2014-12-02	12/580	parkers 1小时前
📢 还是第9课的问题，试了一晚上php还是无法添加数据到mysql数据库	jiadianhuo 2014-12-03	35/890	parkers 1小时前

图 3-8   表格与边框综合样式效果

6. 属性单位

在描述网页元素的宽高、大小、颜色等信息时，可以指定具体数值，并且附带相关单位，不同单位的效果不同。常用的单位有长度单位、颜色单位、角度单位、时间单位等，下面以长度单位和颜色单位为例，介绍它们的使用。

（1）长度单位。

长度单位一般用来描述元素大小，如宽度、高度、字体、边框粗细、位置等内容，所用单位有 px、em、ex、pt、pc、in、mm、cm。这些单位可分为绝对和相对两种，绝对单位有 pt、pc、in、mm、cm，其大小不受其他元素或屏幕分辨率因素影响；相对单位有 px、em、ex，大小会随着其他元素或屏幕分辨率发生改变。

● px：像素。像素是相对于显示器屏幕分辨率而言的。Windows 用户所使用的分辨率一般是 96 像素/英寸；MAC 用户所使用的分辨率一般是 72 像素/英寸。

● em。em 是相对于当前对象内文本的字体尺寸。如当前对象内文本的字体尺寸未设置，则相对于浏览器的默认字体尺寸。

● ex。ex 是相对于字符"x"的高度。此高度通常为字体尺寸的一半。如当前对象内的字体尺寸未设置，则相对于浏览器的默认字体尺寸。

● pt：点，1in＝2.54cm＝25.4mm＝72pt＝6pc。

● pc：派卡，相当于我国新四号铅字的尺寸，换算关系见上。

● in：英寸，换算关系见上。

● mm：毫米，换算关系见上。

● cm：厘米，换算关系见上。

（2）颜色单位。

颜色单位主要在描述网页元素的颜色取值时用到，如文字颜色、背景颜色、边框颜色等。有三种颜色的表示方法：

● rgb（R，G，B）。参数 R、G、B 分别表示红色值、绿色值和蓝色值，一般用正整数或百分数表示，正整数的取值范围为 0～255，百分数的取值范围为 0.0%～100.0%。如写法 div {color：rgb（132，20，180）；} 与 div {color：rgb（12%，200，50%）；} 都可以。

● ♯RRGGBB。RR、GG 和 BB 分别表示两位的红色、绿色和蓝色取值，均为十六进制，其取值范围为 00～FF。参数必须是两位数，只有一位的，应在前面补零。如果每个参数各自在两位上的数字都相同，可缩写为 ♯RGB 的方式。例如：♯FF0000 可以缩写为 ♯F00。

● Color Name。即颜色名称。不同的浏览器会有不同的预定义颜色名称。例如：red，红色；yellow，黄色；blue，蓝色；green，绿色；white，白色；black，黑色。一般不建议用此种方式表示颜色。

说明：因为篇幅的原因，在这里仅列出主要的样式属性，其他样式属性的详细介绍请参考《CSS2.0 样式表中文手册》和《CSS3.0 完全参考手册》。读者可在实际网页制作中具体使用。

知识扩展   CSS3

　　CSS3 是最新的 CSS 标准。CSS3 完全向后兼容，网络浏览器也将继续支持 CSS2。W3C 仍然在对 CSS3 规范进行开发。现代浏览器已经实现了相当多的 CSS3 属性。如创建圆角边框、文本和边框阴影效果、图片边框、多重背景图片、web 字体文件、多列排版结构、2D 和 3D 转换效果及动画效果等。

　　CSS3 被拆分为"模块"。最重要的 CSS3 模块如下：

（1）选择器。

（2）盒模型。

（3）背景和边框。

（4）文字特效。

（5）2D/3D 转换。

（6）动画。

（7）多列布局。

（8）用户界面。

本章小结

　　本章主要介绍了 CSS 样式在网页中的引入方式、CSS 样式语法构成，重点介绍了 CSS 选择器分类及 CSS 样式属性，包括字体属性、文本属性、背景属性、边框属性及列表属性。通过样式属性的学习，使读者学会网页元素添加样式效果的方法，使网页看起来更加美观，样式协调统一。

同步实训

● **实训目的**

　　在原有网页结构基础上添加样式，让网页效果更赏心悦目。

● **实训要求**

　　通过样式添加，实现表格、文本、背景等效果设定。

● **实训安排**

　　添加样式内容，对不同网页内容设定样式效果。

　　页面效果如图 3-9 所示。

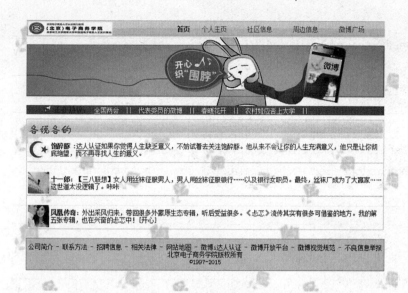

图 3-9　网站页面综合样式效果

代码实现（参考）：

```
<!DOCTYPE html PUBLIC "-//W3C//DTD XHTML 1.0 Transitional//EN"
"http://www.w3.org/TR/xhtml1/DTD/xhtml1-transitional.dtd">
<html xmlns="http://www.w3.org/1999/xhtml">
<head>
<meta http-equiv="Content-Type" content="text/html;charset= utf-8"/>
<title>北京电子商务微博—随时随地记录你的生活点滴</title>
<style type="text/css">
body{background-image:url(images/bg.jpg);}
# box{width:800px;margin:0px auto;}
a:link,a:visited{color:# 069;text-decoration:none;}
a:hover{color:# 960;text-decoration:underline;font-weight:bold;}
. tab1{
background-image:url(images/menu2-bg.jpg);background-repeat:repeat-x;
height:36px;width:800px;
}
. tab1 td a. one_a{font-weight:bold;color:# 900;}
. tab2{border:1px solid # CCC;margin-top:10px;}
td{font-size:14px;color:# 030;}
. tab2 td. one_td{
background-image:url(images/menu-bg.gif);height:35px;
color:# 3E6EAC;font-family:方正舒体;font-size:24px;font-weight:bold;
```

```
}
. tab2 td. line{border-top:1px dotted # 666;}
. tab2 td a. special{font-weight:bold;color:# 036;}
# swf embed{width:800px;}
# marquee{background-color:# 3D6DAB;width:800px;height:20px;}
# footer{
        border:1px solid # 09F;width:800px;color:# 000;text-align:center;
margin:20px auto;font-size:14px;padding:10px 0px;background-color:# C1E0F9;
}
</style>
</head>
<body>
<div id="box">
<table class="tab1">
<tr>
<td> <img src="images/logo. png" style="width:190px;height:30px;"/> </td>
  <td> <a href="#" class="one_a"> 首页</a> </td>
  <td> <a href="#"> 个人主页</a> </td>
  <td> <a href="#"> 社区信息</a> </td>
  <td> <a href="#"> 周边信息</a> </td>
  <td> <a href="#"> 微博广场</a> </td>
  </tr>
</table>
<div id="swf">
  <embed src="flash/banner. swf"> </embed>
</div>
<div id="marquee">
  <marquee scrollamount="4" onmouseover="stop();" onmouseout="start();">
  <img src="images/lb. png"/> <span style="color:# 900;font-weight:bold;fong-size:18px;"> 正
在热议:</span> <span style="font-size:14px;color:# ffffff"> 全国两会   || 
 代表委员的微博   ||  春暖花开   ||  
农村娃应否上大学   ||  </span>
</marquee>
</div>
<table   class="tab2">
  <tr> <td colspan="2" class="one_td"> 各说各的</td> </tr>
  <tr>
    <td> <img src="images/image3. jpg"/> </td>
```

```
<td> <a href= "next. html" class= "special"> 饱醉豚</a> :达人认证如果你觉得人生缺乏
意义,不妨试着去关注饱醉豚。他从来不会让你的人生充满意义,他只是让你彻底绝望,而
不再寻找人生的意义。</td>
</tr>
<tr>
<td colspan= "2" class= "line">  </td>
</tr>
<tr>
<td> <img src= "images/image(5). jpg"/> </td>
<td> <a href= "#" class= "special"> 十一郎</a> :【三八联想】女人用丝袜征服男人,男人用
丝袜征服银行……以及银行女职员。最终,丝袜厂成为了大赢家……这世道太没逻辑了。
咔咔</td>
</tr>
<tr>
<td colspan= "2" class= "line">  </td>
</tr>
<tr>
<td> <img src= "images/image(4). jpg"/> </td>
<td> <a href= "#" class= "special"> 凤凰传奇</a> :外出采风归来,带回很多外蒙原生态专
辑,听后受益很多。《忐忑》流传其实有很多可借鉴的地方。我的第五张专辑,也在兴奋的忐
忑中!［开心］</td>
</tr>
</table>
<div id= "footer"> 公司简介—联系方法—招聘信息—相关法律—网站地图—微博 i 达人认
证—微博开放平台—微博视觉规范—不良信息举报<br/>
北京电子商务学院版权所有<br/>
&copy;1997—2015</div>
</div>
</body>
</html>
```

● 项目小结

　　此例中将网页内容和样式定义分离,定义清晰。同一类网页元素可以设置相同样式
效果,不同网页元素通过不同选择器设定,实现不同样式效果。同时,网页中综合使用
了文本、背景、表格、边框等样式属性,使网页较之于简单的标签属性设定更加方便、
美观。

~~~~~~~~教学一体化训练~~~~~~~~

● 重要概念

　　CSS 选择器

● 课后讨论

　　1. 如何解决同一类元素设定不同样式效果？

　　2. 网页样式选择器如何设定更加通用、简洁？

● 课后自测

　　选择题

　　1. CSS 是（　　）的缩写。

　　A. Colorful Style Sheets　　　　　　B. Computer Style Sheets

　　C. Cascading Style Sheets　　　　　 D. Creative Style Sheets

　　2. 在 CSS 样式设置中，光标移动到超链接上时，文本颜色就改变，可以用下列哪个选择器设置？（　　）

　　A. a: link　　　　　　　　　　　B. a: active

　　C. a: visited　　　　　　　　　　D. a: hover

　　3. 样式表定义 .outer ｛background-color：♯FF0000;｝表示（　　）。

　　A. 网页中某一个 id 为 outer 的元素的背景色是红色的

　　B. 网页中含有 class＝"outer" 元素的背景色是红色的

　　C. 网页中元素名为 outer 元素的背景色是红色的

　　D. 以上任意一个都可以

　　4. 以下关于样式表项的定义中，错误的是（　　）。

　　A. H1，H2 ｛color: red;｝　　　　　B. H1 B ｛color: red;｝

　　C. H1♯color _ red ｛color: red;｝　 D. A：visit ｛color: red;｝

　　5. 在 CSS 语言中，下列哪项是设置背景图像是否固定的？（　　）

　　A. background-repeat　　　　　　B. background-attachment

　　C. background-image　　　　　　D. background-position

　　6. 在 CSS 样式表中，怎样给某一个 class 为 first 的＜h1＞标签添加背景颜色？（　　）

　　A. h1♯first ｛background-color: ♯FFFFFF;｝

　　B. h1. first ｛background-color: ♯FFFFFF;｝

　　C. h1♯first ｛background-color: ♯FFFFFF;｝

　　D. h1. first ｛background-color: ♯FFFFFF;｝

　　7. 在 CSS 样式中，下列哪段代码能够定义所有 p 标签内文字加粗？（　　）

　　A. ＜p style＝"font-style: bold;"＞　　B. ＜p style＝"font-weight: bold;"＞

　　C. p ｛font-style: bold;｝　　　　　D. p ｛font-weight: bold;｝

　　8. 在 CSS 样式中，如何去掉超级链接的下划线？（　　）

　　A. a ｛text-decoration: no underline;｝　B. a ｛underline: none;｝

C. a ｛decoration: no underline;｝　　　D. a ｛text-decoration: none;｝

9. 下列哪个 CSS 属性能够更改文本字体?（　　）

A. face　　　　　　　　　　　　B. font-size

C. font-family　　　　　　　　　D. font-weight

10. 下列（　　）是定义样式表的正确格式。

A. ｛body: color＝black;｝　　　　B. body: color＝black

C. body ｛color: black;｝　　　　　D. ｛body（color: black);｝

第 4 章

网站的布局谋篇——DIV＋CSS 盒子模型

知识目标

掌握行内元素和块标记两类布局元素。
掌握布局模型——盒子模型的结构。
掌握网页布局属性。
掌握网页排版方式。

能力目标

会使用列表实现横向和纵向导航菜单。
会做网页元素的定位效果。
会做 1－2－1 结构和 1－3－1 结构网页。

4.1　DIV＋CSS 网站布局概述

网站布局就像搭积木一样，通过合理有序的方式将网页中的内容进行有机的编排和整合，最终达到非常好的视觉效果。常用的布局方式有两种：传统的表格方式；DIV＋CSS方式。比较一下这两种方式的特点，如图 4－1 所示。

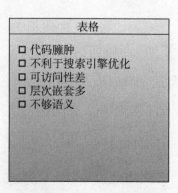

DIV+CSS	表格
□ 结构化HTML，提高易用性，结构清晰，表现和内容相分离 □ 更好地控制页面布局 □ 结构的重构性强，缩短改版时间 □ 大大缩减页面代码，提高页面浏览速度，缩减带宽成本 □ 结构清晰，容易被搜索引擎搜索到	□ 代码臃肿 □ 不利于搜索引擎优化 □ 可访问性差 □ 层次嵌套多 □ 不够语义

图 4－1　两种布局方式比较

虽然 DIV＋CSS 布局方式在很多方面要优于表格布局，但并不代表表格方式一无是处。在很多页面内容需要整齐有序摆放时，例如论坛的发帖信息列表、商品信息列表、注册和登录页面中的表单元素定义，用表格标记描述依然是一种非常简便的方式。因此，建议读者在进行页面布局时，将这两者有机地结合在一起，才能更好地发挥各自的长处。

4.2　网页布局模型——盒子模型

网页布局采用的模型是盒子模型。一个页面由很多盒子组成，所谓"盒子"，即存放元素的容器，一般用一个块元素表示，最典型的是 div 标记。div 标记中可以容纳所有的其他页面元素，因此通过相应的样式设定，包括盒子大小、位置及与相邻盒子之间的位置关系来实现整个页面内容的有序摆放。盒子模型的结构形式如图 4-2 所示。

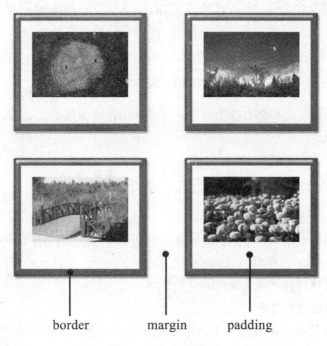

图 4-2　盒子模型结构

图 4-2 就好比是一个相框，每个相框内有相片，指的是内容（content），相片到相框有距离，叫作填充距离（padding）；相框本身有边框（border）；相框与相邻相框之间有距离，叫作边界（margin）。

所以，可以从如下几方面理解盒子模型（如图 4-3 所示）：

● 一个盒子由 content（内容）、border（边框）、padding（间隙）、margin（空隙）四部分组成。

● 盒子具有 width（宽度）和 height（高度）。

● 盒子里面的内容到盒子的边框之间的距离即填充距离（padding）。

● 盒子本身有边框（border）。

● 盒子边框外和其他盒子之间有边界（margin）。

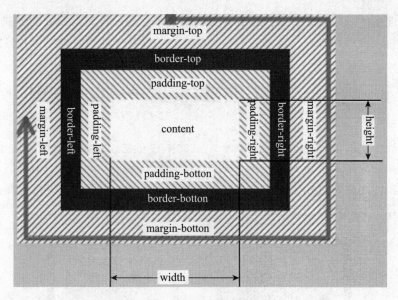

图 4 - 3　盒子模型详细结构图

边框、填充距离、边界都有四个方位，在描述的过程中按照上、右、下、左的顺时针方向进行相应设置。

4.3　布局属性

这一节将介绍网页布局中常用到的属性，包括 padding（内边距）、margin（外边距）、border（边框线）、float（浮动）、position（定位）、display（显示）等，通过学习这些属性，可以掌握在整体网页制作中涉及的布局样式。

1. margin：外边距或外补丁

margin 属性叫作外边距或外补丁，主要用于控制元素和元素之间的距离，具体的设置格式为

```
margin:auto|length;
```

其中，auto 指自动取计算机值，length 是由数字和单位组成的长度值或百分数，百分数是基于父对象的高度，支持使用负数值。margin 在设置元素与其他元素之间的四边距离时，顺序依次是上、右、下、左，设置的值可以是 1 个、2 个、3 个或 4 个。

● 设置 1 个值：表示上、下、左、右 margin 均为该值，例如：margin：10px。

● 设置 2 个值：前者为上、下 margin 值，后者为左、右 margin 值，例如：margin：10px 5px。

● 设置 3 个值：第 1 个为上 margin 值，第 2 个为左、右 margin 值，第 3 个为下 margin 值，例如：margin：5px 10px 5px。

● 设置 4 个值：按照顺时针方向，依次为上、右、下、左 margin 值，例如：margin：5px 10px 10px 5px。

如果要单独设置某一边的外间距，可采用 margin-top、margin-right、margin-bottom、margin-left 四个属性分别设置上、右、下、左四个方向的外边距。

2. padding：内边距或内补丁

padding 属性用于控制内容和边框之间的距离，即填充距离。具体设置格式为

```
padding:length;
```

其中，length 是由数字和单位组成的长度值或百分数，百分数是基于父对象的高度，不允许使用负值。padding 在设置元素与其他元素之间的四边距离时，顺序依次是上、右、下、左，设置的值可以是 1 个、2 个、3 个或 4 个。

- 设置 1 个值：表示上、下、左、右 padding 均为该值，例如：padding：5px。
- 设置 2 个值：前者为上、下 padding 值，后者为左、右 padding 值，例如：padding：5px 10px。
- 设置 3 个值：第 1 个为上 padding 值，第 2 个为左、右 padding 值，第 3 个为下 padding 值，例如：padding：5px 10px 15px。
- 设置 4 个值：按照顺时针方向，依次为上、右、下、左 padding 值，例如：padding：1px 2px 3px 4px。

3. border：边框

边框样式有三个属性：颜色、粗细和边框线线型，顺序也是上、右、下、左。详细介绍请参看第 3 章 "3.5　CSS 样式属性" 介绍。

例 4.1：布局属性定义

效果如图 4-4 所示。

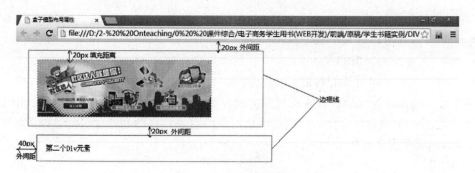

图 4-4　布局属性定义

代码如下：

```
<!DOCTYPE html PUBLIC "-//W3C//DTD XHTML 1. 0 Transitional//EN"
"http://www. w3. org/TR/xhtml1/DTD/xhtml1 - transitional. dtd">
<html xmlns= "http://www. w3. org/1999/xhtml">
    <head>
    <meta http - equiv= "Content - Type" content= "text/html;charset= utf - 8"/>
```

```
<title> 盒子模型布局属性</title>
<style type= "text/css">
        div{border:1px solid # 0f0;padding:20px;width:500px;}
        # d1{margin:20px;}
        # d1 img{border:1px dashed # 0099FF;width:400px;}
        # d2{margin-left:40px;}
</style>
</head>


<body>
<div id= "d1">
<img src= "images/bodybg. gif"/> </div>
<div id= "d2"> 第二个 DIV 元素</div>


</body>
</html>
```

4. float：浮动

当某个元素脱离了标准流的排列，可以使用浮动来实现。所谓"标准流"，是指在不使用其他的与排列和定位相关的特殊 CSS 规则时，各种元素的排列规则。浮动是非标准流的排列方式，主要用来排版、做文字环绕效果等。语法如下所示：

```
float:none | left | right
```

- none：默认值，对象不飘浮。
- left：文本流向对象的左边。
- right：文本流向对象的右边。

当对某一元素设置浮动后，浮动对象会向左或向右移动，直到遇到 border、padding、margin 或者另一个块对象为止。而跟随浮动对象的对象将移动到浮动对象的位置。

例 4.2：实现图文混排效果

代码如下：

```
<!DOCTYPE html PUBLIC "-//W3C//DTD XHTML 1. 0 Transitional//EN"
"http://www. w3. org/TR/xhtml1/DTD/xhtml1-transitional. dtd">
    <html xmlns= "http://www. w3. org/1999/xhtml">
    <head>
    <meta http-equiv= "Content-Type" content= "text/html;charset= utf-8"/>
    <title> 浮动—图文混排</title>
    <style type= "text/css">
    # d1{border:1px dashed # 0099FF;width:800px;}
```

```
    # d1  img {width: 150px; height: 90px; border: 1px  solid  #   000; padding: 5px; float: left;
margin:10px;}
    # d1 p{margin:10px;}
</style>
</head>
<body>
<div id= "d1">
<img src= "images/shuiping. jpg"/>
<p> 冬天生辰在水瓶座的人,一般来说,内心像寒冬一样冰冷,是神秘主义者。富于研
究精神,喜爱一切新奇、新鲜的事物,乐于接受新的发现。具有好的观察能力及建立理论的
能力,常常造成哲学家、科学家或成为一位人类行为研究者。本质上喜欢孤独的水瓶座,在
他们的性格上,隐藏着顽固的一面。水瓶座的人顽固得不容易改变自己的意见或主张,但另
一方面却又极端厌倦和别人争执。有时在要跟别人起正面冲突时,他们会装做完全听不到
众多指责声音的样子,而只按自己的想法行事。崇尚自由的水瓶座人,外表上呈现冷漠与热
情的交替多变型态。你不会觉得他们是个完全冷漠的人,也不会认定他们是个拥有热情的
人,总是感到他们的天真与世故不断地交错运作。这完全肇因于他们的多变性格。以保守
性格追求自由、开放与前进,让人陷于水瓶座的温情主义的泥沼中,易如反掌。但也因为性
格内、外的背道而驰,使得他们对自我的认知感到模糊、缺乏方向,令人难以捉摸。水瓶座的
人,不愿意接受情感上的丝毫束缚。你时而异想天开、幽默过人,时而又冷若冰霜、令人费
解,这常常是一个不易相处的人。有优秀的推理力和求知精神,客观、冷静,善于思考,讲求科
学、逻辑和概念,价值观很强。这是一个只忠于自己的信念,又令人难以捉摸的星座。
</p>
</div>
</body>
</html>
```

说明：当设置图片为左浮动时，紧邻的文字会流向图片的右边，出现混排效果。

运行效果如图 4-5 所示。

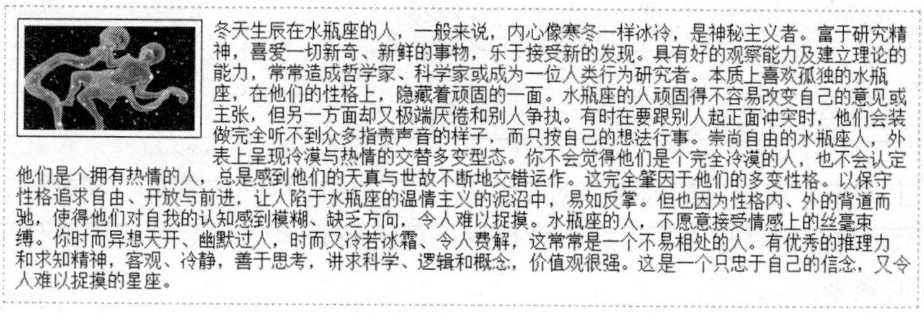

图 4-5　图文混排效果

例 4.3：列表浮动实现横向导航效果

代码如下：

```
<!DOCTYPE html PUBLIC "-//W3C//DTD XHTML 1. 0 Transitional//EN"
"http://www. w3. org/TR/xhtml1/DTD/xhtml1-transitional. dtd">
    <html xmlns= "http://www. w3. org/1999/xhtml">
    <head>
    <meta http-equiv= "Content-Type" content= "text/html;charset= utf-8"/>
    <title> 鲜花导航菜单</title>
    <style type= "text/css">
    # nav{margin:0px auto;width:700px;}
    ul{margin:0px;padding:0px;list-style-type:none;}
    # nav ul li{float:left;margin:0px;}
    # nav li a:link,# nav li a:visited{display:block;background-image:url(images/button1. jpg);
    width:100px;height:33px;text-align:center;line-height:33px;color:#  900;font-size:14px;
    text-decoration:none;font-family:"微软雅黑";}
    # nav li a:hover{color:# fff;text-decoration:underline;
            background-image:url(images/button1_bg. jpg);}
    </style>
    </head>
    <body>
    <div id= "nav">
      <ul>
        <li> <a href= "#"> 鲜花礼品</a> </li>
        <li> <a href= "#"> 自助订花</a> </li>
        <li> <a href= "#"> 绿色植物</a> </li>
        <li> <a href= "#"> 花之物语</a> </li>
        <li> <a href= "#"> 会员中心</a> </li>
        <li> <a href= "#"> 联系我们</a> </li>
        <li> <a href= "#"> 支付方式</a> </li>
      </ul>
    </div>
    </body>
    </html>
```

　　说明：上例中，通过设置列表项的左浮动，达到横向排列的效果。同时，设置超链接 a 标签的显示为块标记，从而当鼠标悬停在每一项上时，通过改变其背景图像实现两张背景图片交替的效果。

　　运行效果如图 4-6 所示。

图 4-6　横向导航菜单

5. position：定位

定位属性可以允许网页元素相对于其原来本身位置发生位移，从而定位在一个新的位置。定位属性的设置如下：

position：static ｜ absolute ｜ fixed ｜ relative

- static：默认值。无特殊定位，对象遵循 HTML 定位规则。
- absolute：绝对定位。
- fixed：类似于 absolute，其定位的包含块是视窗本身。
- relative：相对定位。

设置定位属性后，还需要结合 left、right、top、bottom 属性设置定位元素的位置。这里，以相对定位（relative）和绝对定位（absolute）为例，说明定位的使用。

（1）相对定位（relative）。

设置相对定位的对象会保持对象在正常的 HTML 流中，它原有的位置依然被自己占据，不会出让给之后的其他对象，其相对定位发生的位移一般结合 top 和 left 来设置。top 属性用来设置此相对定位对象相对于原先位置的顶端发生的位移；left 属性设置相对于原先位置的左边发生的位移。top、left 属性值用数值加单位来表示，允许为负值。例如：div {position：relative；top：-3px；left：6px；}。

（2）绝对定位（absolute）。

绝对定位将对象从文档流中拖出，使用 left、right、top、bottom 等属性相对于其最接近的一个有定位设置的父对象进行绝对定位。如果不存在这样的父对象，则依据 body 对象进行绝对定位。假如绝对定位对象定位位置有其他对象，这些对象之间不会相互影响，而会在同一位置层叠。层叠关系通过 z-index 属性设置，值越大越靠前。此时对象不具有外补丁（margin），但仍有内补丁（padding）和边框（border）。原先所占据的位置不再保留，让位给跟随其后的元素，因此被称为"无私的定位方式"。例如：div {position：absolute；top：10px；left：20px；z-index：1；}。

例 4.4：绝对定位实现图片签名

代码如下：

```
<!DOCTYPE html PUBLIC "-//W3C//DTD XHTML 1. 0 Transitional//EN"
"http://www. w3. org/TR/xhtml1/DTD/xhtml1-transitional. dtd">
<html xmlns= "http://www. w3. org/1999/xhtml">
<head>
<meta http-equiv= "Content-Type" content= "text/html;charset= utf-8"/>
<title> 绝对定位—给图片签名</title>
<style type= "text/css">
# father{position:relative;}
# father img{padding:10px;border:5px groove # FCC;}
# block2{color:# 069;position:absolute;left:86px;top:180px;font-family:"微软雅黑";}
</style>
</head>
```

```
<body>
<div id="father">
<img src="images/aduo. jpg" border="0">
<div id="block2"> ××-aduo</div>
</div>
</body>
</body>
</html>
```

运行效果如图 4 - 7 所示。

图 4 - 7   绝对定位

例 **4.5**：文字定位图片

代码如下：

```
<!DOCTYPE html PUBLIC "-//W3C//DTD XHTML 1. 0 Transitional//EN"
"http://www. w3. org/TR/xhtml1/DTD/xhtml1-transitional. dtd">
<html xmlns= "http://www. w3. org/1999/xhtml">
<head>
<meta http-equiv= "Content-Type" content= "text/html;charset= utf-8"/>
<title> 绝对定位实例</title>
<style>
```

```
ul{margin:0px;padding:0px;list-style:none;}
li{width:180px;height:255p;position:relative;}
li div{width: 180px; height: 30px; background-color:# 000; color:# FFF; font-weight: bold; position:
absolute;
 left:0px;bottom:0px;filter:alpha(opacity= 50);/* IE 浏览器* /
 opacity:0. 5;/* 非 IE 浏览器* /
 text-align:center;line-height:30px;
}
</style>
</head>
<body>
<ul> <li> <img src= "images/lianyiqun. jpg"/>
<div> 冬季试穿连衣裙</div>
</li>
</ul>
</body>
</html>
```

说明：此例中，半透明效果所在 div 块设置绝对定位，所在父标签 li 设置相对定位，通过位置设置（left：0px；bottom：0px；），让半透明块刚好在图片底端对齐。透明度样式设置兼容了 IE 和非 IE 的透明度设置方法。

运行效果如图 4-8 所示。

图 4-8　图文排列

6. z-index：设置对象的层叠顺序

z-index 主要用来设置有定位属性的对象和其他对象有层叠关系时，设置其层叠顺序，语法如下：

z-index：auto ｜ number

● auto：默认值。遵从其父对象的定位。

● number：无单位的整数值，可为负数。

较大 number 值的对象会覆盖在较小 number 值的对象之上。如两个绝对定位对象的此属性具有同样的 number 值，那么将依据它们在 HTML 文档中声明的顺序层叠。对于未指定此属性的绝对定位对象，此属性的 number 值为正数的对象会在其之上，而 number 值为负数的对象在其之下。此属性仅仅作用于 position 属性值为 relative 或 absolute 的对象。

例 4.6：层的叠合

代码如下：

```
<!DOCTYPE html PUBLIC "-//W3C//DTD XHTML 1. 0 Transitional//EN"
"http://www. w3. org/TR/xhtml1/DTD/xhtml1-transitional. dtd">
<html xmlns= "http://www. w3. org/1999/xhtml">
<head>
<metahttp-equiv= "Content-Type" content= "text/html;charset= utf-8"/>
<title> z-index 属性</title>
<style type= "text/css">
# block1{
 background-color:# fff0ac;border:1px dashed # 000000;padding:10px;position:absolute;
 left:20px;top:30px;z-index:0;
}
# block2{
 background-color:# ffc24c;border:1px dashed # 000000;padding:10px;
 position:absolute;left:40px;top:50px;z-index:1;
}
# block3{
 background-color:# c7ff9d;border:1px dashed # 000000;padding:10px;
 position:absolute;left:60px;top:70px;z-index:2;
}
</style>
</head>
<body>
 <div id= "block1"> AAAAAAAA</div>
 <div id= "block2"> BBBBBBBB</div>
 <div id= "block3"> CCCCCCCC</div>
</body>
</html>
```

运行效果如图 4-9 所示。

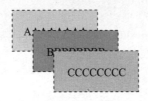

图 4-9　层的叠合

7. display：显示

display 属性用来设置对象是否及如何显示。语法设置如下：

display：block | none | inline | compact | marker | inline-table | list-item | run-in | table | table-caption | table-cell | table-column | table-column-group | table-footer-group | table-header-group | table-row | table-row-group

● block：此元素将以块元素方式显示，会独占一行，并支持宽度、高度、内边距、外边距等布局属性的设置。

● inline：此元素会被显示为行内元素，其后元素会紧随其后显示，不会换行，设置该元素的宽度、高度、内边距等属性将无效。

● none：此元素将会被隐藏，且所占据的物理位置会被删除。

其他的属性值请参考手册描述。

例 4.7： 定位属性综合案例

代码如下：

```
<!DOCTYPE html PUBLIC "-//W3C//DTD XHTML 1. 0 Transitional//EN"
"http://www. w3. org/TR/xhtml1/DTD/xhtml1-transitional. dtd">
<html xmlns= "http://www. w3. org/1999/xhtml">
<head>
<meta http-equiv= "Content-Type" content= "text/html;charset= utf-8"/>
<title> 定位、显示综合实例</title>
<style type= "text/css">
h3{background-color:# F90;color:# FFF;font-weight:bold;padding:3px 0px;
width:100px;text-align:center;margin-bottom:0px;
}
ul{padding:0px;margin:0px;list-style-type:none;border-top:1px solid # f90;width:300px;}
li{border-bottom:1px solid # CCC;padding:5px;}
li a:link,li a:visited{color:# 666;font-size:12px;text-decoration:none;display:block;
line-height:20px;position:relative;
}
li a:hover div{display:block;position:absolute;left:150px;top:25px;border:1px solid # 06C;
width:250px;background-color:# D3E7F5;padding:10px;z-index:999;
```

```
}
li a div{display:none;}
li a div img{float:left;border:0px;margin-right:20px;width:80px;height:80px;}
li a span{color:# 036;font-weight:bold;font-size:14px;}
</style>
</head>
<body>
<h3> 最新单曲</h3>
<ul> <li> <a href="#"> 01 爱得文身 黄圣依
<div> <img src="images/huangshengyi. jpg"    alt=""/> <span> 歌名:</span> 爱的文身<
br/>
<span> 歌手:</span> 黄圣依<br/> <span> 介绍:</span> 黄圣依唱片主打歌的确是她个人
的内心写照,《爱的文身》由香港音乐大师金培达作曲,制作人陈少琪亲自填词。
</div>
</a> </li>
<li> <a href="#"> 02 累了 阿信
<div> <img src="images/axin. jpg" alt=""/> <span> 歌名:</span> 累了<br/> <span> 歌手:
</span> 阿信<br/> <span> 介绍:</span> 青春校园偶像剧——【热情仲夏】片尾曲</div>
</a> </li>
<li> <a href="#"> 03 慢慢 阿朵
<div> <img src="images/aduo. jpg"   alt=""/> <span> 歌名:</span> 漫漫慢慢<br/> <span>
歌手:</span> 阿朵<br/> <span> 介绍:</span> 阿朵抢听版最新单曲《漫漫慢慢》让你认识
阿朵柔情的一面,展现阿朵百变的风格。</div> </a> </li>
<li> <a href="#"> 04 我怀念的 孙燕姿<div> <img src="images/sunyanzi. jpg" alt=""/> <span
> 歌名:</span> 我怀念的<br/> <span> 歌手:</span> 孙燕姿<br/> <span> 介绍:</span>
令人感同身受的抒情歌,在故事性的架构中,有着平凡但又能扣人心弦的情感,是首高度共
鸣的抒情歌</div> </a> </li>
<li> <a href="#"> 05 听,花期越来越近 后弦
<div> <img src="images/houxian. jpg" alt=""/> <span> 歌名:</span> 花期越来越近<br/>
<span> 歌手:</span> 后弦<br/> <span> 介绍:</span> 后弦参与《花开的声音》这个舞台剧
里的一部分,邀请了后弦去演唱这首歌,此歌就是为舞台剧《花开的声音》而创作。</div>
</a> </li>
</ul>
</body>
</html>
```

说明：此实例中，鼠标悬停在列表每一项上时，会出现相应的详细内容。用 div 标签
定义详情内容，初始时隐藏，悬停时出现。用定位属性控制每一项详细内容出现的位置在
右下角，顶端与列表底边线重叠。

运行效果如图 4－10 所示。

图 4－10　定位效果

8. overflow：溢出

overflow 属性用来设置当对象的内容超过其指定高度及宽度时如何显示。语法设置如下：

> overflow:visible | auto | hidden | scroll

- visible：默认值。内容始终可见，不剪切内容，也不添加滚动条。
- auto：根据实际内容宽度显示或隐藏滚动条。
- hidden：不显示超过对象尺寸的内容。
- scroll：总是显示滚动条。

 # 4.4　布局结构

网页设计也属于平面设计，所以平面设计中的构成原理同样适用于网页设计。网页布局可以从两方面理解：一种是艺术布局；另一种是结构布局。本节主要讨论结构布局。网页中最基本的结构布局方式有以下几种。

1. "国"字形网页布局

该布局也称为"同"字形网页布局，最上面是网站的标题以及横幅广告条，接下来就是网站的主要内容，左右分列两小条内容，中间是主要部分，与左右一起罗列到底，最下面是网站的一些基本信息，如联系方式、版权声明等。一般综合类的门户网站常采用此布局，如网易（http://www.163.com），新浪（http://www.sina.com.cn），腾讯（http://www.qq.com），搜狐（http://www.sohu.com）。如图 4－11 所示。

图 4 - 11 搜狐"国"字形网页布局

2. 拐角形网页布局

该布局的上面是标题及广告横幅，接下来的左侧是一窄列链接等，右列是很宽的正文，下面也是一些网站的辅助信息。如 hao123（http://www.hao123.com），如图 4 - 12 所示。

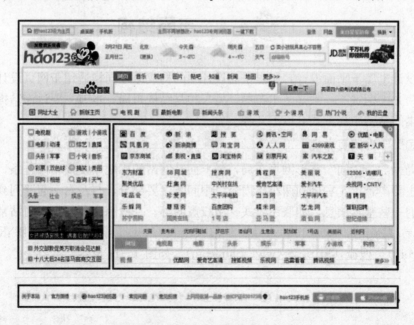

图 4 - 12 hao123 的拐角形网页布局

3. 左右框架形网页布局

该布局的左右分别为两页的框架结构，一般左面是导航链接，有时最上面会有一个小的标题或标识，右面是正文。一般大型论坛采用这种结构，如 CSDN 论坛（http://bbs.csdn.net），如图 4－13 所示。

图 4－13　CSDN 论坛的左右框架形网页布局

4. 封面形网页布局

该布局基本上出现在一些网站的首页，大部分为一些精美的平面设计结合一些小的动画，放上几个简单的链接或者仅是一个"进入"的链接，甚至直接在首页的图片上做链接而没有任何提示，多用于企业网站和个人主页。如图 4－14 所示。

图 4－14　封面形网页布局

5. Flash 网页布局

Flash 网站基本以图形和动画为主，所以比较适合做那些文字内容不太多，以平面、动画效果为主的应用。如企业品牌推广、特定网上广告、网络游戏、个性网站等。Flash 网站具有设计精美，拥有更多声效、动画、流媒体剪辑、美术效果及兼顾互动性等特征，非常适合公司做在线产品展示。如图 4－15 所示。

图 4－15　Flash 网页布局

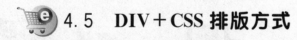 4.5　DIV＋CSS 排版方式

网页整体结构一般分为三部分：页头、主体内容和页脚。在页面整体布局方式中，DIV 就是一个一个的"容器"，将页面内容装进这些容器，然后通过 CSS 样式设定这些页面内容的大小、位置、显示等，达到整体页面排版的效果。对于页面布局来说，首先需要定义一个大的 DIV 块，设置固定宽度并居中，一般设为 800 像素到 960 像素；然后再分别定义页头、主体、页尾三个 DIV 块，在这三个 DIV 块中再细化所有的页面内容。中间的主体内容常见的可分为两列或三列，宽度可固定也可根据整体宽度自适应，高度无需固定，一般根据内容自适应。

1. 1－2－1 方式

1－2－1 方式即两列布局方式。如图 4－16 所示。

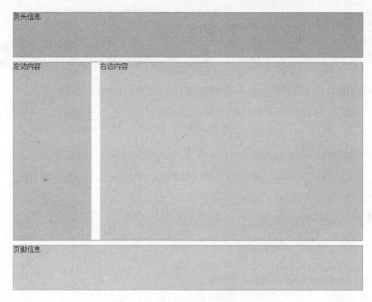

图 4－16　1－2－1 布局方式

HTML 元素定义代码如下：

```
<div id= "container">
<div id= "header"> 页头信息</div> <! - - 页头信息- - >
<div id= "main"> <! - - 页面主体- - >
<div id= "menu">
左边内容
</div> <! - - 左边- - >
<div id= "content">
右边内容
</div> <! - - 右边- - >
<div class= "clear"> </div>
</div>
<div id= "footer">
页脚信息
</div> <! - - 页脚信息- - >
</div>
```

CSS 样式定义代码如下：

```
<style type= "text/css">
# container{
margin:0px auto;width:800px;
}
# header,# main,# footer{
```

```
width:800px;border:1px solid # 999;margin-bottom:10px;
}
# header{
background-color:# CC0;background-repeat:no-repeat;height:100px;
}
# menu{
float:left;width:180px;background-color:# B0DCFF;height:400px;
}
# content{
float:right;width:600px;background-color:# E0DEFE;height:400px;
}
# footer{
height:100px;background-color:# C6F0FB;
}
. clear{
clear:both;
}
</style>
```

2.1-3-1 方式

1-3-1 方式即三列布局方式，一般为左、中、右三部分，通过设定浮动属性实现横向排版方式，宽度可设置固定宽度，也可固定一列或两列，其他的自适应。如图 4-17 所示。

图 4-17　1-3-1 布局方式

HTML 元素定义代码如下：

```
<div id="container">
 <div id="header">
<!－－页头信息开始－－>
</div>
<!－－页头信息结束－－>
<div id="main">
<!－－主体信息开始－－>
<div id="left"> </div>
<div id="middle"> </div>
<div id="right"> </div>
<div class="clear"> </div>
</div>
<!－－主体信息结束－－>
 <div id="footer">
<!－－页尾信息－－>
</div>
</div>
```

CSS 样式定义代码如下：

```
<style type="text/css">
* {margin:0px;padding:0px;}
body{
font-size:12px;
}
# container{
margin:10px auto;width:960px;border:1px solid # 03C;
}
# header,# main,# footer{
width:960px;margin-bottom:10px;border:1px solid # 666;}
# header{
background-color:# C90;height:200px;
}
# left{
float:left;width:200px;
background-color:# 09F;height:300px;margin:5px 10px;
}
# middle{
float:left;width:400px;backgroundcolor:# 699;
```

```
height:300px;margin:5px 10px;
}
# right{
float:left;width:300px;
background-color:# C33;height:300px;margin:5px 10px;
}
. clear{clear:left;}
# footer{
height:100px;background-color:# 96F;
}
</style>
```

两列或三列的布局模式中，除了可以通过浮动属性设置以外，也可以通过 display 属性来实现。具体实现方式如下：

```
display:inline-block
```

此属性可应用在各列元素中，不会对后续元素造成影响，也不需要清除浮动。

这一章里，对于网站整体的设计过程和网页制作技术，只是做了一个抛砖引玉的概述，要真正完成一个完整的能够上线的网站，还需要多多实践、多多练习、多多思考。后续的课程中还会详细介绍网站制作过程中的一些具体案例供大家参考。

本章小结

本章主要介绍了网页布局方式 DIV＋CSS，主要包括网页布局模型——盒子模型、布局属性、网页布局的基本结构及排版方式。通过本章的学习，使读者在网页排版上有一个整体的认识和思路，再结合 CSS 样式定义，制作出图文并茂、结构清晰、效果突出的网页作品。

同步实训

● **实训目的**

理解盒子模型，通过 DIV＋CSS，实现整个网站的布局。

● **实训要求**

给出网页原设计图，实现整个网页的布局与效果。

● **实训安排**

通过 PSD 源文件，通过 PS 工具自行切图，包括网页中需要的 LOGO、banner、按钮、产品等图片。创建 html 文档，根据原图结构定义网页布局，添加 CSS 样式，实现页面效果，并测试网页的兼容性。

页面效果如图 4－18 所示。

图 4－18　网站布局综合效果

HTML 代码如下：

```
<!DOCTYPE html PUBLIC "-//W3C//DTD XHTML 1. 0 Transitional//EN"
"http://www. w3. org/TR/xhtml1/DTD/xhtml1-transitional. dtd">
    <html xmlns= "http://www. w3. org/1999/xhtml">
    <head>
    <meta http-equiv= "Content-Type" content= "text/html;charset= utf-8"/>
    <title> 艺达琴行</title>
    <link href= "css/main. css" rel= "stylesheet" type= "text/css"/>
    </head>
    <body>
    <div id= "box">
    <div id= "header">
    <div id= "logo"> <img src= "images/logo-1. png"/> </div>
```

```
<div id= "lang"> 中文版   ENGLISH</div>
<div class= "clear"> </div>
<div id= "nav">
<ul>
<li> <a href= "#"> 首页</a> </li>
<li> <a href= "#"> 产品展示</a> </li>
<li> <a href= "#"> 乐器知识</a> </li>
<li> <a href= "#"> 音乐培训</a> </li>
<li> <a href= "#"> 在线咨询</a> </li>
<li> <a href= "#"> 联系我们</a> </li>
</ul>
<div class= "clear"> </div>
</div>
<! ——导航结束——>
</div>
<! ——页头结束——>
<div id= "banner"> <img src= "images/banner. png"/> </div>
<div id= "search">
<ul>
<li> <img src= "images/resize. png"/> </li>
<li class= "img_li"> <span class= "s1"> 产品搜索</span> <br/>
<span class= "s2"> SEARCH</span> </li>
<li class= "s_li">
<input type= "text" value= "——关键词——"class= "s_txt1"/>
</li>
<li class= "s_li">
<input type= "text" value= "——所有分类——"class= "s_txt1"/>
</li>
<li class= "s_li">
<input type= "text" value= "——名称——"class= "s_txt1"/>
</li>
<li class= "s_li2">
<input type= "button" value= SEARCH" class= "s_btn1"/>
</li>
</ul>
<div class= "clear"> </div>
</div>
<! ——产品搜索结束——>
```

```
<div class= "clear"> </div>
<div id= "main"> <! ——页面主体开始——>
<div id= "left">
<div id= "prolist">
<h3> 产品列表  PRODUCT</h3>
<ul>
<li> <a href= "#"> 民族乐器</a> </li>
<li> <a href= "#"> 立式钢琴</a> </li>
<li> <a href= "#"> 三角钢琴</a> </li>
<li> <a href= "#"> 电声乐器</a> </li>
<li> <a href= "#"> 管弦乐器</a> </li>
<li> <a href= "#"> 音像图书</a> </li>
<li> <a href= "#"> 音乐培训</a> </li>
</ul>
</div>
<div id= "tel"> <img src= "images/dianhua. png"/>   800—400—900</div>
</div>
<! ——主体左结束——>
<div id= "right">
<div class= "imglist">
<ul>
<li> <img src= "images/1. png"/>
<div class= "wenzi"> 三角钢琴  (品牌:蓓森朵夫)</div>
</li>
<li> <img src= "images/2. png"/>
<div class= "wenzi"> 立式钢琴  (品牌:沃德森)</div>
</li>
<li> <img src= "images/3. png"/>
<div class= "wenzi"> 三角钢琴  (品牌:恺撒堡)</div>
</li>
</ul>
<div class= "clear"> </div>
</div>
<! ——右上——>
<div id= "rb">
<div id= "news">
<h3> 新闻中心  NEWS CENTER</h3>
```

```
<ul>
<li>
<div class= "title"> <a href= "#"> 祝贺我青云幼儿园正式试点招生！</a> </div>
<div class= "time"> 2015—03—01</div>
<div class= "clear"> </div>
</li>
<li>
<div class= "title"> <a href= "#"> 祝贺本中心加盟国际教育集团！</a> </div>
<div class= "time"> 2014—12—09</div>
<div class= "clear"> </div>
</li>
<li>
<div class= "title"> <a href= "#"> 8 月 2 日钢琴考试正式开始！</a> </div>
<div class= "time"> 2014—07—09</div>
<div class= "clear"> </div>
</li>
</ul>
</div>
<div id= "we">
<h3> 联系我们  CONTACT US</h3>
<p> TEL:800—400—900<br/>
                FAX:800—400—800<br/>
                E-MAIL:www. yida@ qq. com<br/>
地址:艺达琴行有限公司</p>
</div>
<div class= "clear"> </div>
</div>
<! ——右下结束——>
</div>
<! ——主体右结束——>
<div class= "clear"> </div>
</div>
<! ——页面主体结束——>
<div id= "footer"> <img src= "images/logo-1. png" style= "width:300px;height:auto;"/> 艺
达琴行有限公司  版权所有 &copy; 编号:京 ICP 备 05006851 号</div>
</div>
</body>
</html>
```

CSS 样式代码如下：

```
body{font-size:13px;background-image:url(../images/bg-full. png);}
*  {margin:0px;padding:0px;}
#  box{width:960px;margin:0px auto;height:1000px;}
ul,p,h1,h2,h3,h4,h5,h6,form,table{margin:0px;padding:0px;}
li{list-style:none;}
a img{border:none;}
. clear{clear:both;}
#  logo{float:left;padding-top:12px;padding-left:15px;width:700px;}
#  lang{
width:200px;float:right;font-size:14px;font-family:"微软雅黑";
color:#  fff;height:95px;line-height:95px;
}
#  nav{width:960px;height:45px;margin-top:10px;}
#  nav li{
 float:left;background-image:url(../images/daohang- di. png);
 width:160px;text-align:center;height:45px;line-height:52px;
}
#  nav li a:link,#  nav li a:visited{
 text-decoration:none;color:#  fff;font-size:12px;font-family:"微软雅黑";
}
#  nav li a:hover{color:#  F90;}
#  banner{height:374px;width:960px;opacity:0. 6;filter:alpha(opacity=  60);}
#  search{width:960px;padding-top:15px;padding-bottom:10px;}
#  search li{float:left;}
#  search li span. s1 {font-weight: bold; font-family:" 微 软 雅 黑 "; color: #  7B4441; font-
size:14px;}
#  search li span. s2{color:#  C3936B;font-size:xx-small;}
#  search li. s_li{
 background-image:url(../images/pointer. png);background-repeat:no-repeat;
 width:242px;height:37px;position:relative;
}
#  search li. s_li input. s_txt1{
 position:absolute;left:60px;top:10px;width:140px;border:none;height:16px;
}
#  search li. s_li2{
 background-image:url(../images/tu3. png);width:125px;height:37px;position:relative;
}
#  search li. s_li2   input. s_btn1{
```

```
        color:# fff;font-size:14px;border:none;position:absolute;top:10px;
      left:30px;background:none;
}
/* 页面主体样式* /
# main{width:945px;background-color:# fff;padding-left:15px;}
# left{float:left;width:230px;margin-right:30px;margin-top:10px;}
/* 产品列表* /
# prolist{width:230px;border:1px solid # E4E4E4;background-color:# fff;}
# prolist h3{
        background-image:url(../images/bg-1. png);
        height:60px;
        color:# 303030;
        font-family:"微软雅黑";
        text-align:center;
        line-height:60px;
}
# prolist li{
        border-bottom:1px dotted # CCCCCC;
        height:25px;
        background-image:url(../images/kuan. png);
        background-repeat:no-repeat;
        background-position:20px center;
        padding-left:35px;
        line-height:25px;
        margin-left:5px;
        margin-right:15px;
}
# prolist ul{
        background-color:# f1f1f1;
        margin:0px 10px 10px;
        padding-bottom:20px;
}
# prolist li a:link,# prolist li a:visited{
        color:# 804747;
        text-decoration:none;
        font-size:14px;
}
# prolist li a:hover{color:# 069;}
```

```
# tel{
        font-size:18px;
        font-family:Arial;
        text-align:center;
        color:# 4e0000;
        font-weight:bold;
        letter-spacing:2px;
        margin-top:10px;
        margin-bottom:10px;
}
# tel img{vertical-align:middle;margin-right:10px;}
/*  主体右边样式* /
# right{float:leftmargin-top:15px;width:685px;}
/*  右边图片列表样式* /
# right. imglist li{
        float:left;
        background-image:url(../images/di-6. png);
        background-repeat:no-repeat;
        width:197px;
        height:153px;
        margin-right:25px;
        position:relative;
}
# right. imglist li div. wenzi{position:absolute;top:125px;left:25px;}
# right. imglist li img{position:absolute;left:6px;top:5px;}
/*  主体右下样式* /
# rb{margin-top:20px;}
# news,# we{float:left;}
# news{
        width:400px;
        background-image:url(../images/10. png);
        background-repeat:no-repeat;
        background-position:right 15px;
}
# news h3{
        background-image:url(../images/ditu. png);
        width:170px;
        height:36px;
```

```
        text-align:center;
        padding-top:5px;
        font-family:"微软雅黑";
        font-size:14px;
        color:# 909090;
}
# news li div. title{
        width:270px;
        float:left;
        padding-left:30px;
        padding-top:5px;
        padding-bottom:5px;
        background-image:url(../images/icon1. gif);
        background-repeat:no-repeat;
        background-position:15px center;
}

# news li a:link,# news li a:visited{color:# 804747;text-decoration:none}
# news li a:hover{color:# 330;}
# news li div. time{float:right;width:100px;color:# 333;}
# we{margin-left:15px;}
# we h3{color:# 505050;}
# we p{color:# 804747;margin-top:20px;line-height:20px;padding-left:5px;}
# footer{
        background-image:url(../images/11. png);
        background-repeat:repeat-x;
        color:# fff;
        font-family:"微软雅黑";
        font-size:12px;
        height:70px;
        line-height:70px;
}
# footer img{vertical-align:middle;margin-right:30px;margin-left:20px;}
```

~~~~~~~~~~~ 教学一体化训练 ~~~~~~~~~~~

● 重要概念

  盒子模型 块标记 行内元素 浮动 定位

● 课后讨论

1. 如何理解盒子模型？

2. 如何使用盒子模型进行页面布局？

3. 绝对定位和相对定位的区别是什么？

● 课后自测

选择题

1. CSS 是利用什么 XHTML 标记构建网页布局？（　　）

1. <dir>　　　　　　B. <div>　　　　　　C. <span>　　　　　　D. <box>

2. 在网页布局中，下列哪个属性能够设置盒子模型的左侧外补丁（外间距）？（　　）

A. margin-right:　　　　　　　　　B. padding-left:

C. margin-left:　　　　　　　　　　D. padding-right:

3. 在 CSS 中，下面不属于 BOX 模型属性的有（　　）。

A. font　　　　　B. margin　　　　　C. padding　　　　　D. border

4. 在 CSS 中，有关下列方框属性正确的是（　　）。

A. margin-left 设置对象的左填充

B. border-width 设置边框的宽度

C. padding-left 设置内容和右边框之间的距离

D. 以上说法都不对

5. 在 CSS 样式定义中，如果要将网页中的两个 div 对象制作为重叠效果，并设置重叠顺序，（　　）。

A. 是不可能的

B. 利用表格标记<table>

C. 利用样式表定义中的绝对位置与相对位置属性

D. 利用样式表定义中的绝对位置与 z-index 属性

6. 下列哪个 CSS 属性能够设置盒模型的内补丁（填充距离），上为 10px，下为 20px，左右为 50px？（　　）

A. padding: 10px 20px 50px 50px　　　　B. padding: 10px 50px 50px 20px

C. padding: 10px 50px 20px 50px　　　　D. padding: 10px 20px 20px 50px

7. 在 CSS 样式属性中，下列哪一个能够实现 DIV 块的隐藏？（　　）

A. display: false　　　　　　　　B. display: hidden

C. display: none　　　　　　　　D. display: " "

填空题

1. 阅读以下 CSS 样式代码：

border-width: 1px;

border-color: ♯F00;

border-style: solid;

可以简写成一个 CSS 样式语句：＿＿＿＿＿＿＿＿＿＿。

2. 将一个 ID 名为 box 的 div 标记宽度设为 960px，且在页面上居中的 CSS 样式定义为_____。

3. 阅读以下 CSS 代码片段：

margin-left: 10px;

margin-right: 20px;

margin-bottom: 25px;

margin-top: 30px;

以上可以用_____替代。

简答题

1. 写出下列要求的 CSS 样式表。

设置 ul 列表样式，将列表默认的外间距和内填充距离设置为 0，去掉列表符号；每个列表项底端都有一条粗 1px，颜色为♯FF9900 的实线。

2. 解释以下 CSS 样式的含义。

（1）div　li｛float: left; padding: 6px 8px 0 12px; border-bottom: 1px dashed red;｝

（2）div li a｛display: block; text-decoration: none; background-color: green;｝

第 5 章

交互动态大师——JavaScript 技术

📋 **知识目标**

    了解 JavaScript 的语法规范和特点。

    掌握 JavaScript 的数据类型、变量定义。

    掌握 JavaScript 的运算符和表达式。

    掌握 JavaScript 的流程控制语句

    掌握 JavaScript 的函数定义。

📋 **能力目标**

    能通过分支语句实现个人工资所得税的计算。

    会用循环结构实现图形输出。

    会用循环结构实现猜价格的功能。

JavaScript 是学习脚本语言的首选。它兼容性好，被绝大多数浏览器支持，而且功能强大，实现简单、方便，入门简单，即使是程序设计新手也可以非常快速地使用 JavaScript 进行简单的编程。本章将重点介绍 JavaScript 脚本语言的使用和应用。

JavaScript 作为一种脚本语言，要想驾驭它，首先必须了解其语言特点，掌握其语法知识，其次才是熟练、灵活地运用。

5.1 JavaScript 概述

JavaScript 是由 Netscape 公司开发的一种跨平台脚本语言，最初取名 LiveScript，为便于推广，于 1995 年 11 月与 Sun 公司联合将其改名为 JavaScript。JavaScript 并不是 Java 语言，而是独立的语言，其作用也和 Java 不一样。作为一门世界上流行的编程语言之一，JavaScript 的流行完全在于它作为 WWW 的脚本语言的角色，其最主流的应用还是在 Web 前端的交互功能上。

JavaScript 是一种运行在客户端并具有安全性能的脚本语言，对象和事件是 JavaScript 的两个核心。脚本语言（Scripting Language）由 ASCII 码构成，可直接用任何一种文本编辑器开发完成。它是一种不必事先编译，只要利用适当的解释器（Interpreter）就可以执行的简单的解释式程序。JavaScript 程序一般需要嵌入到 HTML 网页文件中并由浏览器解释执行。

1. JavaScript 的特点

（1）脚本编写语言。

JavaScript 是一种脚本语言，有自己的语法规范，只需在浏览器中解释并执行。

（2）简单性。

相比其他编译型语言，JavaScript 的语法更简单，编写更自由，所见即所得。

（3）动态性。

JavaScript 可以直接被嵌入到 HTML 文件中，不需要经过 Web 服务器就可以对用户操作做出响应，使网页更好地与用户交互，实现网站的动态效果。

（4）跨平台。

JavaScript 可运行于不同平台，且被绝大多数浏览器兼容。

2. JavaScript 语言具备独特、高效的功能

（1）制作网页特效。

网页中的动态特效，如选项卡效果、图片轮换效果、时钟效果、鼠标跟随效果、淡入淡出效果等，都能通过 JavaScript 语言实现。

（2）提供表单前端数据验证。

用户在表单中输入用户数据时，可对其有效性进行验证，如验证用户名的格式、密码的长度、E-mail 邮箱格式、日期和数值的有效范围等。

（3）窗口动态操作

JavaScript 可实现对窗口的控制，如页面跳转、提示框、新建窗口、窗口关闭等操作。

（4）减轻服务器端的负担。

客户端发送的请求在提交给服务器端处理之前有些先交给 JavaScript 程序来处理，如数据格式有效性验证、Ajax 操作、数据缓存等，在利用客户端个人电脑性能资源的同时，适当减小服务器端的压力，并减少用户等待时间。

（5）提高系统工作效率。

JavaScript 丰富而强大的客户端功能处理能力，大大提高了系统的工作效率。

5.2　网页中引入 JavaScript 脚本

JavaScript 程序需要嵌入到 HTML 网页文件中才能被解释、执行，在网页中引入脚本的方式主要有三种。

1. 直接在网页中插入 JavaScript 代码

可以在 HTML 网页文件的任何一个位置加入 JavaScript 脚本程序，引入标签为 ＜script＞，可指定 type 和 language 属性。代码如下。

```
<script type= "text/JavaScript" language= "JavaScript">
    …
</script>
```

在上面的＜script＞标签中，type＝"text/JavaScript"表示文件类型，language＝"JavaScript"表示使用 JavaScript 脚本语言。脚本语言还有 vbscript、JScript 等。如果没有 language 属性，表示默认使用 JavaScript 语言。代码如下。

```
<script type="text/JavaScript">
  document. write("欢迎进入 JavaScript 教学课堂!");
</script>
```

JavaScript 使用 document. write 来输出内容。在网页中的输出结果是：

欢迎进入 JavaScript 教学课堂！

浏览器在解析 HTML 页面和 JavaScript 程序的过程中，一般采用从上至下的顺序方式来执行。因此，JavaScript 的插入位置不同，效果也会有所不同。

有些浏览器可能不支持 JavaScript 语言，可以使用如下方法对它们隐藏 JavaScript 代码：

```
<html>
<body>
<script type="text/JavaScript">
<! ——
  document. write("欢迎进入 JavaScript 教学课堂!");
  //——>
</script>
</body>
</html>
```

＜! ——和——＞里的内容对于不支持 JavaScript 的浏览器来说就相当于一段注释，而对于支持 JavaScript 的浏览器，这段代码仍然会执行。至于"//"符号则是 JavaScript 里的注释符号，在这里添加它是为了防止 JavaScript 试图执行——＞。

2. 在网页中引入 JavaScript 文件

网页中有时需要引入大量的 JavaScript 脚本程序，直接写入网页文件会大大增加文件的代码量，使设计人员编写网页增加负担。因此，可创建一个单独的 js 文件，后缀名为 .js。将一些重复用到的功能或复杂的函数定义写入此 js 文件，然后可在任意一个需要这些功能的网页文件中将其引入，既实现了网页内容与程序的分离，也可以将 js 程序反复使用。代码如下：

```
<html>
<head>
<script src="js/common. js" type="text/JavaScript"> //此处不能再加 JavaScript 语句。</script>
</head>
<body>
</body>
</html>
```

common. js 文件存放于 js 目录下，代码如下：

```
document. write("欢迎进入 JavaScript 教学课堂!");
```

在 js 脚本文件里面不需要添加＜script＞标签，直接编写 js 代码即可。

3. 在地址栏或标签中加入 JavaScript 脚本

如果想在浏览器的"地址"栏中执行 JavaScript 语句，可用这样的格式：

```
javascript:JavaScript 语句
```

javascript：表示的是 JavaScript 协议，后面直接引入 javaScript 语句，这样的格式也可以用在链接中：

```
<a href= "JavaScript:JavaScript 语句"> ...</a>
```

此种写法类似于超级链接在添加邮件地址链接的格式：

```
<a href= "mailto:webmaster@ 163. com"> 写信给管理员</a>
```

 ## 5.3　JavaScript 语法规范及特点

每一门编程语言都会有自己的一套语法规范，JavaScript 的语法形式类似于 C 语言，只能遵循它的规范要求，才能编写正确高效的程序。

1. JavaScript 注释

在编写程序的过程中，有些内容需要加上解释或说明，这些内容需要在执行过程中被忽略，这时可以在这些内容前面添加注释符号。注释符号可以注释一行或多行，用以下两种符号来表示。

（1）单行注释符号"//"。

代码如下：

```
<script type= "text/JavaScript">
//此处语句是输出功能
document. write("欢迎进入 JavaScript 课堂!");
</script>
```

（2）多行注释符号" / * * /"。

代码如下：

```
<script type= "text/JavaScript">
/*　Date:2014—07—09
此处语句是输出功能
* /
document. write("欢迎进入 JavaScript 课堂!");
</script>
```

以"/＊"开始，以"＊/"结束，中间可添加多行注释。多行注释中可以嵌套单行注释内容，但不可以再嵌套多行注释。JavaScript 的注释不会被浏览器执行，注释的作用主要用来做备注和提醒思路。同样，注释也有助于别人阅读自己书写的 JavaScript 代码。总之，书写注释是一个良好的编程习惯。

2. JavaScript 语法规范

程序员要养成良好的编写代码习惯，可从如下几个方面加以注意。

（1）JavaScript 中的标识符。

标识符是指 JavaScript 中定义的符号，标识符一般以字母或下划线开头，由字符、数字和符号构成，不能有空格，也不能是 JavaScript 的关键字。合法的标识符有 indentifler、username、user_name、_userName、$ username 等；非法的标识符有 int、98.3、Hello World（有空格）等。

（2）JavaScript 严格区分大小写，如标识符 computer 和 Computer 是两个完全不同的符号等。

（3）JavaScript 程序代码的格式。

● 每条语句的最后一般用分号（；）结束。
● 每个词之间用空格、制表符、换行符或大括号、小括号这样的分隔符隔开。
● 所有语句中的符号（如引号、分号、逗号、括号等）一律用半角。

 ## 5.4　JavaScript 变量、常量与数据类型

变量与常量是程序中最为常见的保存数据的方式，当程序需要存取数据时，可向内存提出申请，内存会根据请求分配相应存储单元。不同的数据会有不同的数据类型。

1. 变量

变量是用于存取数据、提供存放信息的主要容器。变量是一种使用方便的占位符，用于引用计算机内存地址，该地址可以存储 JavaScript 运行时可更改的程序信息。

变量的命名必须以字母或下划线开头（不能以数字开头），后面接数字、字母或下划线。不能使用 JavaScript 中的保留字作为变量。JavaScript 保留字如表 5-1 所示。

表 5-1　　　　　　　　　　　　JavaScript 保留字

break	delete	function	return	typeof
case	do	if	switch	var
catch	else	in	this	void
continue	false	instanceof	throw	while
debugger	finally	new	true	with
default	for	null	try	

JavaScript 还有一些未来保留字，这些字虽然现在没有用到 JavaScript 语言中，但是将来有可能用到。JavaScript 未来保留字如表 5-2 所示。

表 5-2   JavaScript 未来保留字

abstract	double	goto	native	static
boolean	enum	implements	package	super
byte	export	import	private	synchronized
char	extends	int	protected	throws
class	final	interface	public	transient
const	float	long	short	volatile

知识扩展

JavaScript 保留字是指在 JavaScript 语言中有特定含义，成为 JavaScript 语法一部分的那些字。JavaScript 保留字是不能作为变量名和函数名使用的。使用 JavaScript 保留字作为变量名或函数名，会使 JavaScript 在载入过程中出现编译错误。

定义变量用关键字 var，如 var count；count 为自定义变量名。注意，变量名区分大小写，如 myVar、myVAR 和 myvar 是不同的变量。可直接通过赋值语句给变量赋初始值，如 count＝1；也可以同时声明和赋值变量，如 var count＝1。如要声明多个变量，可用如下格式：var x，y，z；声明多个变量并赋值，可用如下格式：var x＝1，y＝10，z＝100。以下均是定义变量的写法。

```
varcount;
count= 5;
var count= 5;
var x,y,z;
var x= 1,y= 10,z= 100;
```

2. 常量

常量是不会改变的数据，如 123、8.8、科学计数法等数值以及字符、字符串等。JavaScript 中的常量又称字面常量，并不能在 JavaScript 中直接定义。在 JavaScript 中，常量有以下 6 种基本类型。

（1）整型常量。

整型常量即整数，可以用八进制、十进制或十六进制表示。

（2）实型常量。

实型常量由整数部分加小数部分组成，可用标准型和科学型方式表示，如 12.3、3.14159、3e8 等。

（3）布尔值。

布尔值只有两个值，即 true（真）和 false（假），主要用来表示一种是否状态，常用于判断条件中。

（4）字符型常量。

字符型常量用单引号和双引号括起来的一个或多个字符，字符一般由数字、大小写字母或符号构成。

（5）空值。

空值指无意义或未定义的值。

（6）转义字符。

转义字符是以反斜杠（\）开头的特殊字符。

知识扩展

转义字符是由于一些字符在屏幕上不能显示，或者 JavaScript 语法上已经有了特殊用途，在用这些字符时，就要使用转义字符。转义字符用"\"开头：\'（单引号）、\"（双引号）、\n（换行符）、\r（回车）（以上只列出常用的转义字符）。使用转义字符就可以做到引号多重嵌套：'Joan 说:" 这里是 \" JavaScript 教程 \"。"'

---

3. 数据类型

变量的数据类型和常量类型一致，主要有：

（1）数值型（Number）。

数值型包含整数和浮点数。

（2）布尔型（Bool）。

布尔型取值为 true 或 false。

（3）字符型（String）。

字符型用单引号或双引号括起来的零个或多个的字符或数字所组成。JavaScript 中引号的嵌套只能有一层。如果需要嵌套多层引号，需要加转义字符。

（4）空类型（null）。

表示没有值、没有声明的变量或者没有赋予任何值的变量就会返回 null 值，大小写敏感，不能写成 Null 或 NULL。null 既不等于"0"，也不等于"空字符串"。因为"0"是数值，"空字符串"是字符串。

JavaScript 中的变量是"弱变量"，即声明变量时不需要指定数据类型，变量类型由所赋值的类型来确定。如 var a＝1，a 即为一个数值类型变量。

JavaScript 还支持两个复杂类型的变量：数组和对象。它们是用基本字符串、数字和逻辑类型构造起来的。在后面章节中将详细介绍。

4. 判断数据类型

如果想确定某一变量的数据类型，可用 typeof 来判断，语法格式如下：

typeof 操作数或　　　　typeof(操作数)

typeof 运算符会将类型信息当作字符串返回。其返回值有六种："number""string""boolean""object""function""undefined"。如 typeof（"abc"），返回值为"string"。

5.5 JavaScript 运算符与表达式

在定义完变量后，就可以对它们进行赋值、连接、计算、比较等一系列操作，这一过程通常由表达式来完成，可以说它是变量、常量及运算符的集合。表达式可以分为算术表述式、字符串表达式、赋值表达式以及布尔表达式等。这一节将介绍 JavaScript 运算符与表达式的使用。

运算符是用在 JavaScript 中指定一定操作和计算的符号，JavaScript 运算符可分为如下几类，如表 5-3 所示。

表 5-3 运算符分类

运算符类型	符号
算术运算符	+，−，*，/，%，++，−−，
赋值运算符	=，+=，−=，*=，/=，%=，
比较运算符	==，! =，<，<=，>，>=，===,! ===
逻辑运算符	&&，||，!
字符串运算符	+
条件运算符	condition？value1：value2

1. 算术运算符

算术运算符主要用来做算术运算，即加、减、乘、除、求余等，如表 5-4 所示。

表 5-4 算数运算符

运算符	意义	运算符	意义	运算符	意义
+	加	/	除	−−	递减
−	减	%	求余	−	取负值
*	乘	++	递增		

举例说明：

表达式：5/2，结果为 2.5，做除法运算；

表达式：5%2，结果为 1，做求余运算；

表达式：var i=1；i++；结果为 2，做自加运算；

表达式：var i=1；i−−；结果为 0，做自减运算。

注：++和−−符号前置和后置的问题。

++表示一元自加。该运算符带一个操作数，将操作数的值加 1，多个数的运算式中，返回的值取决于++运算符位于操作数的前面或是后面。++x 将返回 x 自加运算后的值；x++将返回 x 自加运算前的值。

例 5.1：++运算符后置

代码如下：

```
var x= 10;
y= x+ + ;
document. write(x,y);
```

输出变量 x 和 y 的值分别为多少呢？答案是 11 和 10。

例 5.2： ++运算符前置

```
var x= 10;
y= ++ + x;
document. write(x,y);
```

输出变量 x 和 y 的值分别为多少呢？答案是 11 和 11。

——表示一元自减，该运算符只带一个操作数。多个数的运算式中，返回的值取决于——运算符位于操作数的前面或后面。——x 将返回 x 自减运算后的值；x—— 将返回 x 自减运算前的值。

2. 赋值运算符

当变量需要存储数据时，可通过赋值语句来实现，赋值语句中用到了赋值运算符"＝"，如表 5-5 所示。

表 5-5　　　　　　　　　　　　　　　　赋值运算符

运算符	意义	运算符	意义
＝	x＝5	/＝	x＝x/y
＋＝	x＝x＋y	%＝	求余赋值
—＝	x＝x—y	*＝	x＝x＊y

3. 比较运算符

比较运算符主要用来比较两个数值之间的大小关系，比较后得到的运算结果为一个布尔类型，即 true 或 false，如表 5-6 所示。

表 5-6　　　　　　　　　　　　　　　　比较运算符

操作符	描述	举例
A＝＝B	如果两个操作数相等，返回 true	Psw＝＝password
A!＝B	如果两个操作数不等，返回 true	mobile. length!＝11
A>＝B	如果 A 大于且等于 B，返回 true	tries>＝2
A>B	如果 A 大于 B，返回 true	mflag>20
A<＝b	如果 A 小于且等于 B，返回 true	i<＝0
A<B	如果 A 小于 B，返回 true	tries<10

说明：

● 所有比较运算符返回值都是真或假。

● 等于是符号"＝＝"，而不是"＝"，"＝"是赋值符号。

> 思考：说说 a＝b 与 a＝＝b 的区别。

4. 逻辑运算符

逻辑运算符主要用来连接多种逻辑情况，有与、或、非三种情形，其逻辑判断结果均为布尔值，即 true 或 false，如表 5-7 所示。

表 5-7　　　　　　　　　　　　　逻辑运算符

操作符	描述	口诀	举例
A&&B	逻辑与（AND），若 a、b 都是 true，则结果为 true	一假即为假，全真才为真	(5<=8) && (3!=2)
A‖B	逻辑或（OR），若 a、b 任一是 true，则结果为 true	一真即为真，全假才为假	(3>9) ‖ (4==2)
!A	逻辑非（NOT），若 a 是 true，则结果为 false	真变为假，假变为真	!(3==8)

说明：

● 与（&&）：只有当 && 两边的值同时为真时，才返回真；否则，返回假。所谓"一假即为假，全真才为真"。

● 或（‖）：当 ‖ 两边的值有一个为真时，就返回真；否则，返回假。所谓"一真即为真，全假才为假"。

● 非（!）：如果表达式为假，则返回真；如果表达式为真，则返回假。所谓"真变成假，假变成真"。

5. 字符串运算符

字符串运算符主要表现为连接运算，用"+"表示，如表 5-8 所示。

表 5-8　　　　　　　　　　　　　字符串运算符

操作符	描述
A+B	将 A 与 B 的字符串内容连接
A+=B	将 A 与 B 的字符串连接并存储到 A 中

"+"符号作为加法运算的加号和作为连接运算的连接符，在使用中可能会产生歧义。简单的判断方法是：只有+两端的操作数均为数值时，才做加法运算；只要有一端是字符串类型，就做连接运算。例如：5+"10" 的结果并不等于 15，而是 510。

6. 条件运算符

条件运算符是一种形式特殊的运算符，在运算中需要三个操作数，因此也叫作三目运算符或三元运算符，其形式如下：

```
(条件)? 结果 1:结果 2
```

在进行运算时，先判断条件是否满足，如果条件满足，表达式返回结果 1；如果条件不满足，返回结果 2。也就是说，条件运算符实际上是根据一个条件的真假来返回不同的结果。

例 5.3：条件运算符

代码如下：

```
var a= 1,b= 5;
document. write((a> = b)? a:b);
```

输出结果为 5。

7. 运算符的优先级

当多个运算符组合在一起形成一个比较复杂的表达式时，需要判断各个运算符优先级的问题。图 5-1 按从最高到最低的优先级列出 JavaScript 运算符。具有相同优先级的运算符按从左至右的顺序求值。

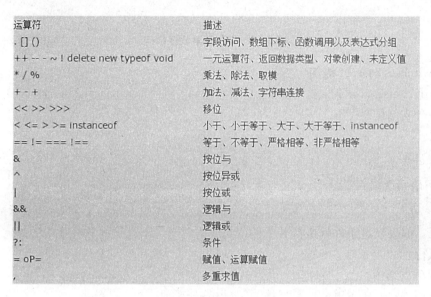

运算符	描述
. [ ] ( )	字段访问、数组下标、函数调用以及表达式分组
++ -- - ~ ! delete new typeof void	一元运算符、返回数据类型、对象创建、未定义值
* / %	乘法、除法、取模
+ - +	加法、减法、字符串连接
<< >> >>>	移位
< <= > >= instanceof	小于、小于等于、大于、大于等于、instanceof
== != === !==	等于、不等于、严格相等、非严格相等
&	按位与
^	按位异或
|	按位或
&&	逻辑与
||	逻辑或
?:	条件
= oP=	赋值、运算赋值
,	多重求值

图 5-1　运算符优先级

 5.6　JavaScript 流程控制语句

JavaScript 中的程序执行流程是通过程序控制语句来实现的。常见的基本流程结构有三种：顺序结构、分支结构（或选择结构）、循环结构。顺序结构指程序执行过程中程序代码按从上至下的顺序方式执行，程序首先从入口开始执行，然后经过中间的处理过程，最后得到处理结果而结束运行。任何程序的执行过程从整体上看都是顺序结构。分支结构指在执行过程中，遇到不同的情况而选择不同的处理方式，从而得到不同的处理结果。但不管程序沿着哪个分支执行，最终都能让程序结束。循环结构指在某一个条件满足的情况下，程序反复在做同样的事情，直到条件不满足程序退出循环。图 5-2 中的循环结构有两种不同的执行方式。循环不是简单、机械地重复，而是有循环的开始，有循环满足的条件，也有循环的变化和最终循环的退出。就像人一样，从出生开始，虽然每天都是 24 小时，每一天的生活似乎都在重复，但重复中有变化，随着时间的推移，人也在变化。最终这个重复的终止也就是生命的终止。三种程序结构的执行如图 5-2 所示。这里仅介绍其中两种。

1. 分支语句（或选择语句）

分支语句也叫选择语句，主要是根据不同的条件判断或不同变量的取值分成多种情况，并对每一种情况分别处理的一种程序结构形式。分支语句主要有两种：if...else...

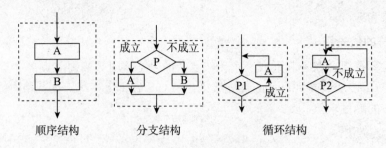

顺序结构 分支结构 循环结构

图 5-2 三种基本程序结构

语句和 switch...case...语句。

(1) if...else...语句。

● 一分支结构。

语法：

```
if(条件表达式){
    语句或语句组;
}
```

说明：如果满足条件就执行 if 中的语句或语句组，不满足则忽略 if 中的语句，程序继续往下执行。

● 两分支结构。

语法：

```
if(条件表达式){
语句 1 或语句组 1;
}else{
    语句 2 或语句组 2;
}
```

说明：如果满足条件就执行 if 中的语句或语句组，不满足则执行 else 中的语句或语句组。

● 多分支结构。

语法：

```
if(条件表达式 1){
语句 1 或语句组 1;
}else if(条件表达式 2){
    语句 2 或语句组 2;
}...
}else if(条件表达式 n){
    语句 n 或语句组 n;
}else{
    语句 n+ 1 或语句组 n+ 1;
}
```

　　说明：依次判断每个条件表达式，如果条件满足就执行相应的语句，如果条件不满足就继续判断下面的条件，如此往下。如果以上所有条件都不满足，就执行 else 中的语句。此处，else 情况并不是必需的，可以省略。

　　例 5.4：判断一个年份是否是闰年（判断条件：能被 4 整除且不能被 100 整除或者能被 400 整除）

　　代码如下：

```
<script language= "JavaScript">
var year= window. prompt("请输入年份",2012);
if((year% 4= = 0 &&year% 100! = 0) ||(year% 400= = 0)){
    window. alert(year+ "年是闰年!");
}else{
    window. alert(year+ "年是平年!");
}
</script>
```

　　例 5.5：计算个人工资所得税

　　如表 5-9 所示。

表 5-9　　　　　　　　　　　　　　工资等级与税率对应表

级数	扣除"三险一金"后月收入/元	税率/%	速算扣除数/元
1	<4 500	5	0
2	4 500~7 500	10	75
3	7 500~12 000	20	525
4	12 000~38 000	25	975
5	38 000~58 000	30	2 725
6	58 000~83 000	35	5 475
7	>83 000	45	13 475

　　计算公式：

　　步骤 1：算出自己的应纳税额＝本人月收入－个税"起征点"3 000 元；

　　步骤 2：算出自己的个税＝应纳税额×对应的税率－速算扣除数。

　　举例说明：

　　某公司职员在扣除"五险一金"后的月收入为 10 000 元，位于上表中的第 3 级。对应的税率为 20%，速算扣除数为 525，则应纳税额为 7 000（10 000－个税起征点 3 000）元；个税为 875（7 000×20%－525）元。

　　代码如下：

```
<script language= "JavaScript">
var salary= window. prompt("请输入你的税前工资",3000);
var rate= 0;
```

```
if(salary> 0&&salary<= 3000){
        rate= 0;
}else if(salary> 3000&&salary<4500){
        rate= (salary- 3000)* 0. 05- 0;
}else if(salary> = 4500&&salary<7500){
        rate= (salary- 3000)* 0. 1- 75;
}else if(salary> = 7500&&salary<12000){
        rate= (salary- 3000)* 0. 2- 525;
}else if(salary> = 12000&&salary<38000){
        rate= (salary- 3000)* 0. 25- 975;
}else if(salary> = 38000&&salary<58000){
        rate= (salary- 3000)* 0. 3- 2725;
}else if(salary> = 58000&&salary<= 83000){
        rate= (salary- 3000)* 0. 35- 5475;
}else if(salary> 83000){
        rate= (salary- 3000)* 0. 45- 13475;
}
window. alert("应交税"+ rate+ "实际工资"+ (salary- rate));
</script>
```

（2）switch...case...语句。

语法：

```
switch(<变量> )
{
        case<特定数值 1> :<语句或语句组 1> ;break;
        case<特定数值 2> :<语句或语句组 2> ;break;
        ...
        default:<语句或语句组> ;
}
```

例 5.6： switch 语句

代码如下：

```
<script language= "JavaScript">
var week= window. prompt("请输入今天星期几","1- 7 的数字");
switch(parseInt(week)){
case 1:window. alert("今天要开会");break;
case 2:window. alert("今天要上学");break;
case 3:window. alert("今天要去做兼职");break;
case 4:window. alert("今天要去做兼职");break;
```

```
case 5:window. alert("今天要去做兼职");break;
case 6:window. alert("今天我要睡懒觉");break;
case 7:window. alert("今天在家玩游戏");break;
default:window. alert("你不知道一星期只有七天吗?");
}
</script>
```

2. 循环语句

循环语句用来实现多次重复执行的某些操作，每次循环就是一个重复过程，但在重复的过程中又有变化，当执行到某一时刻时，循环会结束。循环语句主要有 for 循环、while 循环和 do... while 循环三种形式。

（1）for 循环。

语法：

```
for([1 初始值];[2 循环条件];[3 循环变化量]){
      4 语句或语句组;
}
```

说明：首先为循环变量赋初始值，然后判断循环条件，为真则进入 for 循环执行相应语句；循环变量发生变化，再一次判断循环条件，为真则继续执行循环语句，循环变量发生变化；再判断条件，最后直到条件不满足退出循环。如上语法，执行的顺序依次是：1→2→4→3→2→4→3→2……，循环条件不满足时则退出。

例 5.7：求 $1+2+3+\cdots+100=$?

代码如下：

```
<script>
var iSum= 0;
for(i= 0;i<= 100;i+ + )
{
    iSum+ = i;
}
 document. write(iSum);
</script>
```

例 5.8：打印圣诞树图形

代码如下：

```
<script language= "JavaScript">
for(var i= 1;i<= 42;i+ + ){
      if(i> = 1&&i<= 20){
                document. write("<hr width='"+ i* 3+ "% '/> ");
      }else if(i> 20&&i<= 40){
```

```
                document. write("<hr width='5% '/> ");
    }else{
                document. write("<hr width='10% '/> ");
    }
}
</script>
```

运行效果如图 5-3 所示。

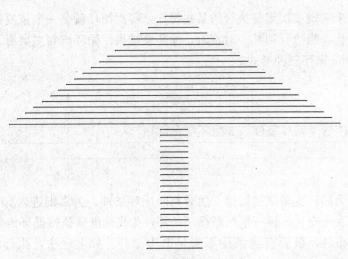

图 5-3　圣诞树效果

例 5.9：连续弹出十个不同位置的窗口

代码如下：

```
<script language= "JavaScript">
    var t,l;
    for(var i= 1;i<= 10;i+ + ){
    l= 100+ i* 20;
    t= 100+ i* 20;
    window. open("","win"+ i,"width= 300,height= 300,left= "+ l+ ",top= "+ t);
    }
/* window. open("窗口中显示的页面 URL 地址","新窗口的名字","窗口属性");
Width、height 设置窗口大小;left、top 设置窗口位置,每次循环中窗口位置是不一样的。* /
//功能:打开一个新窗口
</script>
```

运行效果如图 5-4 所示。

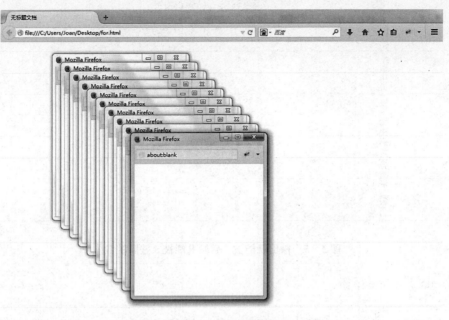

图 5-4　连续弹窗效果

（2）while 循环。

语法：

```
while(条件){
        语句段
}
```

说明：当条件为真时，执行 while 内部的循环语句，再回到 while 条件继续判断，为真则继续执行，直到条件不满足退出循环。

例 5.10： 输出 1～500 中既能被 3 整除又能被 5 整除的数

代码如下：

```
<script language="JavaScript">
    var i= 1;
    while(i<= 500){
    if(i% 3= = 0&&i% 5= = 0){
     document. write(i+  "<br/> ");
    }
    i+ + ;
}
</script>
```

运行效果如图 5-5 所示。

图 5-5 输出既能被 3 整除又能被 5 整除的数

（3）do...while 循环。

语法：

```
do{
    语句段
}while(条件表达式);
```

说明：首先执行 do 中的语句或语句段，然后再判断 while 中条件表达式，如为 true，继续执行 do 中的语句；如为 false，则退出循环。此循环语句与 while 循环的区别在于：while 是先判断，为 true 再执行；而 do...while 循环先执行一次循环语句，然后再判断条件的真假，所以，不管条件是否满足，它至少会执行一次。

例 5.11：do...while 语句

代码如下：

```
<script language= "JavaScript">
var n= 0,sum= 20;
do{
n+ + ;
sum- - ;
}while(sum<= 0);
document. write("循环执行了"+ n+ "次! sum= "+ sum);
</script>
```

运行效果如图 5-6 所示。

图 5-6 do...while 语句执行结果

为什么 *n* 和 *sum* 的值都会变化？试着把 do...while 语句换成 while 语句，再看看结果如何。

例 5.12：猜商品价格，五次机会

代码如下：

```
<script language= "JavaScript">
    var price= 1650;
    var n= 0;
    do{
        n+ + ;
        var guess= window. prompt("请输入你猜的价格",0);
        if(n> = 5){
            window. alert("对不起,你已经没有机会了！Game  Over！");
            break;
        }
        if(guess> price){
            window. alert("你猜的价格高了！你还有"+ (5- n)+ "次机会!");
        }else if(guess<price){
            window. alert("你猜的价格低了！你还有"+ (5- n)+ "次机会!");
        }else if(guess= = price){
            window. alert("恭喜你猜对了!!");
        }else{
            window. alert("请输入数值!");
        }
    }while(guess! = price);
```

运行效果如图 5-7 和图 5-8 所示。

图 5-7　输入出价的界面

图 5-8　提示界面

此例中，五次机会用完后依然没猜对，控制循环退出时用到了 break 语句。控制循环结束的语句一般有 break 与 continue 语句。break 表示中断、中止，其作用是强制中止并退出当前循环；continue 表示继续，其作用是中止此次循环进入下一轮循环。

例 5.13： break 语句

代码如下：

```
<scriptlanguage= "JavaScript">
 for(i= 1;i<20;i+ + ){
 if(i% 5 = = 0){
  break;
 }
 document. write(i+ "<br>");
 }
</script>
```

运行效果如图 5－9 所示。

图 5－9　break 语句输出结果

例 5.14： continue 语句

代码如下：

```
<script language= "JavaScript">
 for(i= 1;i<20;i+ + ){
 if(i% 5 = = 0){
   continue;
 }
 document. write(i+ "<br>");
 }
</script>
```

运行效果如图 5－10 所示。

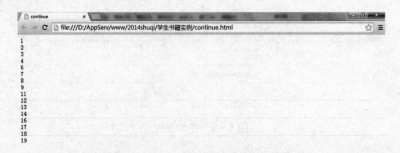

图 5－10　continue 语句输出结果

5.7　JavaScript 自定义函数

和其他编程语言一样，JavaScript 也允许用户自定义函数。通常情况下，函数是完成特定功能的代码段。把一段完成特定功能的代码块放到一个函数里，就可以调用这个函数了。函数最大的作用是：一次定义，多次使用；减少代码量，使程序结构更加清晰，易于管理。在这一节中，主要从函数的定义、调用，以及函数中的参数和返回值来讨论函数的使用。

1. 定义函数

定义函数其实就是实现特定功能的过程，可以用如下 3 种方式定义函数。

（1）用 function 关键字。

定义格式：

```
function 函数名([参数列表]){
    …
    [return[<值> ];]
    …
}
```

其中，用在 function 之后和函数结尾的大括号是不能省去的，就算整个函数只有一句也是一样。

函数名与变量名有一样的命名规定，即只包含字母、数字、下划线，以字母开头，不能与保留字重复，函数名也区分大小写。

参数列表是一个或多个用逗号分隔开来的参数的集合，如 a、b、c。参数列表是可选项，但必须有括号。参数是函数外部向函数内部传递信息的入口，通过从外部传递的值进入函数体执行和处理。例如，如果函数实现的是一个字符串加密功能，那么在使用这个函数的时候，就必须告诉函数要加密的字符串是什么，是"abc"还是"def"呢？这个值传递给函数时，函数就需要一个变量来接收这个数值，这个变量就是参数。

函数的内部有一行或多行语句，叫函数体。这些语句并不会在函数定义中执行，而只有当此函数被调用时才执行。

这些语句中可能包含"return"语句。在执行一个函数的时候，碰到 return 语句，函数立刻停止执行，并返回到调用它的程序中。如果"return"后带有值，则退出函数的同时返回该值。

例 5.15：求任意两数平方和

代码如下：

```
<script language= "JavaScript">
function SquareSum(a,b){
var c= a* a+ b* b;
return c;
```

```
}
</script>
```

其中，SquareSum 为函数名，a、b 为两个形参，用于接收两个数值；c 为函数内部定义变量，称为局部变量，用于保存计算结果，return 语句将结果返回调用的程序中去。

（2）用 Function () 构造函数。

定义格式：

> var 变量= new Function('参数 1','参数 2',…,'函数体');

如 var f＝new Function ('x', 'y', 'return x * y; ');基本等价于 function f (x, y)｛return x * y;｝。

Function () 构造函数可以接收任意一个字符串参数，最后一个参数是函数主体，可以包含任何 JavaScript 语句，之间用分号分隔；如果定义的函数没有参数，只需给构造函数传递一个字符串（即函数主体）即可。

Function () 构造函数的用途是：允许动态地编译一个函数，不会限制在 function 语句预编译的函数体中。负效应就是每次调用一个函数时，Function () 构造函数都要对它进行编译。

（3）函数直接量。

函数直接量是一个表达式，可以定义匿名函数。

定义格式：

> var 变量= function([参数列表]){语句或语句组;}

如 var f＝function (x, y)｛return x * y;｝。

函数直接量与 Function () 方式更适合只是用一次无须命名的函数。

2. 调用函数

函数只有在被调用时才会执行函数中的语句，调用的过程也就是使用函数的过程。调用函数只需要通过函数名即可完成。但根据函数有无返回值，调用后的处理一般可分为两种形式。

（1）有返回值的调用形式。

● 通过变量接收返回值，形式为 var 变量＝函数名（[参数列表]）。

如上例，可采用如下形式调用函数：var result＝SquareSum (1，2)。通过定义变量 result，接收函数返回值，用于在主程序当中处理。

● 在程序中直接使用返回的结果。

如上例，也可以直接使用返回结果：document. write（"两数的平方和结果为:"＋SquareSum（1，2））。将函数的返回值直接放在输出语句中，作为输出内容的一部分。

（2）无返回值的调用形式。

● 其形式为函数名（[参数列表]）。

此语句将会转向函数内部执行，执行完所有的语句后，程序将会回到调用的位置继续执行主程序。

3. 函数的参数：形参和实参

（1）形参。

函数名后面括号中的变量名称为"形式参数"（简称"形参"）。

（2）实参。

主调函数中调用一个函数时，函数名后面括号中的参数（可以是一个表达式）称为"实参"。

形参和实参个数应相同，如果不相同，则可能引起程序执行异常。关于函数的定义、调用、参数等，如图 5-11 所示。

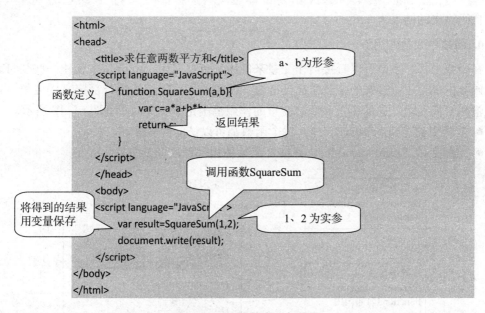

图 5-11　函数的定义与使用

（3）函数的实际参数：arguments。

JavaScript 会将所有的值参存储在名为 arguments 的数组中，可通过 arguments. length 获取参数个数，也可以通过 arguments [0]，arguments [1]，…，arguments [arguments. length－1] 获取所有参数值。说明如下：

● arguments 数组用来存储各个参数的值。

● arguments. length 用来获取参数个数。

● arguments [0]，arguments [1]，…，arguments [arguments. length－1] 分别用来引用各个参数的值。

例 5.16：求任意个数的最大值

代码如下：

```javascript
<script language= "JavaScript">
     function s_max(){
        var temp= arguments[0];
        for(var i= 1;i<arguments. length;i+ + ){
```

```
        if(temp<arguments[i]){
          temp= arguments[i];
        }
      }
      return temp;
      }
      document. write(s_max(12,- 1,234,998,13));
</script>
```

代码输出的结果为 998。

4. 函数中变量作用域

在函数内部，参数可以直接当作变量来使用，也可以用 var 语句来新建一些变量，直接在函数内部使用，这样的变量叫局部变量。函数也可以使用函数外部定义的变量，这样的变量叫全局变量。局部变量和全局变量的作用范围是不一样的，如图 5 - 12 所示。

● 全局变量（global variable）：每个函数都可以访问的变量。

● 局部变量（local variable）：只能在函数体内部使用的变量。

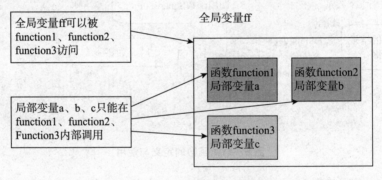

图 5 - 12　局部变量与全局变量

例 5.17：函数变量实例 1

代码如下：

```
<script language= "JavaScript">
      var gv= "JavaScript";// gv 是全局变量
      function test(){
      var lv= "VBScript";// lv 是局部变量
      document. write("gv= "+ gv+ "<br>");
      document. write("lv= "+ lv+ "<br>"+ "<br>");
      }
      test();
      document. write("document 的输出:<br>");
```

```
        document. write("gv="+ gv+ "<br>");
        document. write("lv="+ lv+ "<br>");
    </script>
```

执行效果如图 5 - 13 所示。

图 5 - 13　函数变量执行结果（一）

局部变量 lv 只能在函数内部使用，在函数外部输出是得不到结果的。

例 5.18：函数变量实例 2

代码如下：

```
<script languang= "JavaScript">
        var msg="全局变量";//函数外部定义的全局变量
        function show(){
 var msg;    //函数内部声明的同名局部变量
          msg="局部变量";
            document. write(msg+ "<br/>");//输出局部变量的值
        }
        show();
        document. write(msg);//输出全局变量的值
</script>
```

执行效果如图 5 - 14 所示。

图 5 - 14　函数变量执行结果（二）

如将上述实例函数中 var msg；msg=" 局部变量"；改为 msg=" 局部变量"；则结果就不一样了。

执行效果如图 5 - 15 所示。

图 5 - 15　函数变量执行结果（三）

JavaScript 如何判断函数中的同名变量到底是局部还是全局的？有一个简单的判断方式：在函数内部用 var 声明的变量即为局部变量，只能在函数内部使用；函数内部省略了 var，或在函数外部声明的变量即为全局变量，在函数外部和内部都可以使用。

5. 函数的返回语句 return

return 语句的作用主要是将函数返回到主程序中，一个函数中只能写一个 return 语句，多个 return 语句中，只会默认执行第一个 return 语句，后面的 return 语句会被忽略。但可以根据不同的情况通过分支语句返回不同的结果。

return 语句的形式有以下几种：

- return：函数直接结束，回到主程序，无返回结果。
- return 变量：函数结束，回到主程序，并返回结果。如语句 return c。
- return 表达式：函数结束，回到主程序，并求出表达式的值返回。如语句 return a * a+b * b。

例 5.19：函数综合实例，写一个求个人实际工资的函数

要求根据不同的工资等级和相应税率计算实际工资。代码如下：

```javascript
<script language="JavaScript">
    function getSalary(money){//形参 money 接收用户的税前工资
    var tax,base= 3000;//base 代表起征点
    if(money<= base&&money> 0){
     tax= 0;
    }else if(money<4500&&money> base){
     tax= (money- base)* 0. 05- 0;
    }else if(money> = 4500&&money<7500){
     tax= (money- base)* 0. 1- 75;
    }else if(money> = 7500&&money< 12000){
     tax= (money- base)* 0. 2- 525
    }else if(money> = 12000&&money< 38000){
     tax= (money- base)* 0. 25- 975;
    }else if(money> = 38000&&money< 58000){
     tax= (money- base)* 0. 3- 2725;
    }else if(money> = 58000&&money< 83000){
     tax= (money- base)* 0. 35- 5475;
    }else if(money> = 83000){
     tax= (money- base)* 0. 45- 13475;
    }else{
         tax= - 1;
    }
     return tax;
    }
    var m1= window. prompt("请输入你的税前工资",3000);
    var t= getSalary(m1);
    if(t= = - 1){
```

```
    document. write("你输入的信息有误!");
    }else{
    document. write("你应纳的税额为:"+ t+ "< br/> 实际工资为"+ (m1- t));
    }
    </script>
```

执行效果如图 5 - 16、图 5 - 17 所示。

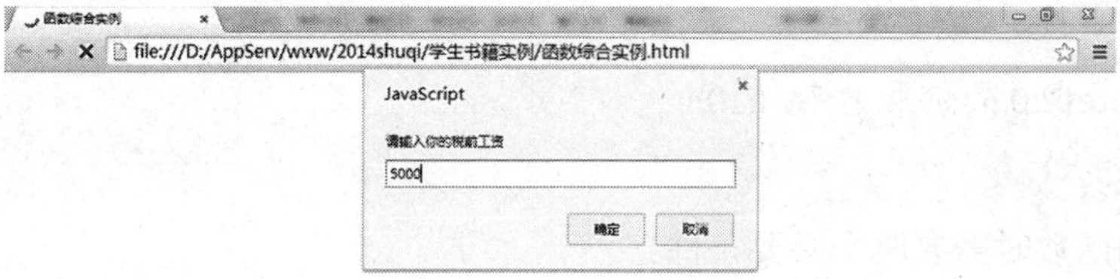

图 5 - 16　工资输入界面

你应纳的税额为: 125
实际工资为4875

图 5 - 17　输出工资计算结果界面

上例中，税额＝（税前工资－个税起征点）×税率－速算扣除数，实际工资＝税前工资－税额。根据不同的工资等级及相应的税率和速算扣除数，即可求出税额和实际工资。此函数中，定义的个税起征点为 3 000，形参 money 主要用来接收税前工资，通过分支语句求出不同工资等级下应纳税额 tax，并返回此值。函数中也考虑到了税前工资接收值为非数值或负数情况，将应纳税额设为－1。当获取返回值后，专门对返回值为－1 的情况进行处理。因不同省份、不同地区的工资算法不尽相同，此例仅作参考。

6. 递归函数

所谓递归函数，就是函数在自身的函数体内调用自身。使用递归函数时一定要当心，处理不当将会使程序进入死循环。递归函数只在特定的情况下使用，比如处理阶乘问题。

语法：

```
< script type= "text/JavaScript">
function functionName(parameters1){
        functionName(parameters2);
}
</script>
```

参数说明：functionName 为递归函数名称。

例 5. 20：求阶乘

代码如下：

```
< script language= "JavaScript">
function f(x){
        if(x< = 1){
                return 1;
        }else{
                return x* f(x- 1);
        }
}
document. write("10 的阶乘为:"+ f(10));
</script>
```

定义递归函数时需要两个必要条件:
- 包括一个结束递归的条件,如上例中的" return 1;"。
- 包括一个递归调用语句,如上例中的" return x ∗ f(x−1);"。

知识扩展   JavaScript 闭包

官方对闭包的解释是:一个拥有许多变量和绑定了这些变量的环境表达式(通常是一个函数),因而这些变量也是该表达式的一部分。闭包的特点如下:
- 作为一个函数变量的一个引用,当函数返回时,其处于激活状态。
- 一个闭包就是当一个函数返回时,一个没有释放资源的栈区。

简单地说,JavaScript 允许使用内部函数,即函数定义和函数表达式位于另一个函数的函数体内。而且,这些内部函数可以访问它们所在的外部函数中声明的所有局部变量、参数和声明的其他内部函数。当其中一个这样的内部函数在包含它们的外部函数之外被调用时,就会形成闭包。

5.8 JavaScript 常见系统函数

除了自定义函数外,JavaScript 中还有可直接提供给用户使用的系统函数,这是 JavaScript 语言自身提供的,无须再重新定义。

JavaScript 提供的系统函数见表 5 - 10。

表 5 - 10   JavaScript 系统函数

函数	说明
eval ()	用于计算字符串表达式的值
parseInt ()	将数据类型转换成整型
parseFloat ()	将数据类型转换成浮点型

续前表

函数	说明
isNaN ()	用于验证参数是否为 NaN（非数字）
escape ()	将非字母、数字字符转换成 ASCII 码，以便它们能在所有计算机上可读
unescape ()	将 ASCII 码转换成字母、数字字符
encodeURI ()	将字符串转换成有效的 URI
decodeURI ()	对 encodeURI () 编码的文本进行解码

下面将对一些常用的内置函数做详细介绍。

（1）eval () 函数。

● 功能：用于计算字符串表达式的值。

● 语法：isFinite (Num)。

● 参数说明：

Num：需要验证的数字。

● 举例：

```
eval("1+ 2+ 3");结果为 6
```

（2）parseInt () 函数。

● 功能：将首位为数字的字符串转化成整型数值，如果字符串不是以数字开头，那么将返回 NaN。

● 语法：parseInt (StringNum，[n])。

● 参数说明：

StringNum：需要转换为整型的字符串。

n：提供在 2～36 之间的数字，表示所保存数字的进制数。这个参数在函数中不是必需的。

● 举例：

```
parseInt("123abc");结果为 123
parseInt("abc123");结果为 NaN
```

（3）parseFloat () 函数。

● 功能：将首位为数字的字符串转化成浮点型数字，如果字符串不是以数字开头，那么将返回 NaN。

● 语法：parseFloat (StringNum)。

● 参数说明：

StringNum：需要转换为浮点型的字符串。

● 举例：

```
parseFloat("123. 5aaa");结果为 123. 5
parseFloat("aaa123. 5");结果为 NaN
```

(4) isNaN () 函数。

● 功能：检验某个值是否不是一个数值。

● 语法：isNaN (Num)。

● 参数说明：

Num：需要验证的数字。参数不是一个数值，则返回 true；参数是一个数值，则返回 false。

例 5.21：判断数值

代码如下：

```
<script language="JavaScript">
        var num= window. prompt("请输入您的工资金额!",0);
        if(isNaN(num)){
          window. alert("工资金额应为数值!");
        }else if(num< 0){
          window. alert("工资金额不能为负数!");
        }else{
          window. alert("您的工资金额为:"+ num);
        }
</script>
```

(5) encodeURI () 函数。

● 功能：用于返回一个 URI 字符串编码后的结果。

● 语法：encodeURI (url)。

● 参数说明：

url：需要转化为网络资源地址的字符串。

● 举例：

```
encodeURI("http://localhost/mysite/index. php? a= 管理员");
```

输出结果为 http：//localhost/mysite/index. php? a＝％E7％AE％A1％E7％90％86％E5％91％98。

(6) decodeURI () 函数。

● 功能：用于将已编码为 URI 的字符串解码成最初的字符串并返回。这是 encodeURI () 的逆向操作。

● 语法：decodeURI (url)。

● 参数说明：

url：需要解码的网络资源地址。

● 举例：

```
decodeURI("http://localhost/mysite/index. php? a= % E7% AE% A1% E7% 90% 86% E5% 91% 98");
```

输出结果为 http：//localhost/mysite/index. php? a＝管理员。

本章小结

本章主要介绍了 JavaScript 脚本语言的语法结构，包括变量、数据类型、数组、运算符和表达式、流程控制语句、自定义函数及常见系统函数。作为 Web 前端的开发语言，掌握 JavaScript 语言的语法是有效利用它的第一步。

同步实训

● 实训目的

加深对 JavaScript 基础语法尤其是函数的综合使用。

● 实训要求

自定义函数，实现计算器功能。

● 实训安排

自定义页面元素，通过函数实现加、减、乘、除四个算术运算功能。
页面效果如图 5-18 所示。

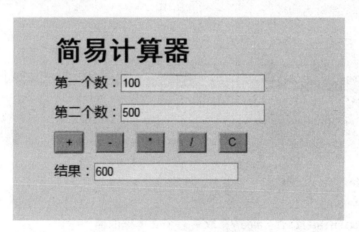

图 5-18　简易计算器效果图

代码（参考）如下：

```
<！DOCTYPE html PUBLIC "-//W3C//DTD XHTML 1. 0 Transitional//EN"
"http://www. w3. org/TR/xhtml1/DTD/xhtml1-transitional. dtd">
<html xmlns= "http://www. w3. org/1999/xhtml">
<head>
<meta http-equiv= "Content-Type" content= "text/html;charset= utf-8"/>
<title> 简易计算器</title>
```

```
< style type= "text/css">
# cal{
      width:300px;
      height:200px;
      background-color:# E8F3F7;
      margin:50px auto;
      padding:20px 50px;
}
form,p,h1{
      margin:0px;
      padding:0px;
}
h1{
      font-family:"黑体";
}
p{
      line- height:35px;
      font-family:"微软雅黑";
}
# cal. btn1{
      width:35px;
      height:25px;
      background-color:# FC0;
}
</style>
< script language= "JavaScript">
function caculate(op){//加法
    var n1= document. f1. n1. value//获取第一个文本框的值
      var n2= document. f1. n2. value;//获取第二个文本框的值
      if(op= = '/'&&n2= = 0){//除法中除数为 0 的判断
        window. alert("除数不能为 0!");
    }else{//做+ ,- ,* 运算
      var n3= eval(parseFloat(n1)+ op+ parseFloat(n2));
      }
      document. f1. result. value= n3;
}

function qingkong(){
```

```
        document. f1. n1. value= "";
        document. f1. n2. value= "";
}
</script>
</head>
< body>
< div id= "cal">
< h1> 简易计算器</h1>
< form name= "f1">
< p> 第一个数:< input type= "text" name= "n1" value= ""/> </p>
< p> 第二个数:< input type= "text" name= "n2"/> </p>
< p> < input type= "button" value= "+ " class= "btn1" onclick= "caculate('+');"/>   
< input type= "button" value= "-  " class= "btn1" onclick= "caculate('-  ');"/>   
< input type= "button" value= "* " class= "btn1" onclick= "caculate('* ');"/>   
< input type= "button" value= "/" class= "btn1" onclick= "caculate('/');"/>   
< input type= "button" value= "C" class= "btn1" onclick= "qingkong();"/> </p>
< p> 结果:< input type= "text" name= "result"  /> </p>
</form>
</div>
</body>
</html>
```

此例中，自定义函数名为 caculate ()，在用户点击 "+" "−" "∗" "/" 四个按钮时调用，同时会给函数传递相应参数 "+" "−" "∗" "/"，函数会根据接收到的不同参数做相应的算术运算。这里，需要将文本框中输入的文本值转换成数值类型，用到了系统函数 parseFloat；同时要得到表达式的值，用到了 eval () 函数。另外，还考虑了清空功能，同样是通过点击按钮调用函数实现的。清空功能的实质就是在清空按钮后，将两个文本框中的 value 属性的值设为空字符串。

教学一体化训练

● 重要概念

　　脚本语言解析变量　数据类型　运算符　流程控制　函数

● 课后讨论

　　1. JavaScript 语法规则需要注意什么?

　　2. JavaScript 的基本语法主要包括哪些内容?

　　3. 函数如何定义和调用?

● 课后自测

选择题

1. 引用名为 "×××.js" 的外部脚本的正确语法是（   ）。
A. ＜script src="×××.js" ＞   B. ＜script href=" ×××.js" ＞
C. ＜script name="×××.js" ＞

2. 在 JavaScript 中如何调用名为 "myfunction" 的函数？（   ）
A. call function myfunction ()   B. call myfunction ()
C. myfunction ()

3. 定义 JavaScript 数组的正确方法是（   ）。
A. var txt＝new Array＝" George"," John"," Thomas"
B. var txt＝new Array (1:" George", 2:" John", 3:" Thomas")
C. var txt＝new Array (" George"," John"," Thomas")
D. var txt＝new Array：1＝ (" George") 2＝ (" John") 3＝ (" Thomas")

4. 在 JavaScript 脚本语言中，下列变量的命名不规范的是（   ）。
A. a123abc   B. _ bac789
C. passWord   D. var

5. 在 JavaScript 中，把获取的字符串类型的值转换成整型类型正确的是（   ）。
A. a＝parseint (a);   B. a＝paresInt (a);
C. a＝parseInt a;   D. a＝parseInt (a);

6. 在 JavaScript 中，运行下面代码：
var sum＝0;
for (i＝1; i＜10; i＋＋) {
if (i%5＝＝0) {break;} Continue
sum＝sum＋i;
}
sum 的值是（   ）。
A. 40   B. 50   C. 5   D. 10

7. 求一个表达式的值，可以使用的函数是（   ）。
A. eval ()   B. isNaN ()   C. parseInt ()   D. parseFloat ()

8. 下列相对应的运算符错误的是（   ）。
A. 算术运算符＋＋   B. 比较运算符：＝
C. 逻辑运算符：|| D. 赋值运算符：＋＝

9. 在 JavaScript 表达式中 13＋" 13" ＋" 5" 的结果是（   ）。
A. 29   B. 1217   C. 126   D. 13135

10. 分析如下的 JavaScript 代码片段，b 的值为（   ）。
var a＝8.99,   b;
b＝parseInt (a);
A. 9   B. 8   C. 8.9   D. 8.5

11. 网页编程中，运行下面的 JavaScript 代码：

```
<script language="JavaScript" >
x=3;
y=2;
z=(x+2) % y;
alert (z);
</script>
```

则提示框中显示（　　）。

A. 2　　　　　　　　B. 2. 5　　　　　　C. 1　　　　　　D. 0

12. 阅读以下代码：

```
a=new Array (2, 3, 4, 5, 6);
sum=0;
for (i=1; i<a. length; i++) {
sum+=a [i];
}
document. write (sum);
```

输出结果是（　　）。

A. 20　　　　　　　B. 18　　　　　　C. 14　　　　　　D. 12

第6章

JavaScript 内部对象

知识目标

理解对象概念。

掌握 JavaScript 中使用对象的几种方式。

掌握对象的实例化。

掌握 JavaScript 中几种常见的内部对象。

掌握正则表达式对象。

能力目标

会向一个空数组中添加元素、修改元素和删除元素。

会实现任意整数范围的随机数。

会实现一个生成验证码功能。

会实现字符串的查找、截取、替换等功能。

世界是由什么组成的？人、动物、植物、建筑、风景名胜……万物组成了世界。如果把世界万物个体的共同特征进行分析的话，即是对象，万物皆对象。在程序语言中，同样可以通过对象来研究程序的共同特性。在这一章，将具体介绍 JavaScript 中对象的使用。

6.1 对象概述及对象分类

JavaScript 是基于对象还是面向对象的脚本语言，如今并没有统一的定论，虽然 JavaScript 并不支持 Java 与 C＋＋语言中的真正的"面向对象编程"（OOP），然而，JavaScript 确实使用并依赖于对象，所有的编程都以对象为出发点，基于对象。小到一个变量，大到网页文档、窗口甚至屏幕，都是对象。那么，什么是对象？

对象是对某一类事物的描述，其成员包括属性和方法。属性是对象所拥有的一组外观特征，方法是对象可以执行的功能。如汽车是一个对象，描述汽车特征的颜色、型号、品牌、生产厂家、生产地及各项配置参数等，这些都是汽车的属性，而汽车所具备的功能，如加速、漂移、紧急制动、智能刹车、红外报警等，均是汽车对象所具有的方法。浏览器窗口也是一个对象，窗口的宽度、高度、位置都是属性，而窗口可以打开、关闭、改变大小都是方法。

　　某一类对象的具体个例称为对象实例，由对象可以创建出多个对象实例，并完全复制对象的属性和方法。所以，每个对象实例的属性和方法是一样的，所不同的是它们的取值。创建对象实例需要有一个特殊的函数，这个函数叫构造函数。一般可以使用 new 关键字和对象的构造函数来创建对象实例。语法格式如下：

　　var 对象实例名= new 对象名(传递给该对象的实际参数列表);

　　例如，创建 JavaScript 日期对象的格式：

　　var mydate= new Date()。

　　对象及对象实例具有两个成员，即成员属性和成员方法（成员函数），对这两个成员的操作可以通过符号"."来引用：

　　● 对象名 . 属性名，或对象名 . 方法名 （）。

　　如 Math. PI,Math. random()。（注：Math 是 JavaScript 中的数学对象，后面章节中将会介绍到。）

　　● 对象实例名 . 属性名，或对象实例名 . 方法名 （）。

　　如 mydate. getFullYear ()，mydate 是实例名，引用的是它获取完整年份的方法。

　　JavaScript 使用对象的途径主要来源于以下三种：

　　(1) JavaScript 本身的内置对象。

　　如 String 对象、Date 对象、Math 对象等。

　　(2) Web 浏览器的内置对象。

　　如 window 对象、document 对象、location 对象等。

　　(3) HTML 的元素对象。

　　如 IMG 对象、P 对象、A 对象等。

　　当然，JavaScript 也可以自定义对象及对象中属性和方法，本章中重点讨论前三种对象形式。根据 JavaScript 中使用对象方式的不同，可将 JavaScript 对象大致分为以下两类。

　　(1) 静态对象。

　　不需要实例化的对象即为静态对象，静态对象对其成员的引用是通过对象名来使用的，格式为

　　对象名.属性名;
　　对象名.方法名();

　　如 JavaScript Math 对象就是静态对象。

　　(2) 动态对象。

　　使用时需要实例化的对象即为动态对象，动态对象对其成员的引用是通过实例名来使用的，格式为

　　实例名.属性名;
　　实例名.方法名();

　　如 JavaScript Array 对象、Date 对象均为动态对象。

　　下面章节将具体介绍 JavaScript 中的内置对象 Array 对象、Math 对象、Date 对象和

String 对象的使用。通过这些对象的属性和方法的介绍，掌握具体对象的应用功能。

知识扩展　　　　　　　　**面向对象和基于对象**

　　面向对象的三大特点是封装、继承、多态，缺一不可。

　　通常"基于对象"是使用对象，但是无法利用现有的对象模板产生新的对象类型，继而产生新的对象，也就是说"基于对象"没有继承的特点。而"多态"表示为父类类型的子类对象实例，没有了继承的概念也就无从谈论"多态"。

　　现在的很多流行技术都是基于对象的，它们使用一些封装好的对象，调用对象的方法，设置对象的属性。但是无法让程序员派生新对象类型，只能使用现有对象的方法和属性。

　　判断一个新的技术是否是面向对象的时候，通常可以使用后两个特性。"面向对象"和"基于对象"都实现了"封装"的概念，但是面向对象实现了"继承和多态"，而"基于对象"没有实现这些。

　　简单地说，基于对象不能继承，更谈不上多态。面向对象语言一定是基于对象的，反之则不成立。

6.2　数组对象 Array

　　数组是可以记录不同类型数据的集合，主要由数组元素构成，每一个数组元素有对应的下标，不同的数组元素是通过下标来进行区分和使用的。

1. 创建 Array 对象

　　可以用 Array 对象创建一个数组对象的实例，以记录不同类型的数据。创建的格式如下：

- var arrayObj＝new Array ()：创建一个空数组对象。
- var arrayObj＝new Array (［size］)：创建一个指定长度的数组对象。
- var arrayObj＝new Array (［element0 ［，element1 ［，...［，elementN]]])：创建一个数组对象，并对各个数组元素进行初始化赋值。
- var arrayObj＝ ［element0，element1，element2，...elementN]：数组定义的简写形式。

参数说明如下：

- arrayObj：必选项。要赋值为 Array 对象的变量名。
- size：可选项。设置数组的长度。由于数组的下标是从零开始，创建元素的下标将从 0 到 size－1。
- elementN：可选项。存入数组中的元素。使用该语法时必须有一个以上元素。

　　例如，创建一个可存入 3 个元素的 Array 对象，并向该对象中存入数据，代码如下：

```
var stu= new Array(3);
stu[0]="张珊";
stu[1]= 18;
stu[2]="北京大学";
```

创建 Array 对象的同时，向该对象中存入数组元素，代码如下：

```
var stu= new Array("张珊",18,"北京大学");
```

2. 数组元素的添加

对 Array 对象中的数组元素进行初始化赋值有以下 3 种方法：

（1）在定义 Array 对象时直接输入数据元素。

这种方法只能在数组元素确定的情况下才可以使用。

例如，在创建 Array 对象的同时存入字符串数组。代码如下：

```
var stu= new Array("张珊",18,"北京大学");
```

（2）通过赋值语句向每个数组元素输入数据。

该方法可以随意向 Array 对象中的各元素赋值，或是修改数组中的任意元素值。

例如，在创建一个长度为 5 的 Array 对象后，向下标为 0 和 4 的元素中赋值。代码如下：

```
var arr= new Array(5);
arr[0]="张珊";
arr[4]="北京海淀区";
```

（3）利用 for 语句向 Array 对象中输入数据。

该方法主要用于批量向 Array 对象中输入数据，一般用于向 Array 对象中赋初值。代码如下：

```
var n=7;
var arr_num=new Array();
for(var i=0;i<n;i++){
 arr_numj[i]=i
}
```

3. 数组元素的访问和输出

将 Array 对象中的元素值进行输出有以下 3 种方法：

（1）用下标获取指定元素值。

该方法通过 Array 对象的下标，获取指定的元素值。

例如，输出 Array 对象中的第 3 个元素的值，代码如下：

```
var arr=new Array("a","b","c","d");
document.write(arr[2]);
```

（2）用 for 或 for...in...语句获取数组中的元素值。

该方法是利用 for 语句获取 Array 对象中的所有元素值。

例如，获取 Array 对象中的所有元素值，代码如下：

```
var week=new Array("星期天","星期一","星期二","星期三","星期四","星期五","星期
六");
for(var i= 0;i< week.length;i+ + ){
document.write(week[i]+ "< br/> ");
}
```

运行效果如图 6－1 所示。

```
星期天
星期一
星期二
星期三
星期四
星期五
星期六
```

图 6－1   for 循环输出结果

（3）用数组对象名输出所有元素值。

该方法是用创建的数组对象本身显示数组中的所有元素值。

例如，显示数组中的所有元素值，代码如下：

```
vararrayObj= new Array("a","b","c","d")
document.write(arrayObj);
```

运行结果为 a，b，c，d。（注：每个元素自动用逗号分隔。）

4. Array 对象的属性

Array 对象的属性 length 用于返回数组的长度，语法如下：

```
arrayobject.length
```

其中，arrayobject 指数组名称。

例如，获取已创建的字符串对象的长度，代码如下：

```
var arr= new Array(1,2,3,4,5,6,7,8);
document.write(arr.length);
```

运行效果为 8。

5. Array 对象的方法

Array 数组对象操作方法如表 6－1 所示。

表 6－1   Array 对象参考表

方法	描述
concat ()	连接两个或更多的数组，并返回结果

续前表

方法	描述
join ()	把数组的所有元素放入一个字符串，元素通过指定的分隔符进行分隔
pop ()	删除并返回数组的最后一个元素
push ()	向数组的末尾添加一个或更多元素，并返回新的长度
reverse ()	颠倒数组中元素的顺序
shift ()	删除并返回数组的第一个元素
slice ()	从某个已有的数组返回选定的元素
sort ()	对数组的元素进行排序
splice ()	删除元素，并向数组添加新元素
toSource ()	返回该对象的源代码
toString ()	把数组转换为字符串，并返回结果
toLocaleString ()	把数组转换为本地数组，并返回结果
unshift ()	向数组的开头添加一个或更多元素，并返回新的长度
valueOf ()	返回数组对象的原始值

表 6-1 所列的部分方法的详细使用说明如下。

（1）concat () 方法。

● 功能：用于将其他数组连接到当前数组的尾端。

● 格式：arrayObject. concat (arrayX, arrayX,..., arrayX)。

● 参数说明：

arrayObject：必选项。数组名称。

arrayX：必选项。该参数可以是具体的值，也可以是数组对象。

（2）join () 方法。

● 功能：该方法将数组中的所有元素放入一个字符串中。

● 格式：arrayObject. join (separator)。

● 参数说明：

separator：可选项。指定要使用的分隔符。如果省略该参数，则使用逗号作为分隔符。

● 返回值：返回一个字符串。该字符串是把 arrayObject 的每个元素转换为字符串，然后把这些字符串连接起来，在两个元素之间插入 separator 字符串而生成的。

（3）pop () 方法。

● 功能：用于删除并返回数组中的最后一个元素。

● 格式：arrayObject. pop ()。

● 返回值：Array 对象的最后一个元素。

（4）push () 方法。

● 功能：该方法向数组的末尾添加一个或多个元素，并返回添加后的数组长度。

● 格式：arrayObject. push (newelement1, newelement2,..., newelementX)。

● 参数说明：

push () 方法中各参数的说明如表 6-2 所示。

表 6-2   **push () 方法参数表**

参数	描述
newelement1	必需。要添加到数组的第一个元素
newelement2	可选。要添加到数组的第二个元素
newelementX	可选。可添加多个元素

（5）reverse () 方法。

● 功能：该方法用于颠倒数组中元素的顺序。

● 格式：arrayObject. reverse ()。

● 参数说明：

arrayObject：必选项，数组名称。

（6）shift () 方法。

● 功能：用于把数组中的第一个元素从数组中删除，并返回删除元素的值。

● 格式：arrayObject. shift ()。

● 参数说明：

arrayObject：必选项，数组名称。

● 返回值：在数组中删除的第一个元素的值。

（7）slice () 方法。

● 功能：从已有的数组中返回选定的元素。

● 格式：arrayObject. slice (start，end)。

● 参数说明：

start：必选项。规定从何处开始选取。如果是负数，那么它规定从数组尾部开始算起的位置。也就是说，-1 指最后一个元素，-2 指倒数第二个元素，以此类推。

end：可选项。规定从何处结束选取。该参数是数组片断结束处的数组下标。如果没有指定该参数，那么切分的数组包含从 start 到数组结束的所有元素。如果这个参数是负数，那么它将从数组尾部开始算起。

● 返回值：返回截取后的数组元素，该方法返回的数据中不包括 end 索引所对应的数据。

（8）sort () 方法。

● 功能：该方法用于对数组的元素进行排序。

● 格式：arrayObject. sort (sortby)。

● 参数说明：

arrayObject：必选项。数组名称。

sortby：可选项。规定排列的顺序，必须是函数。

（9）toString () 方法。

● 功能：该方法可把数组转换为字符串，并返回结果。

- 格式：arrayObject. toString ()。
- 参数说明：

arrayObject：必选项。数组名称。

- 返回值：以字符串显示 arrayObject。返回值与没有参数的 join（）方法返回的字符串相同。

（10）toLocaleString () 方法。

- 功能：该方法将数组转换成本地字符串。
- 格式：arrayObject. toLocaleString ()。
- 参数说明：

arrayObject：必选项，数组名称。

- 返回值：本地字符串。

（11）unshift () 方法。

- 功能：该方法向数组的开头添加一个或多个元素。
- 格式：arrayObject. unshift (newelement1，newelement2,..., newelementX)。
- 参数说明：unshift () 方法中各参数的说明如表 6-3 所示。

表 6-3　　　　　　　　　　　　**unshift （）方法参数表**

参数	描述
newelement1	必需。向数组添加的第一个元素
newelement2	可选。向数组添加的第二个元素
newelementX	可选。可添加若干个元素

 ## 6.3　数学对象 Math

数学对象 Math 主要用作数学运算，如求绝对值、最大或最小值、取整等。Math 对象是静态对象，所以在使用中直接使用，不需要通过 new 关键字创建对象实例。

1. Math 对象属性

Math 对象属性如表 6-4 所示。

表 6-4　　　　　　　　　　　　**Math 对象属性参考表**

属性	描述
E	返回算术常量 e，即自然对数的底数（约等于 2.718）
LN2	返回 2 的自然对数（约等于 0.693）
LN10	返回 10 的自然对数（约等于 2.302）
LOG2E	返回以 2 为底的 e 的对数（约等于 1.414）
LOG10E	返回以 10 为底的 e 的对数（约等于 0.434）

续前表

属性	描述
PI	返回圆周率（约等于 3.14 159）
SQRT1 _ 2	返回 2 的平方根的倒数（约等于 0.707）
SQRT2	返回 2 的平方根（约等于 1.414）

2. Math 对象方法

Math 对象方法如表 6 - 5 所示。

表 6 - 5   **Math 对象方法参考表**

方法	描述
abs (x)	返回数的绝对值
acos (x)	返回数的反余弦值
asin (x)	返回数的反正弦值
atan (x)	以介于 $-PI/2$ 与 $PI/2$ 弧度之间的数值来返回 x 的反正切值
atan2 (y, x)	返回从 x 轴到点（x, y）的角度（介于 $-PI/2$ 与 $PI/2$ 弧度之间）
ceil (x)	对数进行上舍入
cos (x)	返回数的余弦
exp (x)	返回 e 的指数
floor (x)	对数进行下舍入
log (x)	返回数的自然对数（底为 e）
max (x, y)	返回 x 和 y 中的最大值。也可以是多个数的最大值
min (x, y)	返回 x 和 y 中的最小值。也可以是多个数的最小值
pow (x, y)	返回 x 的 y 次幂
random ()	返回 0~1 之间的随机数
round (x)	把数四舍五入为最接近的整数
sin (x)	返回数的正弦值
sqrt (x)	返回数的平方根
tan (x)	返回角的正切值
toSource ()	返回该对象的源代码
valueOf ()	返回 Math 对象的原始值

常用方法介绍如下：

（1）取整方法。

● floor ()：对一个数进行下舍入，返回小于或等于函数参数，并且与之最接近的整数。

- ceil ()：对一个数进行上舍入，返回大于或等于函数参数，并且与之最接近的整数。
- round ()：把一个数字舍入为最接近的整数，返回与参数最接近的整数。

例 6.1：Math 对象取整方法

代码如下：

```
<script language= "JavaScript">
    document.write("0.40 上舍入的结果:"+ Math.ceil(0.40)+ "< br/> ")
    document.write("5 上舍入的结果:"+ Math.ceil(5)+ "< br/> ")
    document.write("5.1 上舍入的结果:"+ Math.ceil(5.1)+ "< br/> ")
    document.write("- 5.1 上舍入的结果:"+ Math.ceil(- 5.1)+ "< br/> ")
    document.write("0.40 下舍入的结果:"+ Math.floor(0.40)+ "< br/> ")
    document.write("5 下舍入的结果:"+ Math.floor(5)+ "< br/> ")
    document.write("5.1 下舍入的结果:"+ Math.floor(5.1)+ "< br/> ")
    document.write("- 5.1 下舍入的结果:"+ Math.floor(- 5.1)+ "< br/> ")
    document.write("0.60 四舍五入的结果:"+ Math.round(0.60)+ "< br/> ")
    document.write("0.50 四舍五入的结果:"+ Math.round(0.50)+ "< br/> ")
    document.write("0.49 四舍五入的结果:"+ Math.round(0.49)+ "< br/> ")
    document.write("- 4.40 四舍五入的结果:"+ Math.round(- 4.40)+ "< br/> ")
    document.write("- 4.60 四舍五入的结果:"+ Math.round(- 4.60))
</script>
```

（2）random () 方法。

- 功能：获取介于 0 ～ 1 之间的一个随机数。
- 语法：Math. random ()。
- 返回值：0.0 ～ 1.0 之间的一个伪随机数。

代码如下：

```
document.write(Math.random());
```

因为是随机数，可能的输出结果如下：

```
0. 42158494563773274
//刷新屏幕,生成的随机数会发生变化。
```

如果要生成任意整数范围的随机数，可采用如下公式计算：

```
number= Math.floor(Math.random()* total_number_of_choices+ first_possible_value);
```

total _ number _ of _ choices 表示随机数范围中数字的个数；first _ possible _ value 表示随机数范围的第一个值。例如，希望取值的随机数范围在 1～100 之间，有 100 个数字，第一个值为 1，则公式应用如下：

```
var iNum= Math.floor(Math.random()* 100+ 1);
```

例 6.2：每隔 5 秒随机显示十张图中的任意一张（图片名称依次定义为 1.jpg,

2. jpg，…，10. jpg）

代码如下：

```
<!DOCTYPE html PUBLIC "-//W3C//DTD XHTML 1.0 Transitional//EN"
"http://www.w3.org/TR/xhtml1/DTD/xhtml1-transitional.dtd">
<html xmlns="http://www.w3.org/1999/xhtml">
<head>
<meta http-equiv="Content-Type" content="text/html;charset=utf-8"/>
<meta http-equiv="refresh" content="5"/>
<title>每隔 5 秒随机显示十张图中的任意一张</title>
</head>
<body>
<script language="JavaScript">
        var i= Math.floor(Math.random()* 10+ 1);
        document.write("<img src='images/"+ i+ ".jpg'/> ");
</script>
</body>
</html>
```

例 6.3：实现一个随机生成双色球程序功能

"双色球"每注投注号码由 6 个红色球号码和 1 个蓝色球号码组成。红色球号码从 1～33 中选择；蓝色球号码从 1～16 中选择。借助于随机数功能，随机产生 6 组不重复的红色球号码和 1 组蓝色球号码。

代码如下：

```
<!DOCTYPE html PUBLIC "-//W3C//DTD XHTML 1.0 Transitional//EN"
"http://www.w3.org/TR/xhtml1/DTD/xhtml1-transitional.dtd">
<html xmlns="http://www.w3.org/1999/xhtml">
<head>
<meta http-equiv="Content-Type" content="text/html;charset=utf-8"/>
<title>双色球</title>
<style type="text/css">
# qiu{font-family:Arial;font-size:24px;font-weight:bold;}
# qiu.s1{color:# F00;}
# qiu.s2{color:# 00F;}
</style>
<script language="JavaScript">
function shuangseqiu(){
```

```
do{
 n1= Math.floor(Math.random()* 33+ 1);
 n1= (n1< 10)? '0'+ n1:n1;
 n2= Math.floor(Math.random()* 33+ 1);
 n2= (n2< 10)? '0'+ n2:n2;
 n3= Math.floor(Math.random()* 33+ 1);
 n3= (n3< 10)? '0'+ n3:n3;
 n4= Math.floor(Math.random()* 33+ 1);
 n4= (n4< 10)? '0'+ n4:n4;
 n5= Math.floor(Math.random()* 33+ 1);
 n5= (n5< 10)? '0'+ n5:n5;
 n6= Math.floor(Math.random()* 33+ 1);
 n6= (n6< 10)? '0'+ n6:n6;
}while(n1= = n2||n1= = n3||n1= = n4||n1= = n5||n1= = n6||n2= = n3||n2= = n4||n2
= = n5||n2= = n6||n3= = n4||n3= = n5||n3= = n6||n4= = n5||n4= = n6||n5= = n6);
var n7= Math.floor(Math.random()* 16+ 1);
n7= (n7< 10)? '0'+ n7:n7;
document.getElementById("qiu").innerHTML= "< span class= 's1'> "+ n1+ " "+ n2+ "
 "+ n3+ " "+ n4+ " "+ n5+ " "+ n6+ "</span>  < span class= '
s2'> "+ n7+ "</span> ";
}
</script>
</head>
< body>
< input type= "button" value= "随机生成双色球号码" onclick= "shuangseqiu();"/> < hr/>
< div id= "qiu"> </div>

</body>
</html>
```

运行效果如图 6 - 2 所示。

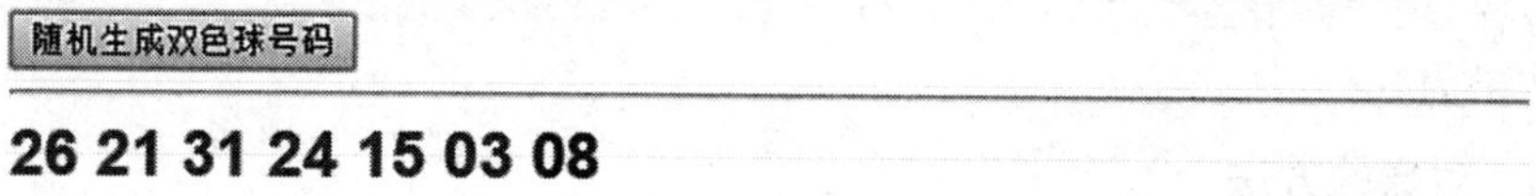

随机生成双色球号码

26 21 31 24 15 03 08

图 6 - 2　双色球生成结果

6.4 字符串对象 String

String 对象是动态对象，需要创建对象实例后才能引用该对象的属性和方法，该对象主要用于处理或格式化文本字符串以及确定和定位字符串中的子字符串。

1. 创建 String 对象

String 对象用于操纵和处理文本串，通过字符串对象，可以在程序中获取字符串长度、查找字符或子串、截取子字符串，以及将字符串转换为大写或小写字符。创建 String 对象有两种格式。

（1）通过 new 关键字创建。

● 格式：var newstr＝new String（StringText）;

● 参数说明：

newstr：创建的 String 对象名。

StringText：可选项。字符串文本。

创建一个 String 对象，代码如下：

```
var newstr= new String("欢迎使用 JavaScript 脚本");
```

（2）使用 var 语句直接定义。

● 格式：var newstr＝"字符串内容";

如定义一个字符串变量：

```
var newstr="欢迎使用 JavaScript 脚本";
```

2. String 对象的属性

String 对象的属性 length，可用来获取字符串长度，也就是字符的个数。在统计时，一个字母、一个数字、一个全角或半角的符号、一个空格、一个汉字长度都为 1。语法如下：

```
stringObject.length
```

其中，stringObject 指当前获取长度的 String 对象名，也可以是字符变量名。如：

```
var str="Hello,北京!";
document.write(str.length);
```

输出结果为 9。

3. String 对象的方法

String 对象常用的方法如表 6－6 所示。

表 6－6   String 字符串对象方法参考表

方法	描述
big ()	用大号字体显示字符串

续前表

方法	描述
blink ()	显示闪动字符串
bold ()	使用粗体显示字符串
charAt ()	返回在指定位置的字符
charCodeAt ()	返回在指定位置的字符的 Unicode 编码
concat ()	连接字符串
fontcolor ()	使用指定的颜色来显示字符串
fontsize ()	使用指定的尺寸来显示字符串
fromCharCode ()	从字符编码创建一个字符串
indexOf ()	检索字符串
italics ()	使用斜体显示字符串
lastIndexOf ()	从后向前搜索字符串
match ()	找到一个或多个正则表达式的匹配
replace ()	替换与正则表达式匹配的子串
search ()	检索与正则表达式相匹配的值
slice ()	提取字符串的片断，并在新的字符串中返回被提取的部分
small ()	使用小字号来显示字符串
split ()	把字符串分割为字符串数组
strike ()	使用删除线来显示字符串
sub ()	把字符串显示为下标
substr ()	从起始索引号提取字符串中指定数目的字符
substring ()	提取字符串中两个指定的索引号之间的字符
sup ()	把字符串显示为上标
toLowerCase ()	把字符串转换为小写
toUpperCase ()	把字符串转换为大写
valueOf ()	返回某个字符串对象的原始值

部分方法的详细使用如下。

（1）charAt () 方法。

● 功能：返回指定位置的字符。

● 格式：stringObject. charAt (index)。

● 参数说明：

index：必需。表示字符串中某个位置的数字，即字符在字符串中的下标。字符串中第一个字符的下标是 0。如果参数 index 不在 0 与 string. length-1 之间，该方法将返回一个空字符串。

例 6.4： 返回索引值为 0 的字符

代码如下：

```
var str="Hello world!";
document.write(str.charAt(0));
```

输出结果为 H。

（2）indexOf () 方法。

● 功能：返回某个指定的字符串值在字符串中第一次出现的位置；如果要检索的字符串值没有出现，则该方法返回－1。

● 格式：stringObject.indexOf (searchvalue，fromindex)。

● 参数说明如表 6－7 所示。

表 6－7　　　　　　　　　　　　indexOf（）方法参数表

参数	描述
searchvalue	必需。规定需检索的字符串值
fromindex	可选的整数参数。规定在字符串中开始检索的位置。它的合法取值是 0 到 stringObject. length－1。如省略该参数，则将从字符串的首字符开始检索

例 6.5： indexOf () 方法

代码如下：

```
var str="Hello world!";
document.write(str.indexOf("Hello")+ "<br/> ");
document.write(str.indexOf("World")+ "<br/> ");
document.write(str.indexOf("world"));
```

输出结果：

0

－1

6

（3）lastIndexOf () 方法。

● 功能：返回一个指定的字符串值最后出现的位置，在一个字符串中的指定位置从后向前搜索；如果要检索的字符串值没有出现，则该方法返回－1。

● 格式：stringObject. lastIndexOf (searchvalue，fromindex)。

● 参数说明如表 6－8 所示。

表 6－8　　　　　　　　　　　　lastIndexOf（）方法参数表

参数	描述
searchvalue	必需。规定需检索的字符串值
fromindex	可选的整数参数。规定在字符串中开始检索的位置。它的合法取值是 0 到 stringObject. length－1。如省略该参数，则将从字符串的最后一个字符处开始检索

例 6.6：lastIndexOf () 方法

代码如下：

```
var str="Hello world!";
document.write(str.lastIndexOf("Hello")+ "<br/> ");
document.write(str.lastIndexOf("o")+ "<br/> ");
document.write(str.lastIndexOf("O"));
```

输出结果：

0

7

—1

（4）substr () 方法。

● 功能：在字符串中抽取从 start 下标开始的指定数目的字符。

● 格式：stringObject. substr (start，length)。

● 参数说明如表 6－9 所示。

表 6－9　　　　　　　　　　　substr （）方法参数表

参数	描述
start	必需。要抽取的子串的起始下标。必须是数值。如果是负数，那么该参数声明从字符串的尾部开始算起的位置。也就是说，—1 指字符串中最后一个字符，—2 指倒数第二个字符，以此类推
length	可选。子串中的字符数。必须是数值。如果省略了该参数，那么返回从 stringObject 的开始位置到结尾的字串

● 返回值：一个新的字符串，包含从 stringObject 的 start（包括 start 所指的字符）处开始的 lenght 个字符。如果没有指定 lenght，那么返回的字符串包含从 start 到 string-Object 的结尾的字符。

例 6.7：substr () 方法

代码如下：

```
var str="Hello world!"
document.write(str.substr(1,6)+ "<br/> ");
document.write(str.substr(3));
```

输出结果：

ello w

lo world!

（5）substring () 方法。

● 功能：用于提取字符串中介于两个指定下标之间的字符。

● 格式：stringObject. substring (start，stop)

● 参数说明如表 6－10 所示。

表 6 - 10   **substring（）方法参数表**

参数	描述
start	必需。一个非负的整数，规定要提取的子串的第一个字符在 stringObject 中的位置
stop	可选。一个非负的整数，比要提取的子串的最后一个字符在 stringObject 中的位置多 1。如果省略该参数，那么返回的子串会一直到字符串的结尾

● 返回值：一个新的字符串，该字符串值包含 stringObject 的一个子字符串，其内容是从 start 处到 stop−1 处的所有字符，其长度为 stop 减 start。substring（）方法返回的子串包括 start 处的字符，但不包括 end 处的字符。

例 6.8：substring（）方法

代码如下：

```
var str= "Hello world!"
document.write(str.substring(1,6)+ "< br/> ");
document.write(str.substring(3));
```

输出结果：

ello

lo world!

（6）replace（）方法。

● 功能：在字符串中用一些字符替换另一些字符，或替换一个与正则表达式匹配的子串。

● 格式：stringObject. replace (regexp，replacement)。

● 参数说明如表 6 - 11 所示。

表 6 - 11   **replace（）方法参数表**

参数	描述
regexp	必需。规定了要替换的模式的 RegExp 对象。请注意，如果该值是一个字符串，则将它作为要检索的直接量文本模式，而不是首先被转换为 RegExp 对象
replacement	必需。一个字符串值。规定了替换文本或生成替换文本的函数

● 返回值：一个新的字符串，是用 replacement 替换了 regexp 的第一次匹配或所有匹配之后得到的。

字符串 stringObject 的 replace（）方法执行的是查找并替换的操作。它将在 stringObject 中查找与 regexp 相匹配的子字符串，然后用 replacement 来替换这些子串。如果 regexp 具有全局标志 g，那么 replace（）方法将替换所有匹配的子串。否则，它只替换第一个匹配子串。

例 6.9：replace（）方法替换一次

代码如下：

```
var str= "Visit Microsoft!"
document.write(str.replace(/Microsoft/,"W3School"))
```

输出结果为 Visit W3School!。

例 6.10：replace () 方法全局替换

代码如下：

```
var str="苹果和香蕉都是很好的水果! 我喜欢苹果,苹果代表平平安安!"
document.write(str.replace(/平果/g,"苹果"))
```

输出结果：

苹果和香蕉都是很好的水果! 我喜欢苹果，苹果代表平平安安!

例 6.11：获取文件名和文件后缀

要求：通过文件域选择本地任意文件，可输出文件名及其文件后缀信息。

代码如下：

```
<!DOCTYPE html PUBLIC "-//W3C//DTD XHTML 1.0 Transitional//EN"
"http://www.w3.org/TR/xhtml1/DTD/xhtml1-transitional.dtd">
<html xmlns="http://www.w3.org/1999/xhtml">
<head>
<meta http-equiv="Content-Type" content="text/html;charset=utf-8"/>
<title>获取文件名和文件后缀</title>
<script language="JavaScript">
function getfilename(){
var path= document.f.file1.value;
var pos= path.lastIndexOf("\\");
var filename= path.substr(pos+ 1);
var pos1= filename.indexOf(".");
var ext= filename.substr(pos1+ 1);
window.alert("文件名:"+ filename+ "\n 后缀:"+ ext);
}
</script>
</head>
<body>
<form name="f">
请选择文件:<input type="file" name="file1"/> <input type="button" value="截取文件
名" onclick="getfilename();"/>
</form>
</body>
</html>
```

运行效果如图 6-3 所示。

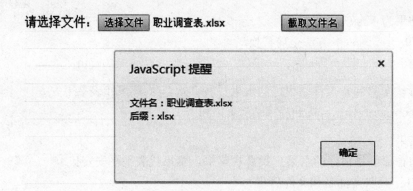

图 6-3　获取文件名和后缀输出结果

此例中，首先获取文件域用户所选取的文件名，根据文件名查找最后一个符号"."出现的位置，然后从此位置的下一个位置开始截取，就可以得到扩展名了。

知识扩展　　　　　　　　　　　　JSON

JSON 全称为 JavaScript 对象表示法（JavaScript Object Notation），是轻量级的文本数据交换格式。JSON 使用 JavaScript 语法来描述数据对象，但是 JSON 仍然独立于语言和平台。

JSON 语法规则：数据在名称/值对中；数据由逗号分隔；花括号保存对象；方括号保存数组。JSON 值可以是数字（整数或浮点数）、字符串（在双引号中）、逻辑值（true 或 false）、数组（在方括号中）、对象（在花括号中）和 null。

JSON 对象：可以包含多个名称/值对，如 {" uname":" Joan"," uemail":" joan@gmail. com"}。

JSON 数组：可包含多个对象，举例如下。

{" user":[{" uname":" Joan"," uemail":" joan@gmail. com"},

　　　　　　{" uname":" Joan"," uemail":" joan@gmail. com"},

{" uname":" Joan"," uemail":" joan@gmail. com"}]

}

JSON 文件：JSON 文件的文件类型是". json"；JSON 文本的 MIME 类型是"application/json"。

6.5　正则表达式

正则表达式（Regular Expression）并不是一种软件，也不是一种编程语言，它是一种强大、便捷、高效的文本检索和处理工具。尤其在字符串格式验证、文本匹配、文本替换和文本过滤操作中，正则表达式的作用不可小觑。

1. 正则表达式介绍

什么是正则表达式？简单理解，即规则（Regular）和表达式（Expression），就是定义了某些字符的特殊语义和使用规则，组合形成相应表达式，执行字符串的操作功能。匹配就是正则表达式最基本的操作行为。给定一个字符串，使用正则表达式中定义的语法规则，去查找字符串中与此规则相符的字串，能够查找到，就说明找到了相应的一个匹配，字符串中可能存在多个内容与正则表达式相匹配。正则表达式的作用主要有：

● 验证字符串格式，如验证 E-mail 邮箱、邮政编码、身份证号、电话、用户姓名、密码等。

● 替换字符串，把给定字符串中与正则表达式相匹配的内容替换成其他内容，如搜索结果的描红或高亮显示，给 url 地址加超链接，过滤论坛、微博、新闻内容中不当言论等。

● 分割字符串，将字符串中内容按照正则表达式分割成相应子串内容。

2. 正则表达式语法

正则表达式的概念最初是由 UNIX 中的工具软件（例如 Sed 和 Grep）普及开的。常见有两套正则表达式规则：一套是由电气和电子工程师协会（IEEE）制定的 POSIX Extended 1003.2 兼容正则，即 POSIX（Portable Operating System Implementation for UNIX），意为 UNIX 可移植操作系统实现接口；另一套来自 PCRE（Perl Compatible Regular Expression）库的 PERL 兼容正则，这是个开放源代码的软件，作者为 Philip Hazel。两套正则规则功能相似，实现相同的功能，PCRE 提供的正则表达式效率略占优势。JavaScript 正则表达式语法参考了 Perl 语言中比较实用的正则表达式语法规则，在 JavaScript1.5 版本中实现了 Perl 版本的正则表达式的大型子集。本节以 PCRE 正则表达式语法规则为参考，介绍正则表达式的语法定义。

（1）正则表达式组成。

虽然正则表达式是极其简洁的，但是它也有自己的语法和规则，其功能非常灵活和强大。正则表达式是由原子（普通字符，例如 A～Z、a～z）、有特殊功能的字符（元字符，例如 ＊ 、＋、? 等）及模式修正符组成。一个最简单的正则表达式模式中，至少要包含一个原子。

● 原子。

原子是正则表达式最基本的组成单位，每个模式中至少包含一个原子。原子字符包括所有的英文字母、数字、标点符号以及其他一些符号。原子也包括模式单元，如（ABC）可以理解为由多个原子组成的大的原子；原子表，如［ABC］；普通转义字符，如 \ d、\ D、\ w、\ W、\ S、\ s；重新使用的模式单元，如 \\ 1；转义元字符，如 \ ＊ 、\ . 等。

● 元字符。

元字符主要用来修饰原子，如限定原子的重复次数等。

● 模式修正符。

模式修正符扩展了正则表达式在字符匹配、替换操作时的某些功能，修正、增强了正则表达式的处理能力。

（2）定界符。

定界符一般为//，其他可作为定界符的字符有 ♯、!、｛｝、｜ 等；字母、数字、\ 不作为定界符。在编写 JavaScript 正则表达式时，用//作为定界符，所有的正则表达式写在此定界符内。

（3）元字符。

元字符是具有特殊含义的字符，表 6-12 列出了常见元字符及其功能。

表 6-12 元字符及其功能

元字符	描述
\	将下一个字符标记为一个特殊字符、一个原义字符、一个向后引用或一个八进制转义符。例如，"\ \ n"匹配\ n，"\ n"匹配换行符，序列"\ \"匹配"\"，而"\（"则匹配"（"
^	匹配输入字符串的开始位置。如果设置了 RegExp 对象的 Multiline 属性，"^"也匹配"\ n"或"\ r"之后的位置
$	匹配输入字符串的结束位置。如果设置了 RegExp 对象的 Multiline 属性，"$"也匹配"\ n"或"\ r"之前的位置
*	匹配前面的子表达式零次或多次（大于等于 0 次）。例如，"zo *"能匹配"z"，"zo"和"zoo"，"*"等价于"{0,}"
+	匹配前面的子表达式一次或多次（大于等于 1 次）。例如，"zo＋"能匹配"zo"和"zoo"，但不能匹配"z"。"+"等价于"{1,}"
?	匹配前面的子表达式零次或一次。例如，"do（es）?"可以匹配"do"或"does"中的"do"。? 等价于"{0, 1}"
{n}	n 是一个非负整数。匹配确定的 n 次。例如，"o {2}"不能匹配"Bob"中的"o"，但是能匹配"food"中的两个 o
{n,}	n 是一个非负整数。至少匹配 n 次。例如，"o {2,}"不能匹配"Bob"中的"o"，但能匹配"fooooood"中的所有"o"。"o {1,}"等价于"o＋"，"o {0,}"则等价于"o *"
{n, m}	m 和 n 均为非负整数，其中 n≤m。最少匹配 n 次且最多匹配 m 次。例如，"o {1, 3}"将匹配"fooooood"中的前三个"o"。"o {0, 1}"等价于"o?"。注意：在逗号和两个数之间不能有空
?	当该字符紧跟在任何一个其他限制符（ *、＋、?、{n}、{n,}、{n, m}）后面时，匹配模式是非贪婪的。非贪婪模式尽可能少地匹配所搜索的字符串，而默认的贪婪模式则尽可能多地匹配所搜索的字符串。例如，对于字符串"oooo"，"o+?"将匹配单个"o"，而"o＋"将匹配所有"o"
.（点）	该字符匹配除"\ r \ n"之外的任何单个字符。要匹配包括"\ r \ n"在内的任何字符，请使用像"[\ s \ S]"的模式
|	模式选择符，匹配两个或更多的选择之一。例如在字符串"There are many apples and pears."中，/apple | pear/在第一次运行时匹配"apple"；再次运行时匹配"pear"。也可以继续增加选项，如/apple | pear | banana | lemon/

续前表

元字符	描述
[]	原子表"[ ]"中存放一组原子，彼此地位平等，且仅匹配其中的一个原子。如果想匹配一个"a"或"e"，则使用 [ae]
[ˆ]	原子表"[ˆ]"也称为排除原子表，匹配除表内原子外的任意一个字符。例如"/p [ˆu] /"匹配"part"中的"pa"，但无法匹配"computer"中的"pu"，因为"u"在匹配中被排除
[—]	原子表"[—]"用于连接一组按 ASCII 码顺序排列的原子，简化书写 例如"/x [0123456789] /"可以写成"x [0—9]"，用来匹配一个由"x"字母与一个数字组成的字符串。匹配大小写字母写成"/ [a—zA—Z] /"形式即可
\ b	该字符匹配一个单词边界，也就是指单词和空格间的位置。例如"er \ b"可以匹配"never"中的"er"，但不能匹配"verb"中的"er"
\ B	该字符匹配非单词边界。"er \ B"能匹配"verb"中的"er"，但不能匹配"never"中的"er"
\ d	该字符匹配一个数字字符。等价于"[0—9]"
\ D	该字符匹配一个非数字字符。等价于"[ˆ0—9]"
\ f	该字符匹配一个换页符。等价于"\ x0c"和"\ cL"
\ n	该字符匹配一个换行符。等价于"\ x0a"和"\ cJ"
\ r	该字符匹配一个回车符。等价于"\ x0d"和"\ cM"
\ s	该字符匹配任何空白字符，包括空格、制表符、换页符等。等价于"[\ f\ n\ r\ t\ v]"
\ S	该字符匹配任何非空白字符。等价于"[ˆ\ f\ n\ r\ t\ v]"
\ t	该字符匹配一个制表符。等价于"\ x09"和"\ cI"
\ v	该字符匹配一个垂直制表符。等价于"\ x0b"和"\ cK"
\ w	该字符匹配包括下划线的任何单词字符。等价于"[A—Za—z0—9 _]"
\ W	该字符匹配任何非单词字符。等价于"[ˆA—Za—z0—9 _]"
\ xn	该字符匹配 n，其中 n 为十六进制转义值。十六进制转义值必须为确定的两个数字长。例如"\ x41"匹配"A"。"\ x041"则等价于"\ x04&1"。正则表达式中可以使用 ASCII 编码
\ un	该字符匹配 n，其中 n 是一个用四个十六进制数字表示的 Unicode 字符。例如"\ u00A9"匹配版权符号"(©)"

3. RegExp 对象

RegExp 对象表示正则表达式，它是对字符串执行模式匹配的强大工具。

（1）创建 RegExp 对象。

创建 RegExp 有以下两种格式。

● 直接量语法。

语法：

```
var patt1= /pattern/attributes;
```

参数 pattern 是一个正则表达式，attributes 是可选的正则表达式参数，可取 g、i、m 等值。参数 g 表示在匹配中做全局匹配；参数 i 表示忽略大小写；参数 m 表示多行匹配。例如：

var patt1 =／＼d {5} /g；

● 创建 RegExp 对象。

语法：

```
var patt1= new RegExp(pattern,attributes);
```

参数 pattern 是一个字符串，用引号引起来，指定了正则表达式的模式。参数 attributes 是一个可选的字符串，包含属性"g""i"和"m"，分别用于指定全局匹配、区分大小写的匹配和多行匹配。例如：

varpatt1＝new RegExp ("＼＼d {5}," g");

使用此种格式创建 RegExp 实例对象时，应将原始正则表达式中的"＼"用"＼＼"替换。因此，上面写法中，正则表达式字符串的写法为"＼＼d {5}"，表示匹配 5 位的数字。具体用法会在下面章节中介绍。

如果参数 pattern 是正则表达式而不是字符串，那么 RegExp () 构造函数将用与指定的 RegExp 相同的模式和标志创建一个新的 RegExp 对象。上述写法也可以写成：

var patt1＝new RegExp (/＼d {5} /g);

（2）RegExp 对象的属性。

RegExp 对象的属性如表 6-13 所示。

表 6-13 　　　　　　　　　　　　　　　**RegExp 对象的属性**

属性	描述
global	RegExp 对象是否具有标志 g
ignoreCase	RegExp 对象是否具有标志 i
lastIndex	一个整数，标示开始下一次匹配的字符位置
multiline	RegExp 对象是否具有标志 m
source	正则表达式的源文本

（3）RegExp 对象的方法。

RegExp 对象的方法如表 6-14 所示。

表 6-14 　　　　　　　　　　　　　　　**RegExp 对象的方法**

方法	描述
compile	编译正则表达式
exec	检索字符串中指定的值。返回找到的值，并确定其位置
test	检索字符串中指定的值。返回 true 或 false

test () 方法用于检测一个字符串是否匹配某个模式。其语法如下：

```
RegExpObject.test(string)
```

其中，string 表示要检测的字符串。如果字符串 string 中含有与 RegExpObject 匹配的文本，则返回 true，否则返回 false。

例 6.12：EMAIL 格式验证

代码如下：

```
< !DOCTYPE html PUBLIC "-//W3C//DTD XHTML 1.0 Transitional//EN"
"http://www. w3. org/TR/xhtml1/DTD/xhtml1-transitional. dtd">
< html xmlns= "http://www. w3. org/1999/xhtml">
< head>
< meta http-equiv= "Content-Type" content= "text/html;charset= utf-8"/>
<title> 邮箱验证</title>
< script language= "JavaScript">
function chkemail(){
var email= document. getElementById("email"). value;
var mode= /^\w+ ([- + .]\w+ )* @\w+ ([- .]\w+ )* \. \w+ ([- .]\w+ )* $ /;//第一
种定义正则方法
//var mode= new RegExp(/^\w+ ([- + .]\w+ )* @\w+ ([- .]\w+ )* \. \w+ ([- .]\w+ )
* $ /);
   //第二种定义正则方法
if(mode. test(email)){
 alert("邮箱格式正确");
}else{
 alert("邮箱格式错误");
 }
}
</script>
</head>
< body>
< form>
邮箱:< input type= "text" id= "email" onblur= "chkemail();"/>
</form>
</body>
</html>
```

邮箱格式正确验证如图 6-4 所示。

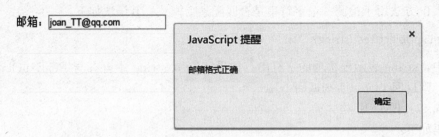

图 6 - 4　邮箱格式验证正确结果

邮箱格式错误验证如图 6 - 5 所示。

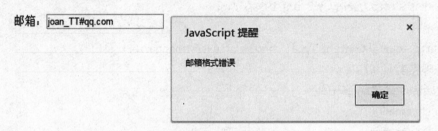

图 6 - 5　邮箱格式验证错误结果

此例中，需要首先定义邮箱格式的正则表达式，创建 RegExp 对象；然后，获取用户输入的邮箱内容；最后通过 test () 方法进行匹配，如果返回值为 true，说明格式匹配，否则格式不正确，从而达到验证效果。

例 6.13：正则替换实现关键字描红

功能要求：在文本框中输入关键字，在查找内容中将关键字描红处理，并忽略大小写。

代码如下：

```
< !DOCTYPE html PUBLIC "-//W3C//DTD XHTML 1. 0 Transitional//EN"
"http://www. w3. org/TR/xhtml1/DTD/xhtml1-transitional. dtd">
< html xmlns= "http://www. w3. org/1999/xhtml">
< head>
< meta http-equiv= "Content-Type" content= "text/html;charset= utf-8"/>
< title> 正则替换实现关键字描红功能</title>
< script language= "JavaScript">
window. onload= function(){
 var oDiv= document. getElementById("str");
 var str= "JavaScript 是一种直译式脚本语言,一种动态类型、弱类型、基于原型的语言,内置
支持类型。它的解释器被称为 Javacript 引擎,为浏览器的一部分,广泛用于客户端的脚本语
言,最早是在 HTML(标准通用标记语言下的一个应用)网页上使用,用来给 HTML 网页增加动
态功能。在 1995 年时,由 Netscape 公司的 Brendan Eich 在网景导航者浏览器上首次设计实
现而成。因为 Netscape 与 Sun 合作,Netscape 管理层希望它外观看起来像 Java,因此取名为
```

```
JavaScript。但实际上它的语法风格与 Self 及 Scheme 较为接近。";
 oDiv. innerHTML= str;
 var oBtn= document. getElementById("btn");
 oBtn. onclick= function(){
 var keywords= document. f. keywords. value;
 var re= new RegExp("("+ keywords+ ")","gi");
 var rep= str. replace(re,"< font color= '# ff0000'> < strong> $ 1</strong> </font> ");
 oDiv. innerHTML= rep;
 }
}
</script>
</head>
< body>
< form name="f">
输出关键字:< input type= "text" name= "keywords"/>  
< input type= "button" value= "查找" id= "btn"/>
</form>
< hr/>
< div id= "str"> </div>
</body>
</html>
```

运行效果如图 6－6 所示。

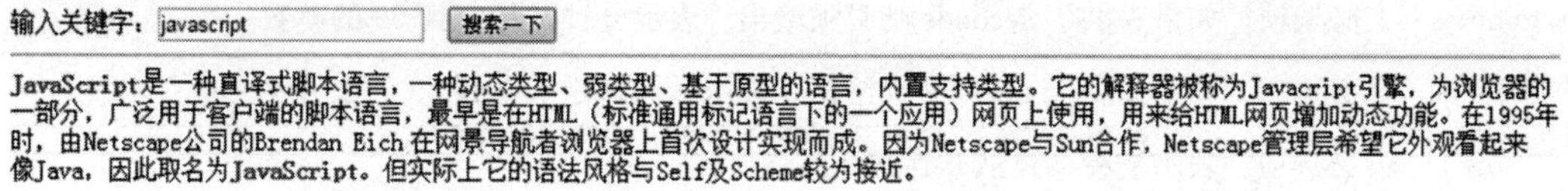

输入关键字: javascript 　　搜索一下

JavaScript是一种直译式脚本语言,一种动态类型、弱类型、基于原型的语言,内置支持类型。它的解释器被称为Javacript引擎,为浏览器的一部分,广泛用于客户端的脚本语言,最早是在HTML (标准通用标记语言下的一个应用) 网页上使用,用来给HTML网页增加动态功能。在1995年时,由Netscape公司的Brendan Eich 在网景导航者浏览器上首次设计实现而成。因为Netscape与Sun合作,Netscape管理层希望它外观看起来像Java,因此取名为JavaScript。但实际上它的语法风格与Self及Scheme较为接近。

图 6－6　关键字描红处理结果

上例中，输入关键字"JavaScript"，在下面查找内容显示中，会将所有出现"Java-Script"的地方进行描红处理，且忽略大小写，正则表达式中的参数"gi"中的"g"表示全局匹配，"i"表示忽略大小写。另外，语句"str. replace（re,"＜font color='＃ff0000'＞＜strong＞＄1＜/strong＞＜/font＞"）;"中的"＄i"为模式单元，表示正则表达式中第一个模式单元匹配到的内容，此方式不会将原文中内容替换成搜索的关键字内容。

🛒 6.6　日期对象 Date

在 Web 开发过程中，可以使用 JavaScript 的 Date 对象（日期对象）来实现对日期和时间的控制。例如页面上的时钟效果、倒计时效果等，都可以通过日期对象的功能来实现。日期对象是动态对象，使用前先通过 new 关键字创建日期对象实例，就可以使用 Date 对象的属性和方法执行各种日期和时间的功能了。

1. 创建 Date 对象

Date 对象是对一个对象数据类型求值，该对象主要负责处理与日期和时间有关的数据信息。在使用 Date 对象前，首先要创建该对象，其创建格式如下：

```
var dateObj= new Date()
var dateObj= new Date(dateVal)
var dateObj= new Date(year,month,date[,hours[,minutes[,seconds[,ms]]]])
```

Date 对象语法中各参数的说明如表 6 – 15 所示。

表 6 – 15   Date 对象参数表

参数	说明
dateObj	必选项。要赋值为 Date 对象的变量名
dateVal	必选项。如果是数字值，dateVal 表示指定日期到 1970 年 1 月 1 日午夜间全球标准实践的毫秒数。如果是字符串，则 dateVal 按照 parse 方法中的规则进行解析。dateVal 参数也可以是从某些 ActiveX（R）对象返回的 VT＿DATE 值
year	必选项。完整的年份，比如 2016（但不是 16）
month	必选项。表示的月份，从 0 到 11 之间的整数（1 月至 12 月）
date	必选项。表示日期，从 1 到 31 之间的整数
hours	必选项。如果提供了 minutes 则必须给出。表示小时，是从 0 到 23 的整数（午夜到 11pm）
minutes	必选项。如果提供了 seconds 则必须给出。表示分钟，从 0 到 59 的整数
seconds	必选项。如果提供了 ms 则必须给出。表示秒钟，是从 0 到 59 的整数
ms	必选项。表示毫秒，是从 0 到 999 的整数

2. Date 对象的属性

Date 对象的属性有 constructor 和 prototype，它们与 String 对象中的属性语法相同。在这里介绍两个属性的用法。

（1）constructor 属性。

此属性可以得到对创建此对象的 Date 函数的引用。

例 6.14：判断当前对象是否为日期对象

代码如下：

```
var newDate= new Date();
if(newDate. constructor= = Date){
document. write("日期型对象");
}
```

运行结果为日期型对象。

（2） prototype 属性。

通过此属性，可以向对象添加属性和方法。

例 6.15：用自定义属性来记录当前日期是本周的周几。

代码如下：

```
var newDate= new Date();//当前日期为 2014-7-23
Date. prototype. mark= null;//向对象中添加属性
newDate. mark= newDate. getDay();//向添加的属性中赋值
alert(newDate. mark);
```

运行效果为 3。

3. Date 对象的方法

Date 对象是 JavaScript 的一种内部数据类型。该对象没有可以直接读写的属性，所有对日期和时间的操作都是通过方法完成的。Date 对象的方法如表 6-16 所示。

表 6-16 Date 对象的方法参考表

方法	描述
Date ()	返回当前的日期和时间
getDate ()	从 Date 对象返回一个月中的某一天（1~31）
getDay ()	从 Date 对象返回一周中的某一天（0~6）
getMonth ()	从 Date 对象返回月份（0~11）
getFullYear ()	从 Date 对象以四位数字返回年份
getYear ()	请使用 getFullYear () 方法代替
getHours ()	返回 Date 对象的小时（0~23）
getMinutes ()	返回 Date 对象的分钟（0~59）
getSeconds ()	返回 Date 对象的秒（0~59）
getMilliseconds ()	返回 Date 对象的毫秒（0~999）
getTime ()	返回 1970 年 1 月 1 日至今的毫秒数
getTimezoneOffset ()	返回本地时间与格林尼治标准时间（GMT）的分钟差
getUTCDate ()	根据世界时从 Date 对象返回月中的一天（1~31）
getUTCDay ()	根据世界时从 Date 对象返回周中的一天（0~6）
getUTCMonth ()	根据世界时从 Date 对象返回月份（0~11）
getUTCFullYear ()	根据世界时从 Date 对象返回四位数的年份

续前表

方法	描述
getUTCHours ()	根据世界时返回 Date 对象的小时（0~23）
getUTCMinutes ()	根据世界时返回 Date 对象的分钟（0~59）
getUTCSeconds ()	根据世界时返回 Date 对象的秒钟（0~59）
getUTCMilliseconds ()	根据世界时返回 Date 对象的毫秒（0~999）
parse ()	返回 1970 年 1 月 1 日午夜到指定日期（字符串）的毫秒数
setDate ()	设置 Date 对象中月的某一天（1~31）
setMonth ()	设置 Date 对象中月份（0~11）
setFullYear ()	设置 Date 对象中的年份（四位数字）
setYear ()	请使用 setFullYear () 方法代替
setHours ()	设置 Date 对象中的小时（0~23）
setMinutes ()	设置 Date 对象中的分钟（0~59）
setSeconds ()	设置 Date 对象中的秒钟（0~59）
setMilliseconds ()	设置 Date 对象中的毫秒（0~999）
setTime ()	以毫秒设置 Date 对象
setUTCDate ()	根据世界时设置 Date 对象中月份的一天（1~31）
setUTCMonth ()	根据世界时设置 Date 对象中的月份（0~11）
setUTCFullYear ()	根据世界时设置 Date 对象中的年份（四位数字）
setUTCHours ()	根据世界时设置 Date 对象中的小时（0~23）
setUTCMinutes ()	根据世界时设置 Date 对象中的分钟（0~59）
setUTCSeconds ()	根据世界时设置 Date 对象中的秒（0~59）
setUTCMilliseconds ()	根据世界时设置 Date 对象中的毫秒（0~999）
toSource ()	返回该对象的源代码
toString ()	把 Date 对象转换为字符串
toTimeString ()	把 Date 对象的时间部分转换为字符串
toDateString ()	把 Date 对象的日期部分转换为字符串
toGMTString ()	请使用 toUTCString () 方法代替
toUTCString ()	根据世界时，把 Date 对象转换为字符串
toLocaleString ()	根据本地时间格式，把 Date 对象转换为字符串
toLocaleTimeString ()	根据本地时间格式，把 Date 对象的时间部分转换为字符串
toLocaleDateString ()	根据本地时间格式，把 Date 对象的日期部分转换为字符串
UTC ()	根据世界时返回 1997 年 1 月 1 日到指定日期的毫秒数
valueOf ()	返回 Date 对象的原始值

例 6.16：时钟效果

要求在页面上显示一个走动的时钟效果。代码如下：

```
<!DOCTYPE html PUBLIC "-//W3C//DTD XHTML 1.0 Transitional//EN"
"http://www.w3.org/TR/xhtml1/DTD/xhtml1-transitional.dtd">
<html xmlns="http://www.w3.org/1999/xhtml">
<head>
<meta http-equiv="Content-Type" content="text/html;charset=utf-8"/>
<title>时钟效果</title>
<style type="text/css">
#myclock{
        width:450px;
        height:150px;
        border:5px dotted #FF9900;
        font-size:50pt;
        font-weight:bold;
        font-family:Verdana,Geneva,sans-serif;
        margin:50px auto;
        text-align:center;
        line-height:150px;
}
</style>
</head>
<body onload="showtime();">
<div id="myclock"> </div>
<script language="JavaScript">
    //定义时间函数
    function showtime(){
     var mydate= new Date();
     var h= mydate.getHours();
     var m= mydate.getMinutes();
     m= (m<10)? ('0'+ m):m;
     var s= mydate.getSeconds();
     s= (s<10)? ('0'+ s):s;
     var time= h+ ":"+ m+ ":"+ s;
     document.getElementById("myclock").innerHTML= time;
    }
    window.setInterval("showtime();",1000);
```

//window. setInterval(),是一个定时操作,每隔 1000 毫秒即 1 秒钟,执行 showtime()
函数。
</script>
</body>
</html>

运行效果如图 6-7 所示。

图 6-7 时钟效果

例 6.17：页面中显示完整的日期、时间和星期内容
代码如下：

```
< !DOCTYPE html PUBLIC "-//W3C//DTD XHTML 1. 0 Transitional//EN"
"http://www. w3. org/TR/xhtml1/DTD/xhtml1-transitional. dtd">
< html xmlns="http://www. w3. org/1999/xhtml">
< head>
< meta http-equiv="Content-Type" content="text/html;charset= utf-8"/>
< title> 日期</title>
</head>
< body>
< h1 style="width:500px;height:50px;border:2px dashed # 33CCFF;font-size:24px;line-height:
50px;"> 现在是:
< script language="JavaScript">
function fun_getDate(){
    var info;
    var mydate= new Date();
    var y= mydate. getFullYear();//获取年份
    var m= mydate. getMonth()+ 1;//获取月份
    var d= mydate. getDate();//获取日期
    var h= mydate. getHours();//获取小时
    var m1= mydate. getMinutes();//获取分钟
    m1= (m1< 10)? ('0'+ m1):m1;//加前导零处理
    var s= mydate. getSeconds();
    s= (s< 10)? ('0'+ s):s;
```

```
        var w= mydate. getDay();//获取星期,星期天 0,星期一 1~ 星期六 6
        //将中文星期信息用数组存储
        var week= new Array("星期天","星期一","星期二","星期三","星期四","星期五","星
期六");
        //或者用 switch 语句处理星期
        /* switch(w){
        case 0:w1= "星期天";break;
        case 1:w1= "星期一";break;
        case 2:w1= "星期二";break;
        case 3:w1= "星期三";break;
        case 4:w1= "星期四";break;
        case 5:w1= "星期五";break;
        case 6:w1= "星期六";break;
        }* /
        info= y+ "年"+ m+ "月"+ d+ "日 "+ h+ ":"+ m1+ ":"+ s+ " "+ week[w];
        return info;
        }
        document. write(fun_getDate());
</script>
</h1>
</body>
</html>
```

运行效果如图 6－8 所示。

图 6－8　显示当前日期、时间和星期

例 6.18：国庆节倒计时功能

代码如下：

```
< !DOCTYPE html PUBLIC "-//W3C//DTD XHTML 1. 0 Transitional//EN"
"http://www. w3. org/TR/xhtml1/DTD/xhtml1-transitional. dtd">
< html xmlns= "http://www. w3. org/1999/xhtml">
< head>
< meta http-equiv= "Content-Type" content= "text/html;charset= utf-8"/>
< title> 倒计时功能</title>
</head>
```

```
< body>
< script language= "JavaScript">
var nowdate= new Date();
var todate= new Date(2014,9,1);//创建国庆节的日期对象
var time1= nowdate. getTime();//时间戳:从 1970 年 1 月 1 日 00:00:00 到现在的时间经过的
毫秒数
var time2= todate. getTime();
var days= Math. ceil((time2-time1)/(1000* 60* 60* 24));
if(days> 0){
 document. write("距离国庆节还有"+ days+ "天!");
}else if(days= = 0){
 document. write("今天国庆节!");
}else if(days< 0&&days> -7){
 document. write("放假中,已放假"+ Math. abs(days)+ "天!");
}else{
 document. write("国庆节放假结束! 要上班啰!");
}
</script>
</body>
</html>
```

运行效果如图 6－9 所示。

图 6－9　国庆倒计时效果

本章小结

　　本章主要介绍了 JavaScript 内部对象的属性和方法,包括数组对象 Array、数学对象 Math、字符串对象 String、正则表达式对象 RegExp 及日期对象 Date。通过对象的使用,可以实现页面上一些实用的功能和效果,比如利用 String 对象实现字符串查找和替换功能;利用日期对象实现时钟效果;利用数学对象 Math 生成随机数实现验证码功能和双色球每期红球、蓝球号码。这些应用将给读者带来小小的惊喜和逐步掌控 JavaScript 语言的成就感。

～～～～～～～～同步实训～～～～～～～～

● 实训目的

理解对象的概念，掌握 JavaScript 内部对象常用属性和方法。

● 实训要求

生成验证码，并在 DIV 中显示；验证验证码输入的正确性，并忽略大小写。

● 实训安排

定义表单内容，通过函数实现验证码生成功能和验证功能。

页面效果（参考）

页面效果如图 6 - 10 所示。

图 6 - 10　验证码输出结果

代码如下：

```
< !DOCTYPE html PUBLIC "-//W3C//DTD XHTML 1. 0 Transitional//EN"
"http://www. w3. org/TR/xhtml1/DTD/xhtml1-transitional. dtd">
< html xmlns= "http://www. w3. org/1999/xhtml">
    < head>
    < meta http-equiv= "Content-Type" content= "text/html;charset= utf-8"/>
    < title> 生成验证码并验证,忽略大小写</title>
    < style type= "text/css">
            .code{
            padding:3px;
            border:2px dashed #  C60;
            font-size:14pt;
            color:#  06F;
            }
            .txt1{
            width:50px;
            height:25px;
            }
    </style>
```

```
< script language= "JavaScript">
function getcode(len){
len= typeof(len) = = 'undefined' ? 4:len;
//默认验证码长度 4 位
var chkcode= ";
//通过字符串存储 26 个大小写的英文字母和 10 个数字,共计 62 个
   var  code = " ABCDEFGHIJKLMNOPQRSTUVWXYZabcdefghijklmnopqrstuvwxyz01234567
89";//索引值 0~ 61
   for(var n= 1;n<= len;n+ + ){
    var i= Math. floor(Math. random()* code. length);
    chkcode+ = code. substr(i,1);
   }
   return chkcode;
  }
function check_code(){
var s1= document. f. incode. value;//得到文本框中输入的值
if(s1. toLowerCase()= = code. toLowerCase()){//判断输入的字符串是否和生成的验证
码相等,忽略大小写
   window. alert("验证码正确!");
   }else{
   window. alert("验证码错误!");
   }
  }
</script>
</head>
< body>
< form name= "f">
请输入验证码:< input type= "text" name= "incode" class= "txt1"/>  < span class= "
code"> < script language= "JavaScript">
var code= getcode();document. write(code);</script>
</span>  
< input type= "button" value= "验证" onclick= "check_code();"/>
</form>
</body>
</html>
```

验证码是由字母、数字组成的随机字符串。此例实现了生成验证码和验证码验证两个功能。在生成验证码函数功能中,将 26 个大小写英文字母及 0~9 的数字存储在字符串中,长度为 62 位。然后生成一个 0~61 的随机数。对应字符串中一个字符的随机位置,

通过截取函数取出随机位置上的字符。通过循环语句取多个随机字符组成需要的随机字符串，即验证码。验证码长度通过用户在调用函数时传入。在验证过程中，只需要比较输入的字符串与生成的验证码字符串是否相等就可以了。如果在比较中忽略大小写，最简便的方法就是将比较的两个字符串统一成大写或小写。

教学一体化训练

● **重要概念**

　　对象　面向对象　静态对象　动态对象　实例化

● **课后讨论**

　　1. 如何理解 JavaScript 中的对象概念？

　　2. JavaScript 中主要内部对象有哪些？它们的属性和方法如何？

　　3. 数学对象 Math 和数组对象在定义时有何不同？

● **课后自测**

　　选择题

　　1. 在 JavaScript 语言中，以下代码哪个结果是正确的？（　　　）

　　var str="123abc123";

　　str+=str. replace ("abc","");

　　alert (str);

　　A. 123abc123　　　　　　　　　　　B. 123abc123123123

　　C. 123abc123123　　　　　　　　　 D. abc123

　　2. 在 JavaScript 语言中 Array 对象拥有的方法不包括（　　　）。

　　A. sort () 数组排序　　　　　　　　 B. length () 计算数组长度

　　C. concat () 数组合并　　　　　　　 D. reverse () 数组元素反转

　　3. 在 JavaScript 语言中，描述"Math. floor (Math. random () * 9+1)"正确的是（　　　）。

　　A. 随机产生一个 0~9 的数　　　　　 B. 随机产生一个 1~9 的数

　　C. 随机产生一个 1~8 的数　　　　　 D. 随机产生一个 0~8 的数

　　4. 分析下面的 JavaScript 代码段：

　　var a=19.499;

　　document. write (Math. round (a));

　　输出的结果是（　　　）。

　　A. 19　　　　　　 B. 20　　　　　　 C. 19.5　　　　　　 D. 19.499

　　5. 下面字符串的赋值哪一个是正确的？（　　　）

　　A. var str="microsoft" information";

　　B. var str="i'm a student";

　　C. var str=";

　　D. var str="a string \ ";

6. 在 JavaScript 语言中，Date 对象获取月份的方法 getMonth () 值取哪个整数范围？（   ）

A. 0~10   B. 1~11   C. 1~12   D. 0~11

7. 分析下面的 JavaScript 代码段，输出结果是（   ）。

var mystring＝"I am a good student";

a＝mystring. indexOf（" Good"）;

document. write（a）;

A. 5   B. 6   C. 7   D. －1

8. 在 JavaScript 语言中，如何把 5.25 变成整数 6？（   ）

A. Math. floor (5. 25)   B. Math. ceil (5. 25)

C. Math. round (5. 25)   D. parseInt (5. 25)

第7章

浏览器对象模型

知识目标

了解浏览器对象模型的层次结构。

掌握窗口对象的属性和方法。

掌握定位对象的属性和方法。

掌握历史对象的方法。

能力目标

掌握窗口对象弹出窗口的使用。

掌握窗口的打开和关闭。

掌握窗口对象的定时器和取消定时器功能。

掌握历史页面窗口的回退、前进功能。

浏览器对象模型（BOM，Browser Object Model）提供与浏览器交互的方法和接口。对于 BOM 操作，当前五大主体浏览器（IE、Firefox、Chrome、Safari 和 Opera）中都实现了某些众所周知的共同特性，但 BOM 并不是 W3C 中的标准，因此，不同的浏览器所支持的 BOM 中的对象、对象的属性和方法都有可能不同，会因浏览器而异。

7.1 BOM 概述

BOM 是用于描述浏览器对象与对象之间层次关系的模型。浏览器对象模型提供了独立于内容的、可以与浏览器窗口进行互动的对象结构。BOM 由多个对象组成，有一定的层次关系，也就是一定的从属关系。在从属关系中，浏览器对象 Window 反映的是一个完整的浏览器窗口，它是其他大部分对象的祖先。Window 对象包括 Location、History 和 Document 等。Document 对象之下还有下一级的对象，包括 Forms、Links 及 Anchors 等。BOM 层次结构如图 7-1 所示。

每打开一个窗口，浏览器会自动创建一个 Window 对象，Window 对象与其子对象的结构如图 7-2 所示。

各个对象功能描述如下。

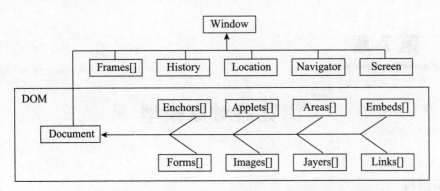

图 7-1 BOM 层次结构

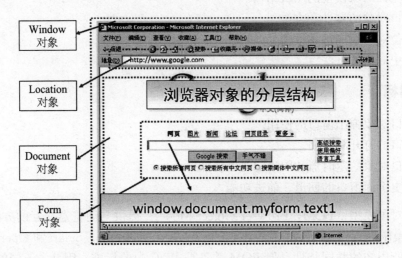

图 7-2 Window 对象及其子对象

（1）Window 对象。

处于整个从属表的最顶级位置。每一个 Window 对象代表一个浏览器窗口。

（2）History 对象。

该对象代表当前浏览器窗口的浏览历史。通过该对象可以将当前浏览器窗口中的文档前进或后退到某一个已经访问过的 URL（统一资源定位符）。

（3）Location 对象。

该对象代表当前文档的 URL。URL 分为几个部分，如协议部分、主机部分、端口部分等。使用 Location 对象可以分别获得这些部分，并且可以通过修改这些部分的值来加载一个新文档。

（4）Navigator 对象。

该对象代表了浏览器的信息。与 Window 对象的不同之处在于，Window 对象可以用于控制浏览器窗口的一些属性，如浏览器窗口大小、位置等。而 Navigator 对象包含的是浏览器的信息，如浏览器的名称、版本号等。

（5）Screen 对象。

该对象代表当前显示器的信息。使用 Screen 对象可以获得用户显示器的分辨率、可用颜色数量等信息。

（6）Document 对象。

该对象代表浏览器窗口中所加载的文档，而 HTML 文档中包括很多元素，BOM 也将这些元素看成不同的对象。在整个 BOM 中，只有 Document 对象是与 HTML 文档的内容相关的。

● Anchors 数组：该数组代表了文档中的所有锚。数组中的每一个元素都是一个锚对象。每一个锚对象都对应着 HTML 文档中的一个包含 name 属性的＜a＞标签，通过锚对象可以获得锚的命名，以及超链接中的文字。

● Applets 数组：该数组代表了嵌在网页中的所有小程序。数组中的每一个元素都是一个 Applet 对象，通过 Applet 对象可以获得 Java 小程序的公有字段。

● Embeds 数组：与 Applets 类似，但建议使用 Embeds 数组。

● Forms 数组：该数组代表文档中的所有表单。数组中的每一个元素都是一个 Form 对象。每一个 Form 对象都对应着 HTML 文档中的一个＜form＞标签。通过 Form 对象可以获得表单中的各种信息，也可以提交或重置表单。由于表单中还包括了很多表单元素，因此，Form 对象的子对象还可以对这些表单元素进行引用，以完成更具体的应用。

● Images 数组：该数组代表文档中的所有图片。数组中的每一个元素都是一个 Image 对象。每一个 Image 对象都对应着 HTML 文档中的一个＜img＞标签。通过 Image 对象可以获得图片的各种信息。

● Links 数组：该数组代表文档中的所有超链接。数组中的每一个元素都是一个 Link 对象。每一个 Link 对象都对应着 HTML 文档中的一个包含 href 属性的＜a＞标签。通过 Link 对象可以获得超链接中 URL 的各部分信息。

7.2　Window 对象

Window 对象表示浏览器打开的窗口，提供关于窗口状态的信息。浏览器在打开 HTML 文档时生成 Window 对象。目前没有应用于 Window 对象的公开标准，不过所有浏览器都支持该对象。

1. Window 对象的属性

表 7-1 列出了 Window 对象的属性和描述。

表 7-1　　　　　　　　　　　　　　Window 的对象属性和描述

属性	描述
closed	返回窗口是否已被关闭
defaultStatus	设置或返回窗口状态栏中的默认文本
innerheight	返回窗口的文档显示区的高度

续前表

属性	描述
innerwidth	返回窗口的文档显示区的宽度
length	设置或返回窗口中的框架数量
name	设置或返回窗口的名称
opener	返回对创建此窗口的窗口的引用
outerheight	返回窗口的外部高度
outerwidth	返回窗口的外部宽度
pageXOffset	设置或返回当前页面相对于窗口显示区左上角的 X 位置
pageYOffset	设置或返回当前页面相对于窗口显示区左上角的 Y 位置
parent	返回父窗口
self	返回对当前窗口的引用。等价于 window 属性
status	设置窗口状态栏的文本
top	返回最顶层的先辈窗口
window	window 属性等价于 self 属性，它包含了对窗口自身的引用
screenLeft screenTop screenX screenY	只读整数。声明了窗口的左上角在屏幕上的 x 坐标和 y 坐标。IE、Safari 和 Opera 支持 screenLeft 和 screenTop，而 Firefox 和 Safari 支持 screenX 和 screenY

2. Window 对象的方法

Window 对象提供了很多关于窗口的操作，如打开新窗口、关闭窗口、定时操作等，常见的 Window 对象方法如表 7 - 2 所示。

表 7 - 2　　　　　　　　　　常见的 Window 对象方法

方法	描述
alert ()	显示带有一段消息和一个确认按钮的警告框
blur ()	把键盘焦点从顶层窗口移开
clearInterval ()	取消由 setInterval () 设置的 timeout
clearTimeout ()	取消由 setTimeout () 方法设置的 timeout
close ()	关闭浏览器窗口
confirm ()	显示带有一段消息以及确认按钮和取消按钮的对话框
focus ()	把键盘焦点给予一个窗口
moveBy ()	相对窗口的当前坐标把它移动指定的像素
moveTo ()	把窗口的左上角移动到一个指定的坐标
open ()	打开一个新的浏览器窗口或查找一个已命名的窗口
print ()	打印当前窗口的内容
prompt ()	显示可提示用户输入的对话框
resizeBy ()	按照指定的像素调整窗口的大小
resizeTo ()	把窗口的大小调整到指定的宽度和高度

续前表

方法	描述
scrollBy ()	按照指定的像素值来滚动内容
scrollTo ()	把内容滚动到指定的坐标
setInterval ()	按照指定的周期（以毫秒计）来调用函数或计算表达式
setTimeout ()	在指定的毫秒数后调用函数或计算表达式

部分方法使用说明如下介绍。

（1）alert ()方法。

● 功能：用于显示带有一条指定消息和一个确定按钮的警告框。

● 语法：alert (message)

● 参数说明：

message：要在 window 上弹出的对话框中显示的纯文本（而非 HTML 文本）。

● 返回值：无。

例 7.1：alert ()弹出框

代码如下：

```
< script language= "JavaScript">
var name= "Marry";
window. alert("Hello!"+ name);
</script>
```

运行效果如图 7-3 所示。

图 7-3　alert（）消息框

（2）prompt () 方法。

● 功能：用于显示可提示用户进行输入的对话框。

● 语法：prompt (text，defaultText)。

● 参数说明如表 7-3 所示。

表 7-3　　　　　　　　　　　　**prompt（）方法参数**

参数	描述
text	可选。要在对话框中显示的纯文本（而不是 HTML 格式的文本）
defaultText	可选。默认的输入文本

● 返回值：如果用户点击提示框的取消按钮，则返回 null。如果用户点击确认按钮，则返回输入字段当前显示的文本。

例 7.2：prompt () 输入框

代码如下：

```
< script language= "JavaScript">
    var username= window. prompt("请输入你的姓名","");
    if(username= = null){//点击"取消"按钮
     window. alert("再见啦!");
    }else{
     window. alert(username+ "欢迎你!");
    }
</script>
```

运行效果如图 7-4 所示。

图 7-4　prompt () 输入框

（3）confirm () 方法。

● 功能：用于显示一个带有指定消息和确定及取消按钮的对话框。

● 语法：confirm (message)。

● 参数说明：

message：要在 window 上弹出的对话框中显示的纯文本（而非 HTML 文本）。

● 返回值：如果用户点击确定按钮，则 confirm () 返回 true。如果点击取消按钮，则 confirm () 返回 false。

例 7.3：confirm () 确认框

代码如下：

```
< script language="JavaScript">
    var flag= window. confirm("你确定进入此网站吗?");
    if(flag){//点击确定
     window. open("http://www. baidu. com");//打开百度首页窗口
    }else{
     window. close();//关闭当前窗口
    }
</script>
```

运行效果如图 7 - 5 所示。

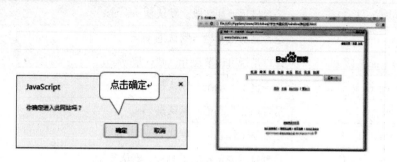

图 7 - 5 confirm（）确认框

（4）open（）方法。

● 功能：用于打开一个新的浏览器窗口或查找一个已命名的窗口。

● 语法：window. open（URL，name，features，replace）。

● 参数说明见表 7 - 4。

表 7 - 4 open（）方法参数

参数	描述
URL	一个可选的字符串，声明了要在新窗口中显示的文档的 URL。如果省略了这个参数，或者它的值是空字符串，那么新窗口就不会显示任何文档
name	一个可选的字符串，该字符串是一个由逗号分隔的特征列表，其中包括数字、字母和下划线，该字符串声明了新窗口的名称。这个名称可以用作标记<a>和<form>的属性 target 的值。如果该参数指定了一个已经存在的窗口，那么 open（）方法就不再创建一个新窗口，而只是返回对指定窗口的引用。在这种情况下，features 将被忽略
features	一个可选的字符串，声明了新窗口要显示的标准浏览器的特征。如果省略该参数，新窗口将具有所有标准特征
replace	一个可选的布尔值。规定了装载到窗口的 URL 是在窗口的浏览历史中创建一个新条目，还是替换浏览历史中的当前条目。支持下面的值： true-URL 替换浏览历史中的当前条目 false-URL 在浏览历史中创建新的条目

窗口特征（Window Features）属性如表 7 - 5 所示。

表 7 - 5 窗口特征属性表

channelmode＝yes｜no｜1｜0	是否使用剧院模式显示窗口。默认为 no
directories＝yes｜no｜1｜0	是否添加目录按钮。默认为 yes
fullscreen＝yes｜no｜1｜0	是否使用全屏模式显示浏览器。默认是 no。处于全屏模式的窗口必须同时处于剧院模式
height＝pixels	窗口文档显示区的高度。以像素计
left＝pixels	窗口的 x 坐标。以像素计

续前表

location＝yes｜no｜1｜0	是否显示地址字段。默认是 yes
menubar＝yes｜no｜1｜0	是否显示菜单栏。默认是 yes
resizable＝yes｜no｜1｜0	窗口是否可调节尺寸。默认是 yes
scrollbars＝yes｜no｜1｜0	是否显示滚动条。默认是 yes
status＝yes｜no｜1｜0	是否添加状态栏。默认是 yes
titlebar＝yes｜no｜1｜0	是否显示标题栏。默认是 yes
toolbar＝yes｜no｜1｜0	是否显示浏览器的工具栏。默认是 yes
top＝pixels	窗口的 y 坐标
width＝pixels	窗口的文档显示区的宽度。以像素计

- 返回值：返回新打开的窗口对象

例 7.4： open () 方法新打开一个空白窗口

代码如下：

```
< script language="JavaScript">
        window. open("","w1","width= 500,height= 500,left= 100,top= 100,menubar= yes,re-
sizable= 0");
</script>
```

运行效果如图 7－6 所示。

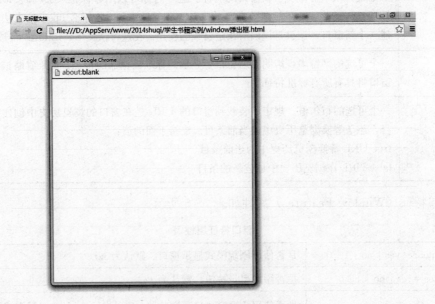

图 7－6　open（）方法打开新窗口

（5）close () 方法。

- 功能：关闭有 window 指定的顶层浏览器窗口。可以通过调用 self. close () 或只调用 close () 来关闭其自身。
- 语法：window. close () 或窗口对象名 . close ()。
- 参数说明：无。
- 返回值：无。

例 7.5：关闭指定浏览器窗口

代码如下：

```
< !DOCTYPE html PUBLIC "-//W3C//DTD XHTML 1. 0 Transitional//EN"
"http://www. w3. org/TR/xhtml1/DTD/xhtml1-transitional. dtd">
< html xmlns= "http://www. w3. org/1999/xhtml">
< head>
< meta http-equiv= "Content-Type" content= "text/html;charset= utf-8"/>
< script type= "text/JavaScript">
       function closeWin(){
          myWindow. close();//关闭名为 myWindow 窗口
       }
</script>
</head>
< body>
< script type= "text/JavaScript">
       var myWindow= window. open('','','width= 200,height= 100,left= 200,top= 200');
       //定义新打开窗口对象名 myWindow
       myWindow. document. write("This is 'myWindow'");
       //向新打开窗口中写入文本
</script>
< input type= "button" value= "关闭新打开窗口" onclick= "closeWin()"/>
</body>
</html>
```

运行效果如图 7 - 7 所示。

图 7 - 7　关闭子窗口

（6）setTimeout () 方法。

● 功能：定时操作，用于在指定的毫秒数后调用函数或计算表达式。

● 语法：setTimeout (code，millisec)。

● 参数说明如表 7-6 所示。

表 7-6 　　　　　　　　　　　　　setTimeout（）方法参数

参数	描述
code	必需。调用的函数后要执行的 JavaScript 代码串
millisec	必需。在执行代码前需等待的毫秒数

● 返回值：返回一个定时 ID 值，便于对应的 clearTimeout 来调用清除定时执行的代码。

例 7.6：setTimeout () 方法

代码如下：

```
<!DOCTYPE html PUBLIC "-//W3C//DTD XHTML 1.0 Transitional//EN"
"http://www.w3.org/TR/xhtml1/DTD/xhtml1-transitional.dtd">
<html xmlns="http://www.w3.org/1999/xhtml">
<head>
<meta http-equiv="Content-Type" content="text/html;charset= utf-8"/>
<title> 5秒自动关窗口</title>
</head>
<body onload="window.setTimeout('window.close();',5000);">
<h1> 5秒后此窗口将自动关闭！</h1>
</body>
</html>
```

运行效果如图 7-8 所示。

5秒后此窗口将自动关闭！

图 7-8 　5秒关闭窗口

说明：此例中，数字 5 不会依次递减到 0，后续实例中将解决此问题。setTimeout ()方法只执行函数或代码一次，如果要多次调用，请使用 setInterval () 方法或者让代码自身再次调用 setTimeout () 方法。

（7）clearTimeout () 方法。

● 功能：取消由 setTimeout () 方法设置的 timeout。

● 语法：clearTimeout (id _ of _ settimeout)。

● 参数说明：

id _ of _ setinterval：由 setTimeout () 返回的 ID 值。该值标识要取消的延迟执行代

码块。

●返回值：无。

例 7.7：clearTimeout () 方法

代码如下：

```html
< !DOCTYPE html PUBLIC "-//W3C//DTD XHTML 1. 0 Transitional//EN"
"http://www. w3. org/TR/xhtml1/DTD/xhtml1-transitional. dtd">
< html xmlns= "http://www. w3. org/1999/xhtml">
< head>
< meta http-equiv= "Content-Type" content= "text/html;charset= utf-8"/>
<title> clearTimeout 取消定时</title>
< script type= "text/JavaScript">
var c= 0;//用于计数
var t;//必须作为全局变量定义在函数外
function timedCount(){
    document. getElementById('txt'). value= c;
    //通过 ID 名获取文本框对象,并将每次递增的数值在文本框中显示
    c= c+ 1;
    t= setTimeout("timedCount()",1000);
    //每隔 1 秒钟执行函数本身一次,实现计数。并将返回的 ID 值用变量 t 保存
}
function stopCount(){
    clearTimeout(t)
}
</script>
</head>
< body>
< form>
< input type= "button" value= "开始计数!" onclick= "timedCount()">
< input type= "text" id= "txt"   value= "0">
< input type= "button" value= "停止计数!" onclick= "stopCount()">
</form>
</body>
</html>
```

运行效果如图 7-9 所示。

图 7-9　停止计数功能

说明：点击"开始计数"按钮开始计数，每隔 1 秒钟文本框数值会递增 1；点击"停止计数"按钮会停止计数。

（8）setInterval () 方法。

● 功能：按照指定的周期（以毫秒计）来调用函数或计算表达式。

● 语法：setInterval (code，millisec)。

● 参数说明如表 7-7 所示。

表 7-7   setInterval（）方法参数表

参数	描述
code	必需。要调用的函数或要执行的代码串
millisec	必须。周期性执行或调用 code 之间的时间间隔，以毫秒计

● 返回值：一个可以传递给 window. clearInterval () 从而取消对 code 的周期性执行的值。

例 7.8：setInterval () 与 setTimeout () 结合使用，控制窗口的缩小和关闭

代码如下：

```
<!DOCTYPE html PUBLIC "-//W3C//DTD XHTML 1. 0 Transitional//EN"
"http://www. w3. org/TR/xhtml1/DTD/xhtml1-transitional. dtd">
<html xmlns= "http://www. w3. org/1999/xhtml">
<head>
<meta http-equiv= "Content-Type" content= "text/html;charset= utf-8"/>
<title> setInterval()与 setTimeout()混合使用</title>
<script language= "JavaScript">
var newwin;
function closewin(){
 newwin= window. open("","w1","width= 600,height= 600,left= 100,top= 120");
 window. setInterval("newwin. resizeBy(- 100,- 100);",1000);
 window. setTimeout("newwin. close();",5000);
}
</script>
</head>
<body onload= "closewin();">
<h1> 子窗口每隔 1 秒缩小 100px,5 秒后子窗口将自动关闭！</h1>
</body>
</html>
```

运行效果如图 7-10 所示。

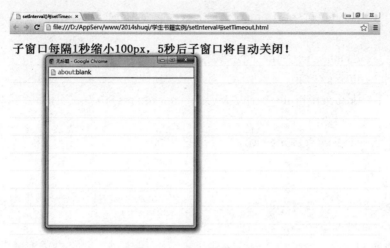

图 7-10　窗口缩小及关闭

此例中，被打开的子窗口每隔 1 秒钟缩小 100px，语句 window. setInterval (" new-win. resizeBy (-100，-100);", 1000); 即能实现此功能。其中，newwin 代表被打开的子窗口对象，resizeBy (-100, -100) 是调整窗口尺寸变化了多少，负数表示窗口缩小，正数表示窗口变大。因 window. setInterval () 是一个周期执行的过程，所以窗口会每隔 1 秒钟就调整一次，直至 5 秒后将此窗口关闭。

（9）clearInterval () 方法。

● 功能：取消由 setInterval () 设置的定时操作。

● 语法：clearInterval (id _ of _ sctinterval)。

● 参数说明：

id _ of _ setinterval：由 setInterval () 返回的 ID 值。

● 返回值：无

例 7.9：5 秒倒计时页面跳转

代码如下：

```
<!DOCTYPE html PUBLIC "-//W3C//DTD XHTML 1. 0 Transitional//EN"
"http://www. w3. org/TR/xhtml1/DTD/xhtml1-transitional. dtd">
    <html xmlns= "http://www. w3. org/1999/xhtml">
    <head>
    <meta http-equiv= "Content-Type" content= "text/html;charset= utf-8"/>
    <title> 5 秒进入</title>
    <style type= "text/css">
    # sec{font-size:40pt;color:#  900;font-family:Verdana,Geneva,sans-serif;}
    </style>
    <script language= "JavaScript">
        var count= 5;
        function winclose(){
```

```
                document. getElementById("sec"). innerHTML= count;//将计时数值设置到
font 标签中
                count- -  ;//每隔 1 秒钟数值依次递减
                if(count< 0){
                 location. href=  'http://www. shuangxin. org/';//设置页面跳转到 URL 地址
                }
                window. setTimeout("winclose();",1000);
        }
</script>
</head>
< body onload= "winclose();">
< h1> 此窗口将在< font id= "sec"> 5</font> 秒后带你进入北京电子商务学院！</h1>
</body>
</html>
```

运行效果如图 7 - 11 所示。

此窗口将在 **5** 秒后带你进入北京电子商务学院！

图 7 - 11 5 秒计时页面跳转

5 秒计时后，页面自动跳转到北京电子商务学院，通过语句 location. href = 'http://
www. shuangxin. org/'; 实现此跳转功能。

运行效果如图 7 - 12 所示。

图 7 - 12 计时结束跳转页面

7.3 Location 对象

Location 对象存储在 Window 对象的 location 属性中，表示那个窗口中当前显示的文档的 Web 地址。Location 对象提供当前页面的 URL 信息，它可以重载当前页面或载入新页面。它的 href 属性存放的是文档的完整 URL，其他属性则分别描述了 URL 的各个部分。

1. Location 对象的属性

Location 对象的属性如表 7-8 所示。

表 7-8 Location 对象的属性

属性	描述
hash	设置或返回从井号（#）开始的 URL（锚）
host	设置或返回主机名和当前 URL 的端口号
hostname	设置或返回当前 URL 的主机名
href	设置或返回完整的 URL
pathname	设置或返回当前 URL 的路径部分
port	设置或返回当前 URL 的端口号
protocol	设置或返回当前 URL 的协议
search	设置或返回从问号（?）开始的 URL（查询部分）

2. Location 对象的方法

Location 对象的方法如表 7-9 所示。

表 7-9 Location 对象的方法

方法	描述
assign ()	加载新的文档
reload ()	重新加载当前文档
replace ()	用新的文档替换当前文档

7.4 History 对象

History 对象保存当前对话中用户访问过的 URL 信息。History 对象由一系列的 URL 组成，这些 URL 是用户在一个浏览器窗口内已访问的 URL。

1. History 对象的属性

History 对象的属性如表 7-10 所示。

表 7 - 10   History 对象的属性

属性	描述
length	返回浏览器历史列表中的 URL 数量

2. History 对象的方法

History 对象的方法如表 7 - 11 所示。

表 7 - 11   History 对象的方法

方法	描述
back ()	加载 history 列表中的前一个 URL
forward ()	加载 history 列表中的下一个 URL
go ()	加载 history 列表中的某个具体页面

如图 7 - 13 所示，win1 到 win6 为用户按顺序已经访问过的历史页面，可以通过 history. back () 后退到上一个历史页面，通过 history. forward () 前进到下一个历史页面，也可以使用 history. go (n) 加载一个具体的历史页面。history. go (−1) 与 history. back () 等价，history. go (1) 与 history. forward () 等价。

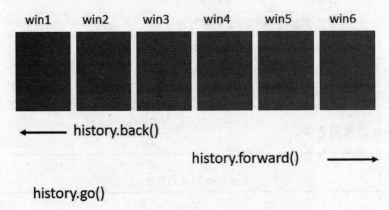

图 7 - 13 history 的前进和后退方法

7.5 Navigator 对象

Navigator 对象包含有关客户端浏览器的信息，包括浏览器厂家、版本和功能等信息，通常用于检测浏览器与操作系统的信息。由于 Navigator 没有统一的标准，因此各个浏览器都有自己不同的 Navigator 版本，这里只介绍最普遍支持且最常用的。

1. Navigator 对象的属性

Navigator 对象的属性如表 7 - 12 所示。

表 7 - 12   **Navigator 对象的属性**

属性	描述
appCodeName	返回浏览器的代码名
appMinorVersion	返回浏览器的次级版本
appName	返回浏览器的名称
appVersion	返回浏览器的平台和版本信息
browserLanguage	返回当前浏览器的语言
CookieEnabled	返回指明浏览器中是否启用 Cookie 的布尔值
cpuClass	返回浏览器系统的 CPU 等级
onLine	返回指明系统是否处于脱机模式的布尔值
platform	返回运行浏览器的操作系统平台
systemLanguage	返回 OS 使用的默认语言
userAgent	返回由客户机发送服务器的 userAgent 头部的值
userLanguage	返回 OS 的自然语言设置

例 7.10： 输出当前浏览器的相关信息

代码如下：

```
< !DOCTYPE html PUBLIC "-//W3C//DTD XHTML 1. 0 Transitional//EN"
"http://www. w3. org/TR/xhtml1/DTD/xhtml1-transitional. dtd">
< html xmlns= "http://www. w3. org/1999/xhtml">
    < head>
    < meta http-equiv= "Content-Type" content= "text/html;charset= utf-8"/>
    < title> navigator 浏览器信息输出</title>
    </head>
    < body>
< script type= "text/JavaScript">
var x= navigator
document. write("CodeName= "+ x. appCodeName)
document. write("< br/>")
document. write("MinorVersion= "+ x. appMinorVersion)
document. write("< br/>")
document. write("Name= "+ x. appName)
document. write("< br/>")
document. write("Version= "+ x. appVersion)
document. write("< br/>")
document. write("CookieEnabled= "+ x. CookieEnabled)
```

```
        document.write("< br/>")
        document.write("CPUClass= "+ x. cpuClass)
        document.write("< br/>")
        document.write("OnLine= "+ x. onLine)
        document.write("< br/>")
        document.write("Platform= "+ x. platform)
        document.write("Platform= "+ x. platform)
        document.write("< br/>")
        document.write("UA= "+ x. userAgent)
        document.write("< br/>")
        document.write("BrowserLanguage= "+ x. browserLanguage)
        document.write("< br/>")
        document.write("SystemLanguage= "+ x. systemLanguage)
        document.write("< br/>")
        document.write("UserLanguage= "+ x. userLanguage)
        </script>
        </body>
</html>
```

在 Chrome 浏览器下运行效果如图 7 - 14 所示。

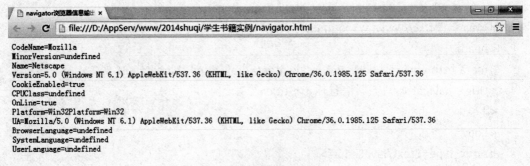

图 7 - 14   浏览器信息输出

2. Navigator 对象的方法

Navigator 对象的方法如表 7 - 13 所示。

表 7 - 13   Navigator 对象的方法

方法	描述
javaEnabled ()	规定浏览器是否启用 Java
taintEnabled ()	规定浏览器是否启用数据污点（data tainting）

7.6 Screen 对象

Screen 对象包含有关客户机显示屏幕的信息。每个 Window 对象的 screen 属性都引用一个 Screen 对象。Screen 对象中存放着有关显示浏览器屏幕的信息。JavaScript 程序将利用这些信息来优化它们的输出，以达到用户的显示要求。例如，一个程序可以根据显示器的尺寸选择使用大图像或小图像，还可以根据显示器的颜色深度选择使用 16 位色或 8 位色的图形。另外，JavaScript 程序还能根据有关屏幕尺寸的信息将新的浏览器窗口定位在屏幕中间。Screen 对象的属性如表 7 - 14 所示。

表 7 - 14   **Screen 对象的属性**

属性	描述
availHeight	返回显示屏幕的高度（除 Windows 任务栏之外）
availWidth	返回显示屏幕的宽度（除 Windows 任务栏之外）
bufferDepth	设置或返回在 off-screen bitmap buffer 中调色板的比特深度
colorDepth	返回目标设备或缓冲器上的调色板的比特深度
deviceXDPI	返回显示屏幕的每英寸水平点数
deviceYDPI	返回显示屏幕的每英寸垂直点数
fontSmoothingEnabled	返回用户是否在显示控制面板中启用了字体平滑
height	返回显示屏幕的高度
logicalXDPI	返回显示屏幕每英寸的水平方向的常规点数
logicalYDPI	返回显示屏幕每英寸的垂直方向的常规点数
pixelDepth	返回显示屏幕的颜色分辨率（比特每像素）
updateInterval	设置或返回屏幕的刷新率
width	返回显示器屏幕的宽度

例 7.11：输出当前屏幕的相关信息

代码如下：

```
< !DOCTYPE html PUBLIC "-//W3C//DTD XHTML 1. 0 Transitional//EN"
"http://www. w3. org/TR/xhtml1/DTD/xhtml1-transitional. dtd">
< html xmlns= "http://www. w3. org/1999/xhtml">
    < head>
    < meta http-equiv= "Content-Type" content= "text/html;charset= utf-8"/>
    < title> screen 屏幕对象</title>
    </head>
```

```
< body>
< script language= "JavaScript">
function getInfo(){
var s= "";
s+ = "显示器屏幕的高度:"+ window. screen. height+ "< br/>";
s+ = "显示器屏幕的宽:"+ window. screen. width+ "< br/>";
s+ = "屏幕可用工作区高度:"+ window. screen. availHeight+ "< br/>";
s+ = "屏幕可用工作区宽度:"+ window. screen. availWidth+ "< br/>";
s+ = "你的屏幕设置是:"+ window. screen. colorDepth+ " 位彩色"+ "< br/>";
s+ = "你的屏幕设置:每英寸水平点数是 "+ window. screen. deviceXDPI+ " 像素/英寸;
每英寸垂直点数:"+ window. screen. deviceYDPI+ "像素/英寸< br/>";
document. write(s);
}
getInfo();
</script>
</body>
</html>
```

在 IE 下的运行效果如图 7 - 15 所示。

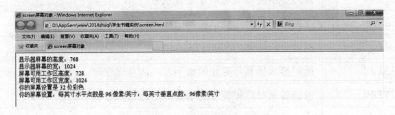

图 7 - 15 屏幕对象相关信息

注：Chrome、Firefox、opera 浏览器对 window. screen. deviceXDPI 和 window. screen. de-viceYDPI 属性不支持。

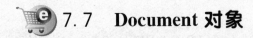 7.7 Document 对象

Document 对象代表整个 HTML 文档，可用来访问页面中的所有元素。Document 对象是 Window 对象的一个部分，可通过 window. document 属性来访问。

1. Document 对象的集合

从 BOM 角度看，Document 对象由一系列集合构成，如页面中的表单、锚、链接、图像等，这些集合可以访问文档的各个部分；在 Document 对象中也存储着当前页面的一些信息，包括页面的前景色和背景色，运用 Document 对象，还能够向页面中动态添加文本以及各种标签。

由于 BOM 没有统一的标准，各种浏览器中的 Document 对象特性并不完全相同，因此在使用 Document 对象时需要特别注意，尽量使用各类浏览器都支持的通用属性和方法，如表 7-15 所示。

表 7-15   Document 对象的集合

集合	描述
all []	提供对文档中所有 HTML 元素的访问
anchors []	返回对文档中所有 anchor 对象的引用
applets	返回对文档中所有 applet 对象的引用
forms []	返回对文档中所有 form 对象引用
images []	返回对文档中所有 image 对象引用
links []	返回对文档中所有 area 和 link 对象引用

例 7.12：集合访问方式

代码如下：

```
<!DOCTYPE html PUBLIC "-//W3C//DTD XHTML 1.0 Transitional//EN"
"http://www.w3.org/TR/xhtml1/DTD/xhtml1-transitional.dtd">
<html xmlns="http://www.w3.org/1999/xhtml">
<head>
<meta http-equiv="Content-Type" content="text/html;charset=utf-8"/>
<title> document 集合访问</title>
</head>
<body>
<img/> <br/>
<img/>
<form>
<input type="text"/> <br/>
</form>
<form>
 <input type="button" value="点击"/>
 <input type="text"/> <br/>
</form>
<script language="JavaScript">
 document.images[0].src="images/1.jpg";
 document.images[0].width="200";
 document.forms[0].elements[0].focus();
</script>
```

```
</body>
</html>
```

运行效果如图 7-16 所示。

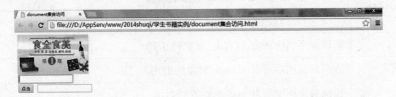

图 7-16   document 对象集合操作

说明：此例中，第一张图的显示和大小是通过对集合 images 访问得到的，对应语句为 document. images［0］. src ="images/1. jpg"；document. images［0］. width ="200"。页面加载时，光标停在第一个文本框中，是通过如下语句实现的：document. forms［0］. elements［0］. focus ()。这里没有对页面中的元素设置任何名称，就可以通过集合的方式控制页面中的各个元素。

不过，这些集合访问方式已被 HTMLDOM 中的 document. getElementsByTagName () 方法所取代，但是仍然常常使用，因为对用户而言使用起来非常方便。

2. Document 对象的属性

Document 对象的属性可以获取或设置页面相关属性，如背景色、前景色、超级链接等，属性用法如表 7-16 所示。

表 7-16   **Document 对象的属性**

属性	描述
body	提供对＜body＞元素的直接访问。对于定义了框架集的文档，该属性引用最外层的＜frameset＞
bgColor	设置或检索 Document 对象的背景色
fgColor	设置或检索 Document 对象的前景色
Cookie	设置或返回与当前文档有关的所有 Cookie
domain	返回当前文档的域名
lastModified	返回文档被最后修改的日期和时间
referrer	返回载入当前文档的文档的 URL
title	返回当前文档的标题
URL	返回当前文档的 URL
linkColor	设置或检索文档链接的颜色
alinkColor	设置或检索激活文档链接的颜色
vlinkColor	设置或检索用户访问过的链接的颜色

例 7.13：改变页面背景颜色

代码如下：

```
<!DOCTYPE html PUBLIC "-//W3C//DTD XHTML 1.0 Transitional//EN"
"http://www.w3.org/TR/xhtml1/DTD/xhtml1-transitional.dtd">
<html xmlns="http://www.w3.org/1999/xhtml">
<head>
<meta http-equiv="Content-Type" content="text/html;charset=utf-8"/>
<title>点击改变背景颜色和前景颜色</title>
<script type="text/JavaScript">
function chgcolor(bgcolor){
  document.bgColor=bgcolor;
  document.fgColor="#ffffff";
}
</script>
</head>


<body>
<h1>点击下面按钮改变背景颜色,我会变成白色哦！</h1>
<input type="button" value="蓝色" onclick="chgcolor('#0000ff');"/>  
<input type="button" value="红色" onclick="chgcolor('#ff0000');"/>  
<input type="button" value="绿色" onclick="chgcolor('#00ff00');"/>  
</body>
</html>
```

运行效果如图 7-17 所示。

图 7-17　Document 对象改变背景颜色

点击其中一个按钮，页面背景会发生改变，文字颜色也会发生变化。如图 7-18 所示。

图 7-18　点击按钮变成蓝色背景

3. Document 对象的方法

Document 对象的方法如表 7 - 17 所示。

表 7 - 17 　　　　　　　　　　　　　　**Document 对象的方法**

方法	描述
close ()	关闭用 document. open () 方法打开的输出流，并显示选定的数据
getElementById ()	返回对拥有指定 id 的第一个对象的引用
getElementsByName ()	返回带有指定名称的对象集合
getElementsByTagName ()	返回带有指定标签名的对象集合
open ()	打开一个流，以收集来自任何 document. write（）或 document. writeln () 方法的输出
write ()	向文档写 HTML 表达式 或 JavaScript 代码
writeln ()	等同于 write () 方法，不同的是在每个表达式之后写一个换行符

部分 Document 对象方法介绍如下。

（1）write () 方法。

● 功能：向文档写入 HTML 表达式或 JavaScript 代码。

● 语法：document. write (exp1, exp2, exp3,...)。

● 参数说明：

exp1, exp2, exp3：输出的字符串或表达式。

● 返回值：无。

例 7.14：document 对象的 write () 方法

代码如下：

```
< !DOCTYPE html PUBLIC "-//W3C//DTD XHTML 1. 0 Transitional//EN"
"http://www. w3. org/TR/xhtml1/DTD/xhtml1-transitional. dtd">
< html xmlns= "http://www. w3. org/1999/xhtml">
< head>
< meta http-equiv= "Content-Type" content= "text/html;charset= utf-8"/>
< title> document 对象的 write()方法</title>
</head>
< body>
< h1> 用 document. write 向页面输出信息</h1>
    < script type= "text/ecmascript">
        var uname= "Joan";
        document. write(uname,"欢迎你！< br/>");
        document. write("< font color= 'blue'> 这张图片是通过 document 输出来的！</font
>","< img src= 'images/2. jpg' width= '100'/>");
```

```
</script>
</body>
</html>
```

运行效果如图7-19所示。

图7-19 Document对象输出信息

上例中，输出的内容可以是变量，也可以是字符串常量，还可以有html标签内容，都可以通过浏览器解析在页面中呈现。除了可以用逗号输出多个表达式内容，也可以用连接符"＋"来连接多个表达式。

（2）open（）方法。

● 功能：打开一个新文档，新文档用write（）方法或writeln（）方法编写，并擦除当前文档的内容。

● 语法：document.open（mimetype，replace）。

● 参数说明如表7-18所示。

表7-18 open（）方法的参数

参数	描述
mimetype	可选。规定正在写的文档的类型。默认值是"text/html"
replace	可选。当此参数设置后，可引起新文档从父文档继承历史条目

● 返回值：新文档对象。

调用open（）方法打开一个新文档，并且用write（）方法设置文档内容后，必须记住用close方法关闭文档，并迫使其内容显示出来。

例7.15：document的open（）方法

代码如下：

```
< !DOCTYPE html PUBLIC "-//W3C//DTD XHTML 1.0 Transitional//EN"
"http://www.w3.org/TR/xhtml1/DTD/xhtml1-transitional.dtd">
    < html xmlns= "http://www.w3.org/1999/xhtml">
    < head>
    < meta http-equiv= "Content-Type" content= "text/html;charset= utf-8"/>
    < title> document.open()打开文档方法</title>
    </head>
    < body>
```

```
< script type= "text/JavaScript">
function createNewDoc(){
        var newDoc= document. open("text/html","replace");
        var txt= "< html> < head> < title> 新文档标题</title> </head> < body> 这是
新写入的文档内容</body> </html>";
        newDoc. write(txt);
        //向新文档中写入内容
        newDoc. close();
        //关闭新文档
}
</script>
</head>
< body>
< input type= "button" value= "写入新文档" onclick= "createNewDoc()">
</body>
</html>
```

运行效果如图 7－20 所示。

图 7－20　页面初始效果

点击"写入新文档"按钮后，文档标题和内容发生改变，如图 7－21 所示。

图 7－21　写入新的文档内容

getElementById ()、getElementsByName () 及 getElementsByTagName () 方法提供
了对 HTMLDOM 元素操作的简单方式，它们的详细使用将在 9.4 节中介绍。

本章小结

本章主要介绍了浏览器对象模型的层次结构及其组成，并重点介绍了顶级对象 Win-
dow 对象的常用属性和方法，包括 open () 方法、close () 方法、定时操作、消息框 alert ()
和确认框 conform () 等弹窗方法；地址对象 Location 的页面定位属性；还有浏览器对象
Navigator、屏幕对象 Screen、文档对象 Document，这些对象共同组成了浏览器对象模型
的结构，虽然这些并不是 JavaScript 的内部对象，但是可以被 JavaScript 使用并实现相关

功能。

～～～～～～～～同步实训～～～～～～～～

● **实训目的**

　　掌握窗口对象中定时器的使用。

● **实训要求**

　　实现图片的轮换效果。

● **实训安排**

　　准备几张大小相同的广告图片，通过函数实现图片的轮换效果。

　　页面效果如图 7 - 22 所示。

图 7 - 22　图片轮换效果

　　代码如下：

```
< !DOCTYPE html PUBLIC "-//W3C//DTD XHTML 1. 0 Transitional//EN"
"http://www. w3. org/TR/xhtml1/DTD/xhtml1-transitional. dtd">
< html xmlns= "http://www. w3. org/1999/xhtml">
< head>
< meta http-equiv= "Content-Type" content= "text/html;charset= utf-8"/>
< title> 图片轮换效果</title>
</head>
< body>
< p>
< script language = JavaScript>
//curIndex 默认数组索引值,初始值为 0
var curIndex= 0;
//timeInterval:时间间隔单位为毫秒
var timeInterval= 2000;
var arr= new Array(6);
arr[0]= "images/1. jpg";
```

```
arr[1]="images/2. jpg";
arr[2]="images/3. jpg";
arr[3]="images/4. jpg";
arr[4]="images/5. jpg";
arr[5]="images/6. jpg";
var timer= setInterval("changeImg();",timeInterval);
function changeImg()
{
        var obj= document. getElementById("obj");//通过 id 得到图片对象
        if(curIndex= = arr. length- 1){//如果轮换已经到最后一张图片,将重新从第一张开始
            curIndex= 0;
        }else{
            curIndex+ = 1;
        }
        obj. src= arr[curIndex];
}
function stopimg(){
 window. clearInterval(timer);
}
function startimg(){
 timer= window. setInterval("changeImg();",timeInterval);
}
</script>
< img id=" obj" src =" images/1. jpg" border = 0 onmouseover =" stopimg ();" onmouseout ="
startimg();"/> </p>
</body>
</html>
```

  此例用数组将轮换图片存储,并通过 setInterval () 方法定时操作,每隔 2 000ms 数组索引值递增 1,索引值对应数组中存储的图片文件信息跟着变化,因此,图片对象引用的此图片文件也会相应改变。这样就达到了图片的依次显示。当轮换到最后一张图片时,需要再次回到第一张图片重新轮换。解决方法是将索引值重新设为 0。函数 changeImg () 中有一个 if. . . else. . . 判断语句就是实现这个功能的。

  语句<img id=" obj" src =" images/1. jpg" border =0 onmouseover =" stopimg ();" onmouseout =" startimg ();" />,表示在图片上有鼠标悬停和鼠标移开两个动作,鼠标悬停停止计时,调用 "window. clearInterval (timer);" 语句;鼠标移开继续轮换。变量 timer 需定义为全局变量,用来存储定时 ID 值。此例中没有对应轮换数字变化,后续实例中会有补充。

～～～～教学一体化训练～～～～

● 重要概念

BOM　窗口对象　定位对象　文档对象　层次结构

● 课后讨论

1. 浏览器对象模型的结构如何？

2. 窗口对象的两个定时操作方法有何区别？

3. 文档对象的子对象有哪些？

● 课后自测

选择题

1. 在 JavaScript 中，代码" setInterval ("alert (welcome!);", 5000);" 的意思是(　　　)。

A. 等待 5 000 秒后，再弹出一个对话框

B. 等待 5 秒后弹出一个对话框

C. 语句报错，语法有问题

D. 每隔 5 秒弹出一个对话框

2. Window 对象的 open () 方法返回的是 (　　　)。

A. 没有返回值

B. boolean 类型，表示当前窗口是否打开成功

C. 返回打开新窗口的对象

D. 返回 int 类型的值，开启窗口的个数

3. 在 HTML 中，Location 对象的 (　　　) 属性用于设置跳转页面的 url 地址。

A. hostname　　　　B. host　　　　　　C. pathname　　　　D. href

判断题

1. window. status 表示的是窗体的状态栏，可读，不可修改。(　　　)

2. DOM 模型中 Window 对象处在整个模型的最顶端。(　　　)

3. 在 JavaScript 语言中，Window 对象的 prompt () 方法会弹出一个确认框，用于用户确认其操作。(　　　)

第 8 章

事件及事件处理函数

知识目标

掌握事件程序的指定方式。

掌握 Event（事件）对象。

掌握常用事件的使用方式。

能力目标

掌握 Event 对象获取键盘按键的状态、鼠标的位置、鼠标按钮状态的方法。

掌握鼠标点击、移入移出；键盘按键事件的用法。

掌握页面加载事件的用法。

掌握表单元素获取焦点、失去焦点、选择、提交等事件使用。

事件可以理解为发生的一个动作或操作。当事件发生后，必须对其进行处理。事件处理是对象化编程的一个很重要的环节，过程可以这样表示：发生事件—启动事件处理程序—事件处理程序做出反应。其中，要使事件处理程序能够启动，必须先告诉对象发生了什么事情，要启动什么处理程序，否则这个流程就不能进行下去。事件的处理程序可以是任意 JavaScript 语句，在事件（如点击鼠标或键盘输入等）发生时执行；但是可以用特定的自定义函数（function）——事件处理函数来处理事件。

 8.1 事件处理程序格式

指定事件处理程序有三种方法。

1. 直接在 HTML 标记中指定处理语句

格式：＜标记... 事件＝"事件处理语句" ＞

例 8.1： 在 html 标记中直接指定处理语句

代码如下：

```
< body    onload= "alert('欢迎进入 JavaScript 新奇世界！')" onunload= "alert('再见！')">
```

说明：＜body＞标记中定义了一个事件 onload，表示文档加载；当文档加载完成后会执行后面的 alert 语句，并弹出一个对话框，显示"欢迎进入 JavaScript 新奇世界！"；

onunload 事件表示的是一个卸载事件，表示用户退出文档、关闭窗口或到另一个页面的时候，会执行另一个 alert 语句，显示"再见!"信息。

2. 直接在 HTML 标记中指定处理函数

格式：＜标记... 事件＝"事件处理程序"［事件＝"事件处理程序"...］＞

代码如下：

例 8.2：在 html 标记中指定事件处理函数

代码如下：

```
<script>
        function winopen(){
        window. open("http://www. shuangxin. org","w1","width= 500,height= 500");
        }
</script>
<body onload= "winopen();" onunload= "winopen();">
```

说明：winopen () 函数即为＜body＞标签中 onload 和 onunload 事件中指定的事件处理函数，当页面加载完成或退出此页面时均会调用 winopen () 函数，也可以向此函数传递参数，根据实际情况而定。winopen () 函数执行后，会打开一个新窗口，显示相应的页面内容。

3. 通过事件属性进行设置

直接在 JavaScript 代码中设置元素对象的事件属性，让事件属性值等于处理该事件的函数名或程序代码。

格式：对象名 . on 事件＝＜语句＞｜＜函数名＞

例 8.3：设置对象事件属性

代码如下：

```
< script type= "text/JavaScript">
        document. body. onload=  window. open("http://www. shuangxin. org","w1","width=
500,height= 500");
</script>
```

说明：上面语句直接通过 document. body 对象引用事件，无须再在 html 标签中定义。

例 8.4：设置事件属性调用函数名

代码如下：

```
< script type= "text/JavaScript">
function show(){
    window. open("http://www. shuangxin. org","w1","width= 500,height= 500");
}
document. body. onload=  show;
</script>
```

说明：document. body. onload＝show，设置的事件属性值为一个函数名 show，此处函数名无须带括号。注意这句话需要写在＜body＞标签的下方，在页面加载完成后执行。

8.2 Event 对象

Event 对象代表事件的状态，比如事件在其中发生的元素、键盘按键的状态、鼠标的位置、鼠标按钮的状态。

鼠标/键盘属性如表 8-1 所示。

表 8-1　　　　　　　　　　　　鼠标/键盘属性

属性	描述
altKey	返回当事件被触发时，" ALT" 是否被按下
button	返回当事件被触发时，哪个鼠标按钮被点击
clicntX	返回当事件被触发时，鼠标位置相对于窗体 window 的水平坐标
clientY	返回当事件被触发时，鼠标位置相对于窗体 window 的垂直坐标
ctrlKey	返回当事件被触发时，" CTRL" 键是否被按下
screenX	返回当某个事件被触发时，鼠标位置相对于屏幕显示器的水平坐标
screenY	返回当某个事件被触发时，鼠标位置相对于屏幕显示器的垂直坐标
shiftKey	返回当事件被触发时，" SHIFT" 键是否被按下

注：此章节中部分事件属性描述来源于 w3school。

在使用 event 事件对象中，IE 浏览器与其他浏览器存在差异性问题，下面就 event 对象常用的属性兼容性做一下阐述。

1. window. event ‖ event

在 IE 浏览器中，事件对象 event 是 window 对象的一个属性，访问形式为 window. event；并且 event 对象只能在事件发生时被访问，所有事件处理完后，该对象就消失了。而标准的 DOM 中规定 event 必须作为唯一的参数传给事件处理函数。为了实现兼容性，通常采用下面的方法：

```
function Handle(event) {
    if(window. event){event= window. event;}
    //或者写成如下形式
    var oEv= window. event||event;
}
```

2. event. srcElement ‖ event. target

在 IE 中，事件的对象包含在 event 的 srcElement 属性中，而在标准的 DOM 浏览器中，对象包含在 target 属性中。为了处理两种浏览器兼容性，可采用如下方法：

```
function Handle(event) {
    var oEv= window. event||event;
    var oTarget;
    if(oEv. srcElement){              //处理兼容性,获取事件目标
            oTarget = oEv. srcElement;
    }else{
            oTarget = oEv. target;
    }
    //上述写法也可用下面写法代替:
    oTarget= oEv. srcElement||oEv. target;
}
```

3. keyCode ‖ which ‖ charCode

IE 下支持 keyCode，不支持 which，charCode。Firefox 下支持 keyCode，除功能键外，其他键值始终为 0，Firefox 下支持 which 和 charCode 属性。要获取兼容 IE 和 Firefox 的键值，有如下方法：

```
function Handle(event) {
    var oEv= window. event||event;
    var currKey= oEv. keyCode|| oEv. which|| oEv. charCode;
}
```

8.3　Button 事件属性

Button 事件属性可返回一个整数，指示当事件被触发时哪个鼠标按键被点击。语法：

```
event. button= 0|1|2
```

如表 8-2 所示。

表 8-2　　　　　　　　　　　　　　button 事件属性

参数	描述
0	规定鼠标左键
1	规定鼠标中键
2	规定鼠标右键

IE 拥有不同的参数，如表 8-3 所示。

表 8-3　　　　　　　　　　　　　　IE 的 Button 事件属性

参数	描述
1	规定鼠标左键

续前表

参数	描述
4	规定鼠标中键
2	规定鼠标右键

例 8.5：禁用鼠标右键

代码如下：

```
< script type= "text/JavaScript">
document. onmousedown= function(){
  if(event. button= = 2){
event. returnValue= false;
alert("禁止使用鼠标右键");
  }
 };
</script>
```

8.4　常用事件

HTML 事件会触发浏览器的相应行为，常用的事件如表 8－4 所示。

表 8－4　　　　　　　　　常用事件

属性	描述
onabort	图像的加载被中断
onblur	元素失去焦点
onchange	域的内容被改变
onclick	当用户点击某个对象时调用的事件句柄
ondblclick	当用户双击某个对象时调用的事件句柄
onerror	在加载文档或图像时发生错误
onfocus	元素获得焦点
onkeydown	某个键盘按键被按下
onkeypress	某个键盘按键被按下并松开
onkeyup	某个键盘按键被松开
onload	一张页面或一幅图像完成加载
onmousedown	鼠标按钮被按下
onmousemove	鼠标被移动

续前表

属性	描述
onmouseout	鼠标从某元素移开
onmouseover	鼠标移到某元素之上
onmouseup	鼠标按键被松开
onreset	重置按钮被点击
onresize	窗口或框架被重新调整大小
onselect	文本被选中
onsubmit	提交按钮被点击
onunload	用户退出页面

下面对常用事件做出说明。

1. 鼠标键盘事件

（1）鼠标单击事件：onclick。

● 说明：onclick 事件会在对象被点击时发生，是在同一元素上发生了鼠标按下事件之后，又发生了鼠标放开事件时才发生的。

● 支持该事件的 JavaScript 对象有 button、document、checkbox、link、radio、reset、submit。

例 8.6：点击按钮，显示点击次数

代码如下：

```
<!DOCTYPE html PUBLIC "-//W3C//DTD XHTML 1.0 Transitional//EN"
"http://www.w3.org/TR/xhtml1/DTD/xhtml1-transitional.dtd">
<html xmlns="http://www.w3.org/1999/xhtml">
<head>
<meta http-equiv="Content-Type" content="text/html;charset=utf-8"/>
<title> onclick 点击事件</title>
<script language="JavaScript">
    var i= 1;
    function change(){
    document.getElementById("btn1").value="你已经点了"+ i+ "次!";
    i+ + ;
    }
</script>
</head>
<body>
<form name="f1">
<input type="button" id="btn1" value="点我试试!" onclick="change();"/>
```

```
</form>
</body>
</html>
```

运行效果如下。

点击前如图 8 - 1 所示。

图 8 - 1   按钮点击前

点击后如图 8 - 2 所示。

图 8 - 2   按钮点击后

（2）鼠标按下、弹起事件：onmousedown，onmouseup。

● 说明：onmousedown 事件会在鼠标按键被按下时发生；onmouseup 事件会在鼠标按键被松开时发生。

● 支持该事件的 JavaScript 对象有 button、document、link。

例 8.7： 按下鼠标，验证哪个鼠标键被点击了

代码如下：

```
< !DOCTYPE html PUBLIC "-//W3C//DTD XHTML 1. 0 Transitional//EN"
"http://www. w3. org/TR/xhtml1/DTD/xhtml1-transitional. dtd">
< html xmlns= "http://www. w3. org/1999/xhtml">
< head>
< meta http-equiv= "Content-Type" content= "text/html;charset= utf-8"/>
< title> onmousedown 鼠标按下</title>
< script type= "text/JavaScript">
function whichButton(event){
 oEv= event||window. event;
 if(oEv. button= = 2){
  alert("您点击了鼠标右键!")
 }else{
  if(! event){
   if(oEv. button= = 1){
    alert("您点击了鼠标左键!")
   }else{
    alert("您点击了鼠标中键!")
```

```
      }
    }else{
    if(oEv. button= = 0){
      alert("您点击了鼠标左键!")
    }else{
      alert("您点击了鼠标中键!")
    }
   }
  }
}
document. onmousedown= whichButton;
</script>
</head>
< body>
< h1 align= "center"> 请在文档中点击。一个消息框会提示出你点击了哪个鼠标按键。</
h1>
</body>
</html>
```

运行效果如图 8－3 所示。

图 8－3　鼠标按下事件

（3）鼠标移入、移出事件：onmouseover，onmouseout。

● 说明：onmouseover 时间会在鼠标指针移动到指定的对象上时发生；onmouseout 事件会在鼠标指针移出指定的对象时发生。

● 支持该事件的 JavaScript 对象有 layer、link。

例 8.8：图片在鼠标移入移出时的交换

代码如下：

```
< !DOCTYPE html PUBLIC "-//W3C//DTD XHTML 1. 0 Transitional//EN"
"http://www. w3. org/TR/xhtml1/DTD/xhtml1-transitional. dtd">
< html xmlns= "http://www. w3. org/1999/xhtml">
< head>
< meta http-equiv= "Content-Type" content= "text/html;charset= utf-8"/>
< title> 图片切换效果</title>
```

```
< script language="JavaScript">
function chgimg(imgname){
document. getElementById("im1").src="../images/"+ imgname;
}
</script>
</head>
< body>
< img src="../images/out. jpg" onmouseover="chgimg('over. jpg');" id="im1" onmouseout="
chgimg('out. jpg');"/>
</body>
</html>
```

运行效果如下：

鼠标移入图片前如图 8-4 所示。

图 8-4 鼠标移入图片前

鼠标移入图片后如图 8-5 所示。

图 8-5 鼠标移入图片后

（4）鼠标移动事件：onmousemove。

● 说明：onmousemove 事件会在鼠标指针移动时发生。

● 支持该事件的 JavaScript 对象：鼠标移动这个动作并不是对象的事件，因为这个动作随时都在发生。

（5）键盘按下、弹起事件：onkeypress、onkeydown 和 onkeyup。

● 说明：onkeypress 事件是在键盘上的某个键被按下并且释放时触发此事件的处理程序，一般用于键盘上的单键操作。onkeydown 事件是在键盘上的某个键被按下时触发此事件的处理程序，一般用于组合键的操作。onkeyup 事件是在键盘上的某个键被按下后松开时触发此事件的处理程序，一般用于组合键的操作。

● 支持该事件的 JavaScript 对象有 document、image、link、textarea。

● 浏览器差异：Internet Explorer 使用 event. keyCode 取回被按下的字符，而 Netscape/Firefox/Opera 使用 event. which。

例 8.9：提示文本框中输入的字符

代码如下：

```
<!DOCTYPE html PUBLIC "-//W3C//DTD XHTML 1. 0 Transitional//EN"
"http://www. w3. org/TR/xhtml1/DTD/xhtml1-transitional. dtd">
<html xmlns= "http://www. w3. org/1999/xhtml">
<head>
<meta http-equiv= "Content-Type" content= "text/html;charset= utf-8"/>
<title> onkeypress 键盘按键</title>
<script type= "text/JavaScript">
function showchar(event){
        e= event||window. event;
        if(window. event){
            keynum= e. keyCode
        }else if(e. which){
            keynum= e. which
        }
        var keychar= String. fromCharCode(keynum)
        window. alert("你输入的字符是:"+ keychar);
}
</script>
<form> <input type= "text" id= "txt1" onkeypress= "showchar(event);"/> </form>
</body>
</html>
```

运行效果如图 8-6 所示。

图 8-6　键盘按键事件

2. 页面或图片加载、页面退出事件

（1）加载事件：onload。

● 说明：onload 事件会在页面或图像加载完成后立即发生。

● 支持该事件的 JavaScript 对象有 image、layer、window。

例 8.10：页面加载完成后弹出新窗口

代码如下：

```
< !DOCTYPE html PUBLIC "-//W3C//DTD XHTML 1. 0 Transitional//EN"
"http://www. w3. org/TR/xhtml1/DTD/xhtml1-transitional. dtd">
< html xmlns= "http://www. w3. org/1999/xhtml">
< head>
< meta http-equiv= "Content-Type" content= "text/html;charset= utf-8"/>
< title> onload 加载事件</title>
< script language= "JavaScript">
document. body. onload= window. open("newwin. html","w1","width= 400,height= 200,left=
100,top= 120");
</script>
</head>
< body>
< h1> 此页面在加载完成后会弹出新窗口</h1>
</body>
</html>
```

运行效果如图 8 - 7 所示。

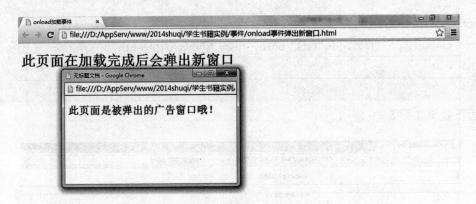

图 8 - 7   页面加载事件

（2）用户退出页面事件：onunload。

● 说明：onunload 事件在用户退出页面时发生。

● 支持该事件的 JavaScript 对象有 window。

3. 表单相关事件

（1）文本选择事件：onselect。

● 说明：onselect 事件会在文本框中的文本被选中时发生。

● 支持该事件的 JavaScript 对象有 text、textarea。

例 8. 11：选择文本信息时弹出提示

代码如下：

```
< !DOCTYPE html PUBLIC "-//W3C//DTD XHTML 1. 0 Transitional//EN"
"http://www. w3. org/TR/xhtml1/DTD/xhtml1-transitional. dtd">
< html xmlns= "http://www. w3. org/1999/xhtml">
< head>
< meta http-equiv= "Content-Type" content= "text/html;charset= utf-8"/>
<title> onselect 选中事件</title>
</head>
< body>
< form>
选择文本框：
< input type= "text" value= "请选择文本内容"onselect= "alert('你选择了文本框中的部分内
容! ')"/>
< br/>  < br/>
选择文本域：
< textarea cols= "50" rows= "5"onselect= "alert('你选择了文本域中的部分内容')"> 请选择文
本域内容!
</textarea>
</form>
</body>
</html>
```

运行效果如图 8-8 所示。

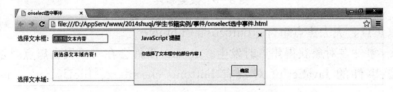

图 8-8 文本选择事件

（2）内容、选项改变事件：onchange。

● onchange 事件会在域的内容改变时发生。

● 支持该事件的 JavaScript 对象有 fileUpload、select、text、textarea。

例 8.12：改变下拉选项弹出所选信息

代码如下：

```
< !DOCTYPE html PUBLIC "-//W3C//DTD XHTML 1. 0 Transitional//EN"
"http://www. w3. org/TR/xhtml1/DTD/xhtml1-transitional. dtd">
< html xmlns= "http://www. w3. org/1999/xhtml">
< head>
```

```
< meta http-equiv= "Content-Type" content= "text/html;charset= utf-8"/>
< title> onchange 改变事件</title>
</head>


< body>
选择城市
< select onchange= "alert('你所在的城市是:'+ this. value);">
< option value="北京"> 北京</option>
< option value="上海"> 上海</option>
< option value="南京"> 南京</option>
< option value="天津"> 天津</option>
< option value="深圳"> 深圳</option>
</select>
</body>
</html>
```

运行效果如图 8－9 所示。

图 8－9 改变事件

（3）获取焦点、失去焦点事件：onfocus、onblur。

● onfocus 事件在对象获得焦点时发生。onblur 事件会在对象失去焦点时发生。

● 支持该事件的 JavaScript 对象有 button、checkbox、fileUpload、layer、frame、password、radio、reset、submit、text、textarea、window。

例 8.13： 文本框获得焦点时默认文字清空；失去焦点时验证非空性

代码如下：

```
< !DOCTYPE html PUBLIC "-//W3C//DTD XHTML 1. 0 Transitional//EN"
"http://www. w3. org/TR/xhtml1/DTD/xhtml1-transitional. dtd">
< html xmlns="http://www. w3. org/1999/xhtml">
< head>
< meta http-equiv= "Content-Type" content= "text/html;charset= utf-8"/>
< title> 无标题文档</title>
</head>
< body>
< form>
```

```
< table align= "center" border= "1">
< tr> < th colspan= "3"> 用户注册</th> </tr>
< tr> < td> 用户名:</td>
< td> < input name= "uname" type= "text" id= "email" value= "请输入姓名" onfocus= "if
(this. value= = '请输入姓名'){this. value= '';}" onblur= "if(this. value= = ''){alert('用户名不能
为空！');this. value= '请输入姓名';}"/> </td>
< td> < span id= "span1"> 用户名非空,长度在 3 位及以上</span> </td>
</tr>
< tr>
< td> 密码:</td> < td> < input type= "password" name= "upwd" id= "upwd"/> </td>
< td> < span id= "span2"> 密码长度在 6- 12 位之间</span> </td>
</tr>
< tr>
    < td colspan= "3" align= "center"> < input type= "submit" name= "sub" id= "sub" value= "立
即注册"/> </td>
</tr>
</table>
</form>
</body>
</html>
```

运行效果如图 8 - 10 至图 8 - 12 所示。

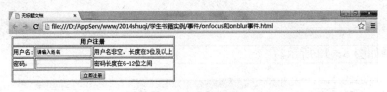

图 8 - 10　获得焦点前

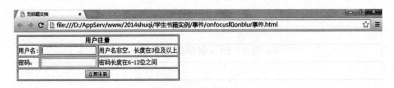

图 8 - 11　获得焦点

图 8 - 12　失去焦点

（4）表单提交、重置事件：onsubmit、onreset。

● 说明：onsubmit 事件会在表单中的提交按钮被点击时发生；onreset 事件会在表单中的重置按钮被点击时发生。

● 支持该事件的 JavaScript 对象有 form。

onsubmit 和 onreset 事件都是针对 form 元素，而不是提交按钮和重置按钮的事件。

例 8.14：表单提交事件

代码如下：

```
<!DOCTYPE html PUBLIC "-//W3C//DTD XHTML 1.0 Transitional//EN"
"http://www.w3.org/TR/xhtml1/DTD/xhtml1-transitional.dtd">
<html xmlns="http://www.w3.org/1999/xhtml">
<head>
<meta http-equiv="Content-Type" content="text/html;charset=utf-8"/>
<title> onsubmit 和 onreset 事件</title>
</head>
<body>
<form action="success.php" onsubmit="alert(document.getElementById('txt1').value+ '已成
功注册！');" onreset="alert('已重置表单！');">
用户名:<input type="text" id="txt1" value="你的用户名"/> <br/>
<input type="submit" value="注册"/>  
<input type="reset" value="重填"/>  
</form>
</body>
</html>
```

运行效果如图 8-13 所示。

图 8-13　表单提交事件

本章小结

本章主要介绍了 JavaScript 事件及事件处理函数，event 对象，获取键盘按键和鼠标位置的方法，网页元素常用事件及其实例。通过本章学习，让读者充分认识到事件在用户与页面之间进行交互的重要作用。没有事件的处理，也就谈不上页面的交互操作。

$\approx\approx\approx\approx\approx\approx$ **同步实训** $\approx\approx\approx\approx\approx\approx$

● **实训目的**

掌握鼠标移动事件和 event 对象获取鼠标位置的方法。

● **实训要求**

鼠标在页面中移动时显示鼠标位置。

● **实训安排**

定义函数,实现显示鼠标位置的兼容性写法。

页面效果如图 8－14 所示。

图 8－14 获取鼠标位置效果

代码如下:

```
< !DOCTYPE html PUBLIC "-//W3C//DTD XHTML 1. 0 Transitional//EN"
"http://www. w3. org/TR/xhtml1/DTD/xhtml1-transitional. dtd">
< html xmlns= "http://www. w3. org/1999/xhtml">
< head>
< meta http-equiv= "Content Type" content= "text/html;charset= utf-8"/>
< title> 获得鼠标位置(兼容多浏览器 ie,firefox)</title>
</head>
< body>
< script>
function mouseMove(ev){
 ev= ev || window. event;//事件对象兼容性写法
 var mousePos= posXY(ev);//获取鼠标位置函数,兼容不同浏览器写法
 document. getElementById("x"). value= mousePos. x;
 document. getElementById("y"). value= mousePos. y;
}

function posXY(ev)
{
 if(ev. pageX || ev. pageY){
 return{x:ev. pageX,y:ev. pageY};
```

```
}
return{
 x:ev. clientX+ document. body. scrollLeft-  document. body. clientLeft,
 y:ev. clientY+ document. body. scrollTop-  document. body. clientTop
 };
}
document. onmousemove= mouseMove;
</script>
鼠标 X 轴:< input id= x type= "text"/> < br/>
鼠标 Y 轴:< input id= y type= "text"/>
</body>
</html>
```

此例中，函数 posXY（）实现获取鼠标位置的功能，其返回值分别为鼠标 x 坐标和 y 坐标，通过判断语句，兼容不同浏览器获取鼠标坐标的方式。ev. pageX、ev. pageY 是鼠标位置相对于 Document 的坐标（IE 版本＜9 不支持）；ev. clientX、ev. clientY 是鼠标位置相对于窗体 Window 的坐标，当窗体滚动或者缩放时，这两个值会出现变化。scrollLeft、scrollTop 是对象相对于窗体的滚动偏移坐标；clientLeft、clientTop 是对象内容区域相对于整个元素（包括 border）的偏移。

mouseMove（）函数将 posXY（）获取的鼠标坐标显示在两个文本框中。此函数在鼠标移动中调用。

～～～～～～教学一体化训练～～～～～～

● 重要概念

　　事件　事件处理函数

● 课后讨论

　　1. 事件处理程序的常见使用方式有哪些？

　　2. 如何获取键盘和鼠标的相关按键和状态？

　　3. 网页中的表单元素、图片、超链接等都有哪些常用事件？

● 课后自测

　　选择题

　　1. 在 HTML 页面中包含一个按钮 button，名称为 mybutton，如果要实现点击该按钮时调用已定义的 JavaScript 函数 compute，要编写的 HTML 代码是（　　　）。

　　　A. ＜input name＝"mybutton" type＝"button" onBlur＝"compute ();" value＝"计算" /＞

　　　B. ＜input name＝"mybutton" type＝"button" onFocus＝"compute ();" value＝"计算" /＞

C. <input name="mybutton" type="button" onClick="function compute ();" value="计算" />

D. <input name=" mybutton" type=" button" onClick=" compute ();" value=" 计算" />

2. 下列 JavaScript 常用事件中，表示表单提交时产生的事件是（　　）。

A. onclick
B. onMouseOver

C. onSubmit
D. onBlur

3. 分析下面的代码：

<HTML>

<BODY>

<SELECT type= "select" name= s1 onChange= alert("你选择了"+ this. value)>

<OPTION selected value='select1'> 北京</OPTION>

<OPTION value='select2'> 上海</OPTION>

<OPTION value='select3'> 广州</OPTION>

</SELECT>

</BODY>

</HTML>

下面对结果的描述正确的是（　　）。

A. 当选中"上海"时，弹出"你选择了 select2"信息框

B. 当选中"广州"时，弹出"你选择了广州"信息框

C. 任何时候选中"北京"时，不弹出信息框

D. 代码有错误，应该将"onChange"修改为"onClick"

4. 以下关于 JavaScript 中事件的描述，不正确的是（　　）。

A. onclick——鼠标单击事件

B. onfocus——获取焦点事件

C. onmouseOver——鼠标指针悬停到事件源对象上时触发的事件

D. onchange——选择文本时触发的事件

第 9 章

文档对象模型

知识目标

掌握文档对象模型层次结构。

掌握 DOM 中的节点分类及节点属性。

掌握 Style 对象的应用

掌握表单元素对象的属性和方法。

能力目标

能通过不同节点访问方式操作页面元素。

掌握 Style 对象设置元素样式效果。

掌握表单元素文本框对象的属性、方法和事件。

会实现复选框全选功能。

会实现下拉列表的省级联动功能。

掌握表单元素数据有效性的验证功能。

Document 对象下有很多子对象，它是一个十分重要的对象。事实上，大多数浏览器都支持 Document 对象。在 W3C 正式定义文档对象模型（Document Object Model，DOM）之前，BOM 中的 Document 分支就已经被众多浏览器支持。DOM 被正式定义之后，分为了三个层次，分别为 1 级 DOM（DOM Level 1）、2 级 DOM（DOM Level 2）和 3 级 DOM（DOM Level 3）。而 BOM 中的 Document 分支被称为 0 级 DOM（DOM Level 0），因为该分支定义了文档的基本功能。

DOM 是面向 HTML 和 XML 文档的 API，为文档提供了结构化表示，并定义如何通过脚本来访问文档结构；文档中的每个元素都是 DOM 的一部分。DOM 技术主要分为两类：HTML DOM 和 XML DOM，本书主要讨论 HTML DOM 技术。HTML DOM 定义了访问和操作 HTML 文档的标准方法。它将 HTML 文档呈现为带有元素、属性和文本的树结构（节点树）。

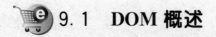

9.1 DOM 概述

DOM 定义了用户操作文档对象的接口。DOM 的含义如下：

● DOM 中的"D"。

文档，没有文档，DOM 就无从谈起。当创建一个网页并把它加载到浏览器中，DOM 就根据编写的网页创建了一个文档对象。

● DOM 中的"O"。

对象，HTML DOM 中将每一个元素都看成一个对象，甚至文本也是一个对象，通过对象的访问方式来操作 HTML 文档中的每一个元素。

● DOM 中的"M"。

模型，当网页加载后，浏览器提供了当前网页的模型，即结构。DOM 把文档表示成一棵树的结构。

例 **9.1**：DOM 树型结构

代码如下：

```
< html>
< head>
< title> dom demo</title>
< meta name= "keywords" content= "dom">
</head>
< body>
< h2> < a href= "# isaac"> 标题一</a> </h2>
< p> 段落 1</p>
< ul id= "myul">
< li> JavaScript</li>
< li> dom</li>
< li> css</li>
</ul>
</body>
</html>
```

DOM 树型结构如图 9-1 所示。

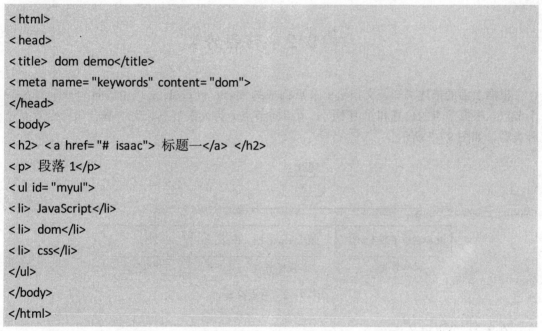

图 **9-1** **DOM 树型结构**

通过图 9-1 可以看出，在文档对象模型中，每一个对象都可以称为一个节点（node），下面介绍几种节点的概念。

- 根节点：在最顶层的<html>节点。
- 父节点：一个节点之上的节点是该节点的父节点（parent）。例如，<html>就是<head>和<body>的父节点，<head>就是<title>的父节点。
- 子节点：位于一个节点之下的节点就是该节点的子节点。例如，<head>和<body>就是<html>的子节点，<title>就是<head>的子节点。
- 兄弟节点：如果多个节点在同一个层次，并拥有着相同的父节点，这几个节点就是兄弟节点（sibling）。例如，<head>和<body>就是兄弟节点，<he>和<b>就是兄弟节点。
- 后代：一个节点的子节点的结合可以称为该节点的后代（descendant）。例如，<head>和<body>就是<html>的后代，<h2>，<p>和<ul>就是<body>的后代。
- 叶子节点：在树形结构最底部的节点。例如，"标题1""段落1"都是叶子节点。

9.2 节点分类

根据上面的描述可知，文档是由节点构成的集合，HTML 文档中的每个成分都是一个节点。根据节点的位置和作用不同，可以将节点分为元素节点、文本节点和属性节点三种类型。如图 9-2 所示。

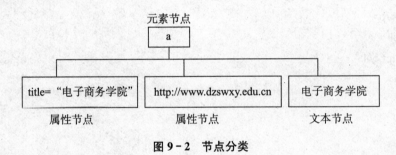

图 9-2 节点分类

例 9.2：节点定义
代码如下：

```
<a title="电子商务学院" http://www. dsswxy. edu. cn> 电子商务学院</a>
```

1. 元素节点

每个 HTML 标签都是一个元素节点。在 HTML 中，<body>、<p>、<a>等一系列标记，都是这个文档的元素节点。元素节点组成了文档模型的语义逻辑结构。

2. 文本节点

包含在元素节点中的文本内容，如<p>段落1</p>标签中的"段落1"文本就是一个文本节点。一般情况下，不为空的文本节点都是可见并呈现于浏览器中的。

3. 属性节点

元素节点的属性，如<a href="＃" title="Links!">标签的 href 属性与 title 属性

都是属性节点。一般情况下，大部分属性节点都隐藏在浏览器背后，并且是不可见的。属性节点总是被包含于元素节点当中。

除了这三类基本节点外，HTML 文档中的注释也属于节点，叫注释节点。整个文档也是一个节点，叫文档节点。

4. 节点属性

每个节点都拥有包含着关于节点某些信息的属性。这些属性是 nodeName（节点名称）、nodeValue（节点值）、nodeType（节点类型）。

（1）nodeName 属性。

● 说明：该属性用来获取某一个节点的名称。

● 语法：［sName＝］obj. nodeName。

● 参数说明：sName，字符串变量用来存储节点的名称。

（2）nodeType 属性。

● 说明：该属性用来获取某个节点的类型。

● 语法：［sType＝］obj. nodeType。

● 参数说明：sType，字符串变量，用来存储节点的类型，该类型值为数值型。

（3）nodeValue 属性。

● 说明：该属性将返回节点的值。

● 语法：［txt＝］obj. nodeValue。

● 参数说明：txt，字符串变量用来存储节点的值，除文本节点类型外，其他类型的节点值都为"null"。

每一类节点的节点属性值如表 9-1 所示。

表 9-1　　　　　　　　　　　　　节点类型表

元素类型	节点类型	节点名称	节点值
元素节点	1	标签名	null
属性节点	2	属性名	属性值
文本节点	3	♯text	文本
文档节点	9	♯document	null

 9.3　**节点属性与文本操作**

节点属性值可以重新设置，改变其原有属性特质；也可以通过获取相应属性值进行其他操作；节点对象内文本内容也可以进行设置和获取。本节主要介绍节点对象有关属性的操作和对象内文本的操作。

1. 设置节点属性

设置节点属性的方法可以直接通过节点对象引用属性名的方式设置，也可以通过 setAttribute () 方法设置，具体设置格式如下。

（1）直接设置。

格式：节点对象名．属性名＝值

例如，设置<a>标签的 title 属性值，可写成：aObj. title＝"热点新闻"；其中，变量 aObj 表示 a 标签的节点对象名，"热点新闻"是设置的值。

（2）通过 setAttribute () 方法设置。

格式：节点对象名．setAttribute （"属性名"，"属性值"）

例如，上例中的设置也可以写成：aObj. setAttribute （"title"，"热点新闻"）;

2. 获取节点属性

获取节点属性的方法可以直接通过节点对象引用属性名的方式获取，也可以通过 getAttribute () 方法来获取，具体的格式如下。

（1）直接获取。

格式：节点对象名．属性名

例如，获取上例中<a>标签节点对象的 title 属性值，可写成：aObj. title，得到的属性值为"热点新闻"。

（2）通过 setAttribute () 方法设置。

格式：节点对象名．getAttribute （"属性名"）

例如，上例中设置的<a>标签节点对象的属性值也可以写成：aObj. getAttribute （"title"），得到的属性值也为"热点新闻"。

3. innerHTML 属性

innerHTML 属性可以设置节点元素中包含的 HTML 文本，不包括元素本身的开始标记和结束标记。设置该属性可以用于为 HTML 标签替换元素的内容，内容中可以包含 HTML 的标签定义和样式定义。

例 9.3：innerHTML 属性

```
<body>
<div id="clock"> < /div>
<script language="JavaScript">
    document. getElementById("clock"). innerHTML="<span style='color:# ff0000'>2015- <i>
07- 22</i> </span> ";
</script>
</body>
```

这段代码运行后，在页面中将显示如图 9－3 所示的结果。该属性可以读取，同时还可以设置。

2015—07—22

图 9－3 innerHTML 属性

4. innerText 属性

innerText 属性与 innerHTML 属性的功能类似，两者都可以获取元素的内容。inner-

Text 获取标记中的文本信息，不包括标记本身。即使指定的是 HTML 文本，它也会认为是普通文本。如果元素只包含文本，那么 innerHTML 和 innerText 属性的返回值相同。如果元素既包含文本，又包含其他元素，那么这两个属性的返回值是不同的，如表 9 - 2 所示。

表 9 - 2   **innerHTML 与 innerText 属性**

HTML 代码	innerHTML 属性	innerText 属性
\<div\>今日热点\</div\>	"今日热点"	"今日热点"
\<div\>\<em\>今日\</em\>\<b\>热点\</b\>\</div\>	\<EM\>今日\</EM\>\<B\>热点\</B\>	"今日热点"
\<div\>\<font color='red'\>\</font\>\</div\>	\<FONT color='red'\>\</FONT\>	""

9.4   DOM 节点访问方法

通过 DOM，可以访问 HTML 文档中的每个节点。查找并访问节点的方法主要有两种，以下介绍这两种方法的使用。

1. 使用文档对象 Document 访问元素的三个方法访问节点元素

- getElementById () 方法。
- getElementsByName () 方法。
- getElementsByTagName () 方法。

此种方式会忽略文档的结构，并可查找整个 HTML 文档中的任何 HTML 元素。

（1）getElementById () 方法。

- 功能：返回对拥有指定 ID 的第一个对象的引用。
- 语法：document. getElementById (id)。
- 说明：在操作文档的一个特定的元素时，最好给该元素一个 ID 属性，为它指定一个（在文档中）唯一的名称，然后就可以用该 ID 查找想要的元素。
- getElementById () 是一个重要的方法，在 DOM 程序设计中非常常见，所以可以专门定义一个函数来将此 ID 对应的元素返回直接使用。

例 9.4： getElementById () 函数定义

代码如下：

```
function id(x){
    if(typeof x = = "string") return document. getElementById(x);
return x;
}
```

上面这个函数接收元素 ID 作为它们的参数。在使用前编写 x=id (x) 就可以了。

例 9.5：通过 ID 访问元素对象

代码如下：

```
<!DOCTYPE html PUBLIC "-//W3C//DTD XHTML 1.0 Transitional//EN"
"http://www.w3.org/TR/xhtml1/DTD/xhtml1-transitional.dtd">
<html xmlns="http://www.w3.org/1999/xhtml">
    <head>
    <meta http-equiv="Content-Type" content="text/html;charset= utf-8"/>
    <title>通过 ID 访问元素对象</title>
    </head>
    <body>
    <script type="text/JavaScript">
    function id(x){
        if(typeof x = ="string") return document.getElementById(x);
        return x;
        }
    function showname(){
    var oTxt= id('txt1');
    window.alert("您的用户名:"+ oTxt.value);
    }
    </script>
    用户名:<input type="text" id="txt1" onblur="showname();"/>
    </body>
    </html>
```

运行效果如图 9-4 所示。

图 9-4　通过 ID 访问元素对象

（2）getElementsByName () 方法。

● 功能：返回带有指定名称的对象的集合。

● 语法：document.getElementsByName (name)。

● 说明：此方法是根据元素的 name 属性来查找同名元素，name 属性可能不唯一（如 HTML 表单中的单选、复选按钮通常具有相同的 name 属性），所以 getElementsBy-Name () 方法返回的是元素的数组，而不是一个元素。可以通过 length 属性获取数组中元素个数。

例 9.6：实现同名复选框的全选功能

代码如下：

```
< !DOCTYPE html PUBLIC "-//W3C//DTD XHTML 1. 0 Transitional//EN"
"http://www. w3. org/TR/xhtml1/DTD/xhtml1-transitional. dtd">
< html xmlns= "http://www. w3. org/1999/xhtml">
    < head>
    < meta http-equiv= "Content-Type" content= "text/html;charset= utf-8"/>
    <title> 复选框全选功能</title>
    < style type= "text/css">
    . t1{width:300px;border:1px solid # CCC;border-  collapse:collapse;margin:10px auto;}
    . t1 td{border:1px solid #  ccc;}
    . t1 td img{width:180px;height:95px;}
    </style>
    < script language= "JavaScript">
    function selall(f){
     var opts= document. getElementsByName("opt");
     for(var i= 0;i< = opts. length- 1;i+ + ){opts[i]. checked= f;}
    }
    </script>
    </head>
    < body>
    < table class= "t1">
    < tr>
    < td colspan= "2"> < input name= "quanxuan" type= "checkbox" id= "quanxuan" value= "qx"
onclick= "selall(this. checked);"/>
    全选</td>
    </tr>
    < tr>
    < td width= "20"> < input name= "opt" type= "checkbox" id= "opt1" value= "1"/> </td>
    < td width= "232"> < img src= "../images/ad-  01. jpg" width= "180"/> </td>
    </tr>
    < tr>
    < td> < input name= "opt" type= "checkbox" id= "opt2" value= "2"/> </td>
    < td> < img src= "../images/ad-  02. jpg"/> </td>
    </tr>
    < tr>
    < td> < input name= "opt" type= "checkbox" id= "opt3" value= "3"/> </td>
```

```
<td> <img src="../images/ad- 03. jpg"/> </td>
</tr>
<tr>
<td> <input name="opt" type="checkbox" id="opt4" value="4"/> </td>
<td> <img src="../images/ad- 04. jpg"/> </td>
</tr>
</table>
</body>
</html>
```

运行效果如图 9-5 所示。

图 9-5　实现同名复选框的全选功能

(3) getElementsByTagName () 方法。
- 功能：返回带有指定标签名的对象的集合。
- 语法：document. getElementsByTagName (tagname)。
- 说明：此方法返回元素的顺序是它们在文档中的顺序，参数不区分大小写。同样也可以通过 length 属性来获取页面中同一标签的个数，且每个标签引用通过其下标，默认从 0 开始。

例 9.7：getElementsByTagName () 方法
代码如下：

```
<!DOCTYPE html PUBLIC "-//W3C//DTD XHTML 1. 0 Transitional//EN"
"http://www. w3. org/TR/xhtml1/DTD/xhtml1-transitional. dtd">
<html xmlns= "http://www. w3. org/1999/xhtml">
<head>
```

```
< meta http-equiv= "Content-Type" content= "text/html;charset= utf-8"/>
< title> getElementsByTagName</title>
</head>
< body>
< p> 段落 1</p>
< p> 段落 2</p>
< p> 段落 3</p>
< script type= "text/JavaScript">
var oP= document. getElementsByTagName("p");
var s= "";
for(var i= 0;i< oP. length;i+ + ){
 s+ = oP[i]. innerHTML+ "\n";
}
window. alert(s);
</script>
</body>
</html>
```

运行效果如图 9-6 所示。

图 9-6　通过标签名访问节点

2. 遍历文档树

遍历文档树通过使用 parentNode 属性、firstChild 属性、lastChild 属性、previousSib-
ling 属性和 nextSibling 属性来实现。其特点是遵循文档的结构，根据节点之间的父子关系
或兄弟关系，在文档中进行"短距离的旅行"。

（1）parentNode 属性。

● 功能：该属性返回当前节点的父节点。

● 语法：[pNode=] obj. parentNode

● 参数说明：pNode，该参数用来存储父节点，如果不存在父节点将返回"null"。

（2）firstChild 属性。

● 功能：该属性返回当前节点的第一个子节点。

● 语法：[cNode=] obj. firstChild

- 参数说明：cNode，该参数用来存储第一个子节点，如果不存在将返回"null"。

（3）lastChild 属性。

- 功能：该属性返回当前节点的最后一个子节点。
- 语法：［cNode＝］obj. lastChild
- 参数说明：cNode，该参数用来存储最后一个子节点，如果不存在将返回"null"。

（4）previousSibling 属性。

- 功能：该属性返回当前节点的前一个兄弟节点。
- 语法：［sNode＝］obj. previousSibling
- 参数说明：sNode，该参数用来存储前一个兄弟节点，如果不存在将返回"null"。

（5）nextSibling 属性。

- 功能：该属性返回当前节点的后一个兄弟节点。
- 语法：［sNode＝］obj. nextSibling
- 参数说明：sNode，该参数用来存储后一个兄弟节点，如果不存在将返回"null"。

例 9.8：节点操作

代码如下：

```
< !DOCTYPE html PUBLIC "-//W3C//DTD XHTML 1. 0 Transitional//EN"
"http://www. w3. org/TR/xhtml1/DTD/xhtml1-transitional. dtd">
< html xmlns= "http://www. w3. org/1999/xhtml">
< head>
< meta http-equiv= "Content-Type" content= "text/html;charset= utf-8"/>
< title> 节点操作</title>
</head>
< body>
< ul id= "u1">
< li> 新闻< ul> < li class= "first" id= "li1"> 国际新闻</li> < li> 国内新闻</li> </ul> </li>
< li> 娱乐< em> 连连看</em> </li>
< li> 体育</li>
< li> 美食</li>
</ul>
< script language= "JavaScript">
 var oU= document. getElementById("u1");
 //获取列表的所有孩子,即四个列表项 li
 var txt1= '';
for(var i= 0;i< oU. childNodes. length;i+ + ){
 if(oU. childNodes[i]. nodeType= = 1){//此处做判断的目的是排除将空格当文本节点的情况
  txt1+ = oU. childNodes[i]. firstChild. nodeValue+ "\n";
 }
}
```

```
 alert(txt1);
</script>
</body>
</html>
```

运行效果如图 9－7 所示。

图 9－7　通过节点层次结构访问

上例中，childNodes 获取子节点时，会将空格当文本节点处理，兼容性写法是在获取子节点时做判断，如 nodeType＝＝1，说明是元素节点，才做相应处理。

 ## 9.5　动态创建 HTML 内容

IITML 文档中的节点元素可以动态地创建、添加、复制和删除，具体的操作方法如下所述。

1. 创建新节点

创建新的节点时，先使用文档对象中的 createElement () 方法和 createTextNode () 方法生成一个新元素，并生成文本节点。格式如下：

● createElement（"标签名"）：创建一个元素节点。
● createTextNode（"文本"）：创建一个文本节点。

然后使用 appendChild () 方法将创建的新节点添加到当前节点的末尾处。格式如下：

obj. appendChild（newChild）

newChild 表示新的子节点。

2. 插入节点

插入节点通过使用 insertBefore 方法来实现。insertBefore () 方法将新的子节点添加到指定节点的前面。格式如下：

　obj. insertBefore(new,ref)

其中，new 表示新的子节点；ref 指定一个节点，在这个节点前插入新的节点。

3. 复制节点

复制节点可以使用 cloneNode () 方法来实现。cloneNode () 方法用来复制节点。格式如下：

> obj. cloneNode(deep)

deep 参数是一个 Boolean 值，表示是否为深度复制。深度复制是将当前节点的所有子节点全部复制，当值为 true 时表示深度复制。当值为 false 时表示简单复制，简单复制只复制当前节点，不复制其子节点。

4. 删除节点

删除节点通过使用 removeChild 方法来实现。removeChild () 方法用来删除一个子节点。格式如下：

> obj. removeChild(oldChild)

oldChild 表示需要删除的节点。

5. 替换节点

替换节点可以使用 replaceChild 方法来实现。replaceChild () 方法用来将旧的节点替换成新的节点。格式如下：

> obj. replaceChild(new,old)

new 表示替换后的新节点，old 表示需要被替换的旧节点。

例 9.9：添加和删除节点元素

代码如下：

```
< !DOCTYPE html PUBLIC "-//W3C//DTD XHTML 1. 0 Transitional//EN"
"http://www. w3. org/TR/xhtml1/DTD/xhtml1-transitional. dtd">
< html xmlns= "http://www. w3. org/1999/xhtml">
< head>
< meta http-equiv= "Content-Type" content= "text/html;charset= utf-8"/>
< title> 文件域节点的添加和删除</title>
< script language= "JavaScript">
 function addfile(){
 var oDiv= document. getElementById("file");
 //添加文件域节点
 var filenode= document. createElement("input");
 filenode. type= "file";
 oDiv. appendChild(filenode);
 //添加删除按钮节点
 var btnnode= document. createElement("input");
 btnnode. type= "button";
 btnnode. value="删除";
 btnnode. onclick= function(){
```

```
    oDiv. removeChild(filenode);//删除文件域节点
    this. parentNode. removeChild(brnode);//删除换行
    this. parentNode. removeChild(this);//删除自己
    }
  oDiv. appendChild(btnnode);
  //添加换行节点
  var brnode= document. createElement("br");
  oDiv. appendChild(brnode);
  }
</script>
</head>
< body>
< form>
 < input type= "file" name= "upfile1"/>
< input type= "button" value= "添加" onclick= "addfile();"/> < br/> < br/>
< div id= "file">
</div>
</form>
</body>
</html>
```

运行效果如图 9-8 所示。

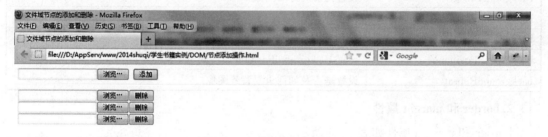

图 9-8　添加和删除节点

此实例中，点击添加按钮可添加文件域节点和删除按钮，且每添加一次就换行。同时点击每一个删除按钮后可以删除当前这一行的文件域、删除按钮并换行。

 ## 9.6　DOM Style 对象

Style 对象代表一个单独的样式声明，可从应用样式的文档或元素访问 Style 对象。使用 Style 对象属性的语法如下：

> 对象或元素 . style. property= "值"

Style 对象的属性主要有：

- 背景。
- 边框和边距。
- 布局。
- 列表。
- 定位。
- 打印。
- 滚动条。
- 表格。
- 文本。

根据 "W3School" 手册内容，下面将常用的属性列出供读者参考，其他的属性请参考 "W3School 手册" 中关于 Style 对象的说明。

1. background 属性

background 属性如表 9-3 所示。

表 9-3   **background 属性**

属性	描述
background	在一行中设置所有的背景属性
backgroundAttachment	设置背景图像是否固定或随页面滚动
backgroundColor	设置元素的背景颜色
backgroundImage	设置元素的背景图像
backgroundPosition	设置背景图像的起始位置
backgroundPositionX	设置 backgroundPosition 属性的 x 坐标
backgroundPositionY	设置 backgroundPosition 属性的 y 坐标
backgroundRepeat	设置是否及如何重复背景图像

2. border 和 margin 属性

border 和 margin 属性如表 9-4 所示。

表 9-4   **border 和 margin 属性**

属性	描述
border	在一行设置四个边框的所有属性
borderBottom	在一行设置底边框的所有属性
borderBottomColor	设置底边框的颜色
borderBottomStyle	设置底边框的样式
borderBottomWidth	设置底边框的宽度
borderColor	设置所有四个边框的颜色（可设置四种颜色）

续前表

属性	描述
borderLeft	在一行设置左边框的所有属性
borderLeftColor	设置左边框的颜色
borderLeftStyle	设置左边框的样式
borderLeftWidth	设置左边框的宽度
borderRight	在一行设置右边框的所有属性
borderRightColor	设置右边框的颜色
borderRightStyle	设置右边框的样式
borderRightWidth	设置右边框的宽度
borderStyle	设置所有四个边框的样式（可设置四种样式）
borderTop	在一行设置顶边框的所有属性
borderTopColor	设置顶边框的颜色
borderTopStyle	设置顶边框的样式
borderTopWidth	设置顶边框的宽度
borderWidth	设置所有四条边框的宽度（可设置四种宽度）
margin	设置元素的边距（可设置四个值）
marginBottom	设置元素的底边距
marginLeft	设置元素的左边距
marginRight	设置元素的右边据
marginTop	设置元素的顶边距
outline	在一行设置所有的 outline 属性
outlineColor	设置围绕元素的轮廓颜色
outlineStyle	设置围绕元素的轮廓样式
outlineWidth	设置围绕元素的轮廓宽度
padding	设置元素的填充（可设置四个值）
paddingBottom	设置元素的下填充
paddingLeft	设置元素的左填充
paddingRight	设置元素的右填充
paddingTop	设置元素的顶填充

3. positioning 属性

positioning 属性如表 9 - 5 所示。

表 9 - 5   positioning 属性

属性	描述
bottom	设置元素的底边缘距离父元素底边缘的上边或下边的距离
left	设置元素的左边缘距离父元素左边缘的左边或右边的距离
position	把元素放置在 static、relative、absolute 或 fixed 的位置
right	设置元素的右边缘距离父元素右边缘的左边或右边的距离
top	设置元素的顶边缘距离父元素顶边缘的之上或之下的距离
zIndex	设置元素的层叠次序

例 9.10：设置表单元素的样式

代码如下：

```
<!DOCTYPE html PUBLIC "-//W3C//DTD XHTML 1. 0 Transitional//EN"
"http://www. w3. org/TR/xhtml1/DTD/xhtml1-transitional. dtd">
<html xmlns= "http://www. w3. org/1999/xhtml">
<head>
<meta http-equiv= "Content-Type" content= "text/html;charset= utf-8"/>
<title> Style 表单样式</title>
<style type= "text/css">
. txt1{border:1px solid # 0CF;background-color:# EEE;width:150px;}
</style>
<script language= "JavaScript">
function chgcolor(obj){
obj. style. backgroundColor= "# 00F";
obj. style. border= "1px dotted # CCC";
obj. style. color= "# FFF";
}
function chgcolor2(obj){
obj. style. backgroundColor= "# EEE";
obj. style. border= "1px solid # 0CF";
obj. style. color= "# 000";
}
</script>
</head>
<body>
<form>
用户:<input type= "text" id= "uname" class= "txt1" onfocus= "chgcolor(this);"onblur= "chgcolor2
(this);"/> <br/> <br/>
```

```
EMAIL:< input type= "text" class= "txt1" onfocus= "chgcolor(this);" onblur= "chgcolor2(this);"/>
< br   /> < br/>
密码:< input type= "password" class= "txt1" onfocus= "chgcolor(this);" onblur= "chgcolor2(this);"/
>
</form>
</body>
</html>
```

运行效果如下：

获取焦点前如图 9－9 所示。

图 9－9 Style 设置表单样式（一）

获取焦点后如图 9－10 所示。

图 9－10 Style 设置表单样式（二）

失去焦点如图 9－11 所示。

图 9－11 Style 设置表单样式（三）

在设置元素的样式属性时，如果样式属性多而复杂，可以考虑先将所有的 style 样式定义到类别样式中，然后在 JavaScript 脚本中通过 className 属性引用，引用的格式如下：

```
对象名 . className= "样式类别名";
```

注：此处引用的是一个样式的类别名称，而不是其他的样式类型。

所以，上例中的代码可以修改成如下形式：

```
<!DOCTYPE html PUBLIC "-//W3C//DTD XHTML 1. 0 Transitional//EN"
"http://www. w3. org/TR/xhtml1/DTD/xhtml1-transitional. dtd">
<html xmlns= "http://www. w3. org/1999/xhtml">
<head>
<meta http-equiv= "Content-Type" content= "text/html;charset= utf-8"/>
<title> Style 表单样式</title>
<style type= "text/css">
. txt1{
 border:1px solid # 0CF;
 background-color:# EEE;
 width:150px;
}
. focus{
 background-color:# 00F;
 border:1px dotted # CCC;
 color:# FFF;
}
. blur{
 background-color:# EEE;
 border:1px solid # 0CF;
 color:# 000;
}
</style>
<script language= "JavaScript">
function chgcolor(obj){
 obj. className= "focus";

}
function chgcolor2(obj){
 obj. className= "blur";
}
</script>
</head>

<body>
<form>
```

用户:< input type= "text" id= "uname" class= "txt1" onfocus= "chgcolor(this);"onblur= "chgcolor2
(this);"/> < br/>
邮箱:< input type= "text" class= "txt1" onfocus= "chgcolor(this);" onblur= "chgcolor2(this);"/> <
br/>
密码:< input type= "password" class= "txt1" onfocus= "chgcolor(this);" onblur= "chgcolor2(this);"/
>
</form>
</body>
</html>

注：这两种方式存在着细微的差别：第一种方式通过 style 直接设置的样式属性是以
行内样式的方式添加到这个元素上的；而 className 方式指定的样式是通过类别样式添加
到此元素上的，且它会覆盖之前在这个元素上的类别样式。

例 9.11：疯狂的广告条

代码如下：

```
< !DOCTYPE html PUBLIC "-//W3C//DTD XHTML 1. 0 Transitional//EN"
"http://www. w3. org/TR/xhtml1/DTD/xhtml1-transitional. dtd">
< html xmlns= "http://www. w3. org/1999/xhtml">
< head>
< meta http-equiv= "Content-Type" content= "text/html;charset= utf-8"/>
< title> 疯狂的广告条</title>
< script language= "JavaScript">
function adv_move(){
 var h= window. screen. availHeight;
 var w= window. screen. availWidth;
 var img= document. getElementById("adv");
 img. style. position= "absolute";
 img. style. top= Math. floor(Math. random()* w)+ "px";
 img. style. left= Math. floor(Math. random()* h)+ "px";
 window. setTimeout("adv_move();",500)
}
</script>
</head>
< body onload= "adv_move();">
< img src= "../images/advPic. jpg" id= "adv"/>
</body>
</html>
```

运行效果如图 9-12 所示。

图 9 - 12　疯狂的广告条

9.7　表单元素对象

HTML 文档中所有的表单都会存储在 forms 数组中，可通过 document. forms［x］来操作每一个表单对象，其中 x 表示表单所在的索引值。也可以在＜form＞标记中加上"name="..."" 属性，这样直接用"document.＜表单名＞"形式也可以引用表单对象。

1. Form 对象

Form 对象的属性如表 9 - 6 所示。

表 9 - 6　　　　　　　　　　　　　　Form 对象的属性

属性	说明
action	表单动作
elements	以索引表示的所有表单元素
encoding	MIME 的类型，表单提交内容的编码方式，也就是＜form enctype="..."＞属性
length	表单元素的个数
method	表单的提交方法，也就是＜form method="..."＞属性
name	表单名称，也就是＜form name="..."＞属性

Form 对象的方法如表 9 - 7 所示。

表 9 - 7　　　　　　　　　　　　　　Form 对象的方法

方法	说明
submit ()	提交表单，这与按下"提交"按钮是一样的
reset ()	重置表单，这与按下"重置"按钮是一样的

Form 对象的事件如表 9 - 8 所示。

表 9 - 8　　　　　　　　　　　　　　Form 对象的事件

事件	说明
onsubmit	在表单提交按钮被点击时发生。此事件在做表单验证时会用到
onreset	在表单中的重置按钮被点击时发生

2. Text 对象

Text 对象代表 HTML 表单中的文本输入域，由"＜input type＝"text"＞"指定，在 HTML 表单中＜input type＝"text"＞每出现一次，一个 Text 对象就会被创建。Text 对象的属性如表 9-9 所示。

表 9-9　　　　　　　　　　　　　　　Text 对象的属性

属性	描述
accessKey	设置或返回访问文本域的快捷键
alt	设置或返回当浏览器不支持文本域时供显示的替代文本
defaultValue	设置或返回文本域的默认值
disabled	设置或返回文本域是否应被禁用。通过 true 或 false 来进行设置
form	返回一个对包含文本域的表单对象的引用
id	设置或返回文本域的 ID
maxLength	设置或返回文本域中的最大字符数
name	设置或返回文本域的名称
readOnly	设置或返回文本域是否应是只读的。通过 true 或 false 来进行设置
size	设置或返回文本域的尺寸
tabIndex	设置或返回文本域的 tab 键控制次序
type	返回文本域的表单元素类型
value	设置或返回文本域的 value 属性的值

Text 对象的方法如表 9-10 所示。

表 9-10　　　　　　　　　　　　　　　Text 对象的方法

方法	描述
blur ()	从文本域上移开焦点
focus ()	在文本域上设置焦点
select ()	选取文本域中的内容

Text 对象的事件如表 9-11 所示。

表 9-11　　　　　　　　　　　　　　　Text 对象的事件

事件	描述
onfocus	获取焦点事件
onblur	失去焦点事件
onchange	文本内容改变事件
onselect	文本内容被选中事件

Password 对象也是 Text 对象的一种，所以 Password 对象所有的属性、方法、事件和 Text 对象都一样。同样，Textarea 多行文本输入区对象由"＜textarea＞"指定。Textarea 对象所有的属性、方法和事件和 Text 对象也相同。此处省略 Password 对象和 Textarea 对象的详细介绍。

3. Radio 对象

Radio 对象代表 HTML 表单中的单选按钮。在 HTML 表单中＜input type＝"radio"＞

每出现一次，一个 Radio 对象就会被创建。单选按钮是表示一组互斥选项按钮中的一个，当一个按钮被选中，之前选中的按钮就变为非选中状态。一组 Radio 对象有共同的名称（name 属性），访问同名的 Radio 对象，可以用 document. formName. radioName，这是一个 Radio 的数组，要访问单个 Radio 对象就要用：document. formName. radioName［x］，x 表示单选按钮的索引值。Radio 对象的属性如表 9－12 所示。

表 9－12   Radio 对象的属性

属性	描述
accessKey	设置或返回访问单选按钮的快捷键
alt	设置或返回在不支持单选按钮时显示的替代文本
checked	设置或返回单选按钮的状态。该属性的值为 true 或 false
defaultChecked	返回单选按钮的默认状态
disabled	设置或返回是否禁用单选按钮。该属性的值为 true 或 false
form	返回一个对包含此单选按钮的表单的引用
id	设置或返回单选按钮的 id
name	设置或返回单选按钮的名称
tabIndex	设置或返回单选按钮的 tab 键控制次序
type	返回单选按钮的表单类型
value	设置或返回单选按钮的 value 属性的值

Radio 对象的方法如表 9－13 所示。

表 9－13   Radio 对象的方法

方法	描述
blur ()	从单选按钮移开焦点
click ()	在单选按钮上模拟一次鼠标点击
focus ()	为单选按钮赋予焦点

例 9.12：单选按钮操作

代码如下：

```
<!DOCTYPE html PUBLIC "-//W3C//DTD XHTML 1. 0 Transitional//EN"
"http://www. w3. org/TR/xhtml1/DTD/xhtml1-transitional. dtd">
<html xmlns= "http://www. w3. org/1999/xhtml">
<head>
<meta http-equiv= "Content-Type" content= "text/html;charset= utf-8"/>
<title> 单选按钮操作</title>
<script language= "JavaScript">
function wenhou(val){
var uname= document. getElementById("txt1"). value;
switch(val){
case "boy":alert(uname+ "先生,你好!");break;
```

```
  case "girl":alert(uname+ "女士,你好!");break;
  }
}
</script>
</head>
< body>
< form name= "f1">
用户名:< input type= "text" id= "txt1" value= "请输入用户名" onfocus= "if(this. value= = '请输
入用户名'){this. value=  '';}"onblur= "if(this. value= = ''){this. value= '请输入用户名';}"/> <
br/>
性别:< input type = " radio" name = " usex" value = " boy" onclick = " wenhou(this. value);"/>
男  
< input type= "radio" name= "usex" value= "girl" onclick= "wenhou(this. value);"/> 女  
</form>
</body>
</html>
```

运行效果如图 9 - 13 所示。

图 9 - 13　单选按细操作

此例中，文本框中加入 onfocus 和 onblur 事件，在获取焦点时自动清空文本框默认内容，用户输入用户名；如果用户未输入任何内容，在失去焦点时文本框中自动显示默认内容"请输入用户名"。当输入用户名后，点击下面的单选按钮，会根据所选单选按钮选项出现相应的提示问候。

4. Checkbox 对象

Checkbox 对象代表一个 HTML 表单中的一个复选框。在 HTML 文档中<input type="checkbox">每出现一次，一个 Checkbox 对象就会被创建。复选框是一组可以进行多选的表单对象。一组 Checkbox 对象有共同的名称（name 属性），但其 value 属性的值是不相同的。访问同名的 Checkbox 对象，可以用 document. formName. checkboxName，这是一个同名复选框的数组；要访问单个 Checkbox 对象就要用 document. formName. check-boxName [x]，x 表示复选框按钮的索引值。

Checkbox 对象与 Radio 对象的属性、方法、事件相同，读者可以参考前面所列图表。

例 9. 13：Checkbox 实现的全选功能

代码如下：

```
< !DOCTYPE html PUBLIC "-//W3C//DTD XHTML 1. 0 Transitional//EN"
"http://www. w3. org/TR/xhtml1/DTD/xhtml1-transitional. dtd">
< html xmlns= "http://www. w3. org/1999/xhtml">
< head>
< meta http-equiv= "Content-Type" content= "text/html;charset= utf-8"/>
< title> 复选框实现全选功能</title>
< script language= "JavaScript">
function selall(flag){
 var oChks= document. f1. ways;
 for(var i= 0;i< = oChks. length- 1;i+ + ){
  oChks[i]. checked= flag;
 }
}
function selrev(){
 var oChks= document. f1. ways;
 for(var i= 0;i< = oChks. length- 1;i+ + ){
  oChks[i]. checked= ! (oChks[i]. checked)
 }
}
function selok(){
 var oChks= document. f1. ways;
 var opts= "";
 var n= 0;
for(var i= 0;i< = oChks. length- 1;i+ + ){
 if(oChks[i]. checked= = true){
  n+ + ;
  opts= opts+ oChks[i]. value+ "\n"
 }
 }
if(n= = 0){
 window. alert("请至少选择一项!");
}else{
 window. alert("你所通过的途径有:"+ n+ "种! 分别是:\n"+ opts);
 }
}
</script>
</head>
< body>
```

```
< form name= "f1">
<h1> 你通过什么方式了解电子商务？</h1>
< input type= "checkbox" name= "ways" value= "网络"/> 网络< br/>
< input type= "checkbox" name= "ways" value= "媒体"/> 媒体< br/>
< input type= "checkbox" name= "ways" value= "电视"/> 电视< br/>
< input type= "checkbox" name= "ways" value= "报纸"/> 报纸< br/>
< input type= "checkbox" name= "ways" value= "培训机构"/> 培训机构< br/>
< input type= "checkbox" name= "ways" value= "看书自学"/> 看书自学< br/>
< a href= "JavaScript:selall(true);"> 全选</a>   < a href= "JavaScript:selall(false);"
> 全不选</a>   < a href= "JavaScript:selrev();"> 反选</a>   
< input type= "button" value= "确定" onclick= "selok();"/>
</form>
</body>
</html>
```

运行效果如图 9 - 14 所示。

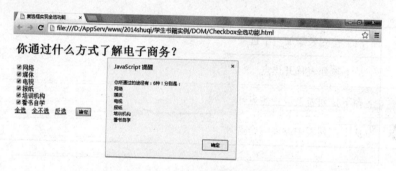

图 9 - 14　Checkbox 实现的全选功能

此例中，总共实现了四个方面的功能：全选，全不选，反选，确定显示所选择的选项内容。如果没有一项被选择，会出现相应提示。借助复选框的 checked 属性，通过设置其值为 true 将复选框变为选中状态，当值为 false 时变为未选中状态。此例巧妙之处在于全选和全不选功能由一个函数 selall 来处理，通过不同的参数（true 和 false）来实现两个不同的功能。读者可以借鉴一下此种方法的简便之处。

5. Select 对象

下拉菜单或列表对象，由"<select>"指定。在 HTML 表单中，<select>标签每出现一次，一个 Select 对象就会被创建。Select 对象的集合、属性、方法和事件的描述分别如表 9 - 14 至表 9 - 17 所示。

表 9 - 14　　　　　　　　　　　　　　Select 对象的集合

集合	描述
options []	返回包含下拉列表中的所有选项的一个数组

表 9 - 15   **Select 对象的属性**

属性	描述
disabled	设置或返回是否应禁用下拉列表
form	返回对包含下拉列表的表单的引用
id	设置或返回下拉列表的 id
length	返回下拉列表中的选项数目
multiple	设置或返回是否选择多个项目
name	设置或返回下拉列表的名称
selectedIndex	设置或返回下拉列表中被选项目的索引号。通过此属性可以访问所选下拉选项
size	设置或返回下拉列表中的可见行数
tabIndex	设置或返回下拉列表的 Tab 键控制次序
type	返回下拉列表的表单类型

表 9 - 16   **Select 对象的方法**

方法	描述
add ()	向下拉列表添加一个选项
blur ()	从下拉列表移开焦点
focus ()	在下拉列表上设置焦点
remove ()	从下拉列表中删除一个选项

表 9 - 17   **Select 对象的事件**

事件	描述
onchange	当改变下拉选项时调用的事件

6. Option 对象

Option 对象代表 HTML 表单中下拉列表中的一个选项。在 HTML 表单中<option>标签每出现一次，一个 Option 对象就会被创建。Option 对象由 "<select>" 下的 "<options>" 指定。option 对象属性描述如表 9 - 18 所示。

表 9 - 18   **Option 对象的属性**

属性	描述
defaultSelected	返回 selected 属性的默认值
disabled	设置或返回选项是否应被禁用
form	返回对包含该元素的<form>元素的引用
id	设置或返回选项的 id

续前表

属性	描述
index	返回下拉列表中某个选项的索引位置
label	设置或返回选项的标记（仅用于选项组）
selected	设置或返回 selected 属性的值。如果为 true，则该选项被选中
text	设置或返回某个选项的纯文本值
value	设置或返回被送往服务器的值

将 Select 对象和 Option 对象结合使用，可以实现一些关于下拉菜单的操作功能。下面通过实例来说明。

例 9.14：友情链接的跳转

代码如下：

```
<!DOCTYPE html PUBLIC "-//W3C//DTD XHTML 1. 0 Transitional//EN"
"http://www. w3. org/TR/xhtml1/DTD/xhtml1-transitional. dtd">
<html xmlns= "http://www. w3. org/1999/xhtml">
<head>
<meta http-equiv= "Content-Type" content= "text/html;charset= utf-8"/>
<title> 友情链接功能</title>
<script language= "JavaScript">
function tiaozhuan(){
  var oLinks= document. getElementById("links");
  var i= oLinks. selectedIndex;
  var url= oLinks. options[i]. value;
  if(url! = '0'){
  location. href= oLinks. options[i]. value;
  }
}
</script>
</head>
<body>
<select id= "links" onchange= "tiaozhuan();">
 <option value= "0"> 请选择友情链接网站</option>
<option value= "http://www. baidu. com"> 百度</option>
<option value= "http://www. qq. com"> 腾讯</option>
<option value= "http://www. 163. com"> 163 网站</option>
<option value= "http://www. sina. com. cn"> 新浪</option>
</select>
</body>
</html>
```

运行效果如图 9 - 15 所示。

图 9 - 15　友情链接的跳转

此例中，将每一个列表项的 value 属性的值设置为要链接的 URL 地址，选取到哪一项，就获取这一项的 value 属性的值，也就是要跳转的页面地址，此问题就迎刃而解了。

例 9.15：省级联动功能

代码如下：

```
< !DOCTYPE html PUBLIC "-//W3C//DTD XHTML 1. 0 Transitional//EN"
"http://www. w3. org/TR/xhtml1/DTD/xhtml1-transitional. dtd">
< html xmlns= "http://www. w3. org/1999/xhtml">
< head>
< meta http-equiv= "Content-Type" content= "text/html;charset= utf-8"/>
< title> 省级联动</title>
< script language= "JavaScript">
var opts= new Array("北京","河北","山东","湖北","广东","广西","陕西","辽宁","江苏","山
西");
window. onload= function(){
 var sheng= document. getElementById("sheng");
 for(var i= 0;i< opts. length;i+ + ){
 var opt1= new Option(opts[i],i+ 1);
 sheng. add(opt1);
 }
}
function chgcity(){
 var s1= document. getElementById("sheng");
 var city= document. getElementById("city");
 var n= s1. selectedIndex;
 var beijing= new Array("海淀区","朝阳区","大兴区","顺义区","丰台区","石景山区");
 var hebei= new Array("承德","石家庄","保定","沧州","廊坊","张家口","衡水");
 city. options. length= 0;//清除右边城市已有的所有选项
 switch(n){
 case 0:city. options. add(new Option('请选择市或区',0));break;
 case 1:for(var a= 0;a< beijing. length;a+ + ){
   var shi= new Option(beijing[a],a+ 1);
```

```
    city. options. add(shi);
    };break;
  case 2:for(var a= 0;a< hebei. length;a+ + ){
    var shi= new Option(hebei[a],a+ 1);
    city. options. add(shi);
    };break;
  }
  }
</script>
</head>


< body>
< select id= "sheng" onchange= "chgcity();">
< option value= "0"> 请选择省</option>
</select>
< select id= "city">
< option value= "0"> 请选择市或区</option>
</select>
</body>
</html>
```

运行效果如图 9 - 16 所示。

图 9 - 16　省级联动功能

　　此例只实现了二级联动功能，选择左边的省或直辖市，会将对应的市或区动态加载进来，显示到右边的下拉列表中。new Option 用来创建列表项对象，两个参数分别是文本值和 value 值；add（）方法用来将创建的下拉选项添加到对应的下拉菜单中。此实例主要通过数组来将各个省、市数据进行存储，更简洁的方式建议通过二维数组或者 JSON 数据格式进行对应存储，然后通过循环方式依次添加每一项数据。

 9.8　表单验证

　　JavaScript 可用来在数据被送往服务器前对 HTML 表单中的输入数据进行验证。为什么不直接交给服务器来做这个验证工作呢？因为，如果很多用户都将这些格式验证的任

务交给服务器端，那么无疑会增加服务器的压力，系统的响应速度和交互能力会降低。所以，一般在客户端先对用户填写的表单数据进行格式验证，待到所有的格式验证成功后再提交给服务器端程序进行处理，这样可以大大减轻服务器的负担。所以，表单验证是对用户数据进行有效处理的一项重要功能。

常见的表单验证功能主要有非空性验证、长度限制验证、格式有效性验证等，用到的主要事件是表单的 onsubmit 事件，通过这个事件进行相应的事件处理程序，并返回 true 或 false 来确定表单的提交与否。格式如下：

```
< form method= "post" action= "do. php"onsubmit= "return chkform();"> </form>
```

每一项的表单元素数据均可以单独进行验证，一般通过 onblur 事件来处理。同样，事件处理函数要返回 true 或 false 来确定这一项表单数据的合法与否。当所有的表单数据通过自己的验证程序处理完成以后，chkform 函数只需要判断每一个项验证函数返回的值是 true 还是 false，如果所有的值均为 true，表单提交；否则，表单不提交。

下面通过一个用户名验证来说明表单验证的一般方法。这里，用户名不能为空，且由 3 个或 3 个以上字符组成。

例 9.16：用户名验证功能

代码如下：

```
< !DOCTYPE html PUBLIC "-//W3C//DTD XHTML 1. 0 Transitional//EN"
"http://www. w3. org/TR/xhtml1/DTD/xhtml1-transitional. dtd">
< html xmlns= "http://www. w3. org/1999/xhtml">
< head>
< meta http-equiv= "Content-Type" content= "text/html;charset= utf-8"/>
< title> 表单用户名验证</title>
< script language= "JavaScript">
function chkform(){
 if(chkuname()= = true){//表单用户名正确
  return true;
 }else{//表单用户名数据不合法
  return false;
 }
}
function chkuname(){//验证用户名
 var uname= document. f1. uname;
 var oSpan= document. getElementById("span1");
 if(uname. value= = ""){//用户名非空性
  oSpan. innerHTML= "< font color= '# ff0000'> 用户名不能为空！</font>";
  return false;
 }else if(uname. value. length< 3){//用户名由 3 个或以上字符组成
```

```
oSpan. innerHTML= "< font color=  '# ff0000'> 用户名由 3 个或 3 个以上字符组成!";
return false;
}else{
oSpan. innerHTML= "< font color=  '# 00ff00'> 用户名输入正确！</font>";
return true;
}
}
</script>
</head>
< body>
< form action= "" name= "f1" onsubmit= "return chkform();">
< table border= "1" align= "center">
< tr>
< th colspan= "3"> 用户注册</th>
</tr>
< tr>
< td> 用户名:</td>
< td> < input name= "uname" type= "text" id= "uname" value= "" class= "txt" onblur= "chku -
name();"/> </td>
< td> < span id= "span1"> 用户名非空,长度在 3 位及以上</span> </td>
</tr>
< tr>
< td colspan= "3" align= "center"> < input type= "submit" name= "sub" id= "sub" value= "立即注
册"/> </td>
</tr>
</table>
</form>
</body>
</html>
```

运行效果如图 9 - 17 所示。

此例中，通过设置 span 标签的 innerHTML 属性值来显示每一项的提示信息。当用户名输入正确时，表单提交事件的返回值为 true，表单提交给后台程序处理。除了用户名格式验证以外，还有密码、E-mail、QQ、电话号码、邮编等信息的验证，后面的同步实训案例中会详细讲解，此处不再赘述。

a. 用户名为空

b. 用户名为 3 个字符以下

c. 用户名输入正确

图 9 - 17　表单验证功能

本章小结

本章是 JavaScript 脚本技术的重点章节，主要介绍了文档对象模型 DOM。其中包括 DOM 模型的结构，DOM 节点的分类，DOM 节点的访问方法，DOM 节点的创建、添加和删除。本章也介绍了表单元素对象如文本框、单选按钮、复选框、下拉菜单等元素的使用，且实现了用户注册表中表单内容的有效性验证。这是表单元素与事件结合的一个综合案例，读者可以参考书中给出的代码，理解并掌握表单验证的一般规则和验证方法。

同步实训

● **实训目的**

掌握表单中各个元素的对象和操作方法。

● **实训要求**

用户在表单中输入注册信息时可对用户输入内容进行有效性验证，并做出相应提示。

● **实训安排**

定义新用户注册界面，用户输入用户名、密码、E-mail 等不同信息时，可根据用户注册内容做出相应处理。所有信息验证成功后，提交表单。

页面效果如图 9 - 18 所示。

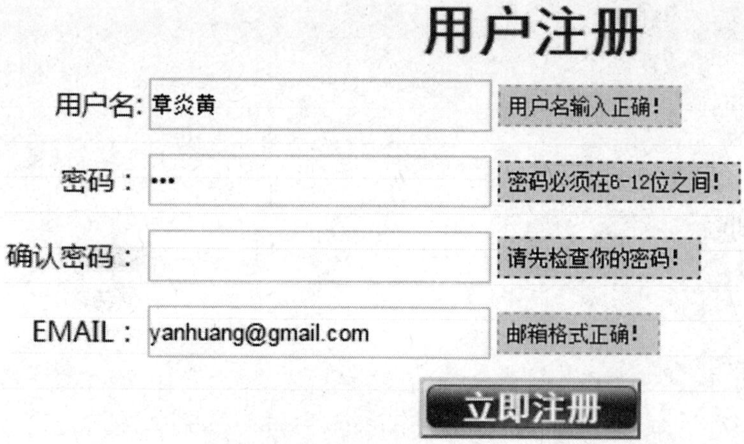

用户注册

用户名: 章炎黄　　　　　　　用户名输入正确!

密码 : ●●●　　　　　　　　密码必须在6-12位之间!

确认密码 : 　　　　　　　　请先检查你的密码!

EMAIL : yanhuang@gmail.com　邮箱格式正确!

立即注册

图 9-18　表单验证综合案例

代码如下：

```
<! DOCTYPE html PUBLIC "-//W3C//DTD XHTML 1. 0 Transitional//EN"
"http://www. w3. org/TR/xhtml1/DTD/xhtml1-transitional. dtd">
< html xmlns= "http://www. w3. org/1999/xhtml">
< head>
< meta http-equiv= "Content-Type" content= "text/html;charset= utf-8"/>
<title> 表单验证综合实例</title>
< style　type= "text/css">
 table{
 border:0px;
 margin:0px auto;
 }
 td{
 height:40px;
 }
 td span{
 font-size:12px;
 color:# 333;
 padding:5px;
 border:1px solid # CCC;
 }
 th{
 color:# 360;
 font-size:24pt;
 font-family:"黑体";
```

```
}
td. left{
font-size:12pt;
color:# 333;
font-family:"微软雅黑";
text-align:right;
width:150px;
}
td. right{
width:400px;
}
. txt{
width:200px;
height:26px;
border:1px solid # C5C5C5;
}
. btn_sub{
font-family:"黑体";
font-size:20px;
font-weight:bold;
color:# FFF;
background-image:url(../images/reg. gif);
background-repeat:no-repeat;
height:35px;
width:130px;
}
. success{/* 提示正确信息的样式* /
color:# 060;
font-size:12px;
border:1px dashed # 33CCFF;
background-color:# E1F4CE;
padding:5px;
}
. error{/* 提示错误信息的样式* /
color:# 900;
font-size:12px;
border:1px dashed # FF0000;
background-color:# FEE7E2;
```

```
 padding:5px;
 }
</style>
< script language= "JavaScript">
/* = = = = = = = = = = = = = = = = = = = = = = = = = =
showinfo:定义每个表单项的提示信息及使用的样式
id:显示提示信息的对象 id
msg:提示的内容
classname:显示的样式类别名称
= = = = = = = = = = = = = = = = = = = = = = = = = * /
function showinfo(id,msg,classname){
 var obj= document. getElementById(id);
 obj. innerHTML= msg;
 obj. className= classname;
}
function chkform(){
 if(chkuname()&&chkpwd()&&chkpwdok()&&chkemail()){//表单中的数据全部合法
 return true;
 }else{//表单中至少有一项数据不合法
 return false;
 }
}
function chkuname(){//验证用户名
 var uname= document. getElementById("uname");
 var mode1= /^\s* $ /;   //空白字符正则表达式
 var mode2= /^[a- zA- Z\u4e00- \u9fa5][\w\u4e00- \u9fa5]{2,11}$ /;
//以字母、中文开头,3~ 12 字节正则表达式
 if(mode1. test(uname. value)){
 showinfo("span1","用户名不能为空!","error");
 return false;
 }else if(! mode2. test(uname. value)){//不匹配时提示
 showinfo("span1","字母或汉字开头,后面跟字母、数字、_、中文,3~ 12 字节以内!","error");
 return false;
 }else{/* 用户名格式正确* /
 showinfo("span1","用户名输入正确!","success");
 return true;
 }
}
```

```
function chkpwd(){//验证密码
 var upwd= document. getElementById("upwd");
 var upwdok= document. getElementById("upwdok");
 if(upwd. value. length> = 6&&upwd. value. length< = 12){//密码正确
  showinfo("span2","密码正确","success");
  upwdok. readOnly= false;
  return true;
 }else{//错误
  showinfo("span2","密码必须在 6~ 12 位之间!","error");
  upwdok. readOnly= true;
  return false;
 }
}
function chkpwdok(){//验证确认密码
 var upwd= document. getElementById("upwd");
 var upwdok= document. getElementById("upwdok");
 var span3= document. getElementById("span3");
 if(chkpwd()= = true){//密码正确的情况下去确认
  if(upwd. value= = upwdok. value){//确认密码正确
   showinfo("span3","密码确认正确!","success");
   return true;
  }else{//错误
  showinfo("span3","两次密码不一致!","error");
  return false;
  }
 }else{
  showinfo("span3","请先检查你的密码!","error");
  return false;
 }
}

function chkemail(){
 var uemail= document. getElementById("uemail");
 var mode= /^\w+ ([- + . ]\w+ )* @\w+ ([- . ]\w+ )* \. \w+ ([- . ]\w+ )* $ /;
 if(mode. test(uemail. value)){
  showinfo("span4","邮箱格式正确!","success");
  return true;
 }else{
```

```
    showinfo("span4","邮箱格式错误！！","error");
    return false;
   }
}

</script>
</head>


< body>
< form action= "success. html" name= "f1" onsubmit= "return chkform();">
< table>
< tr>
< th colspan= "3"> 用户注册</th>
</tr>
< tr>
< td class= "left"> 用户名:</td>
< td> < input name= "uname" type= "text" id= "uname" value= "" class= "txt" onblur= "chku -
name();"/> </td>
< td class= "right"> < span id= "span1"> 以字母或汉字开头,可以是字母、数字、_、中文,3~ 12
个字节</span> </td>
</tr>
< tr>
< td class= "left"> 密码:</td>
< td> < input type= "password" name= "upwd" id= "upwd" class= "txt" onblur= "chkpwd();"   />
</td>
< td class= "right"> < span id= "span2"> 由字母、数字、_、- 组成,长度 6~ 12 位</span> </
td>
</tr>
< tr>
< td class= "left"> 确认密码:</td>
< td> < input type= "password" name= "upwdok" id= "upwdok" class= "txt" onblur= "chkpwdok
();" readonly= "readonly"/> </td>
< td class= "right"> < span id= "span3"> 请再输入一遍您上面填写的密码</span> </td>
</tr>
< tr>
< td class= "left"> EMAIL:</td>
< td> < input type= "text" name= "uemail" id= "uemail" class= "txt" onblur= "chkemail();"/> </
td>
```

```
< td class= "right"> < span id= "span4"> 请填写真实并且最常用的邮箱</span> </td>
</tr>
< tr>
< td colspan= "3" align= "center"> < input type= "submit" name= "sub" id="sub" value= "立即注
册" class= "btn_sub"/> </td>
</tr>
</table>
</form>
</body>
</html>
```

此例中，每个表单输入项均对应一个验证函数，如验证用户名函数为 chkuname ()，在用户操作完此项失去焦点时开始调用此函数进行验证。如果符合设定规则，在相应的 span 标记中提示信息，并返回 true；如不符合则返回 false。其他验证选项均采用此种方式。在 form 标记中定义提交事件 onsubmit，通过函数 chkform () 来处理表单提交情况。此函数调用表单各项验证函数，如果所有函数的返回均为 true，说明表单验证通过，此函数返回 true，表单提交；如果有一项验证不成功，表单返回 false，表单不提交，继续验证。

针对各个表单项的不同验证规则，采用了正则表达式来描述，如用户名以字母或中文开发，长度在 3~15 字节的正则：var mode2=/ˆ [a−zA−Z \ u4e00− \ u9fa5] [\ w \ u4e00− \ u9fa5] {2，11} $/；邮箱验证规则：var mode=/ˆ \ w+ （ [−+.] \ w+) ∗@ \ w+ ([−.] \ w+) ∗ \. \ w+ ([−.] \ w+) ∗ $/；均是采用这种方式。另外，此例中专门定义了函数 showinfo () 用于信息的提示和样式设定。在源代码有注解，读者可自行查看理解。

∽∽∽∽教学一体化训练∽∽∽∽

● 重要概念

　　DOM 节点　元素　父节点　子节点　兄弟节点

● 课后讨论

　　1. 如何理解 DOM 模型？

　　2. DOM 节点的访问方式有哪些？有什么区别？

　　3. Style 对象可以操作元素样式的哪些内容？

　　4. 表单元素对象有哪些？如何验证表单数据的合法性？

● 课后自测

　　选择题

　　1. 如果在 HTML 页面中包含如下图片标签：＜img id ="pic" src ="Sunset. jpg" width="400" height="300" />，则选项中（　　）的 JavaScript 语句能够实现隐藏该

图片的功能。

　　A. document. getElementById ("pic") . style. display="visible";

　　B. document. getElementById ("pic") . style. display="hidden";

　　C. document. getElementById ("pic") . style. display="block";

　　D. document. getElementById ("pic") . style. display="none";

　　2. 在 DOM 操作中，nodeType 属性可用于获取节点类型，如果返回值为 1，则表明该节点为（　　）。

　　A. 文本节点　　　　B. 元素节点　　　　C. 属性节点　　　　D. 文档节点

　　3. 在 DOM 操作中，为获取页面中多个同类标签节点，如获取所有的段落元素，应使用 document 的（　　）方法。

　　A. getElementById ()　　　　　　　　B. getElementsByName ()

　　C. getElementsByTagName ()　　　　　D. getElementByName ()

　　4. 下列 JavaScript 的 DOM 操作中，关于节点的叙述，表示创建段落元素节点的是（　　）。

　　A. createElement ("p")　　　　　　　B. createTextNode ("p")

　　C. createNode ("p")　　　　　　　　D. createElementNode ("p")

　　5. 在 HTML 页面上包含如下所示的 div 对象，则 JavaScript 语句 document. getElementById ("info") . innerHTML 的值是（　　）。

　　<div id="info" style="display：block" ><p>请填写<em>姓名</em></p></div>

　　A. 请填写姓名　　　　　　　　　　B. <p>请填写<em>姓名</em></p>

　　C. <p>请填写</p>　　　　　　　　　D. 请填写<em>姓名</em>

第 10 章

Cookie 技术

知识目标

掌握 Cookie 的特点。

掌握 Cookie 的作用。

掌握 Cookie 的缺陷。

能力目标

掌握 Cookie 读取数据的方式。

掌握 Cookie 有效期设置方法。

会删除 Cookie 数据。

10.1 什么是 Cookie

Web 应用程序有一个很重要的特性就是可以记录用户的状态。例如，在论坛中，当用户登录之后，可以记录用户的登录状态，甚至还能记录当前用户所在的论坛版块。要实现这样的功能通常需要通过某种载体来保存此类信息。

Cookie 是当用户浏览某网站时，网站存储在客户机器上的一个小文本文件。该文件可能记录了该用户的 ID、密码、浏览过的网页、停留的时间等信息。当用户再次来到该网站时，网站通过读取 Cookie，得知用户的相关信息，就可以做出相应的动作。例如，在页面显示欢迎的标语，或者让用户不用输入 ID、密码就直接登录等。

从 JavaScript 的角度看，Cookie 就是一些字符串信息。这些信息存放在客户端的计算机中，用于客户端计算机与服务器之间传递信息。在 JavaScript 中可以通过 document. Cookie 来读取或设置这些信息。由于 Cookie 多用在客户端和服务端之间进行通信，所以除了 JavaScript 以外，服务端的语言（如 PHP）也可以存取 Cookie。

1. Cookie 的特点

● Cookie 是有大小限制的，每个 Cookie 的大小不能超过 4kB，否则该属性将返回空字符串。

● 每个 Cookie 的格式都是：<Cookie 名称>=<值>；名称和值都必须是合法的标示符。

● Cookie 是存在有效期的。在默认情况下，一个 Cookie 的生命周期就在浏览器关闭的时候结束。如果想要 Cookie 能在浏览器关掉之后还可以使用，就必须要为该 Cookie 设置失效日期。

● Cookie 有域和路径两个概念。域即 domain，一般情况下，不同的域之间是不能互相访问 Cookie 的。路径即 routing，一个网页所创建的 Cookie 只能被与这个网页在同一目录或子目录下的所有网页访问，而不能被其他目录下的网页访问。

2. Cookie 的作用

● Cookie 可以保存用户登录状态。例如，将用户 ID 存储于一个 Cookie 内，这样当用户下次访问该页面时就不需要重新登录了，现在很多论坛和社区都提供这样的功能。Cookie 还可以设置过期时间，当超过时间期限后，Cookie 就会自动消失。因此，系统往往可以提示用户保存登录状态的时间，常见选项有一个月、三个月、一年等。

● 跟踪用户行为。例如，一个天气预报网站，能够根据用户选择的地区显示当地的天气情况。系统能够记住上一次用户访问的地区，当下次再打开该页面时，它就会自动显示上次用户所在地区的天气情况。有的购物网站也会记录用户浏览过的商品，当用户下次登录时会自动显示用户的浏览记录，就像为某个用户所定制的一样，使用起来非常方便。

● 定制页面。如果网站提供了换肤或更换布局的功能，那么可以使用 Cookie 来记录用户的选项，例如背景色、分辨率等。当用户下次访问时，仍然可以保存上一次访问的界面风格。

● 创建购物车。有些购物网站使用 Cookie 来记录用户需要购买的商品，在结账时可以统一提交。

3. Cookie 的缺陷

Cookie 的缺点主要集中于安全性和隐私保护方面，主要包括以下几种：

● Cookie 可能被禁用。当用户非常注重个人隐私保护时，很可能禁用浏览器的 Cookie 功能。

● Cookie 是与浏览器相关的。这意味着即使访问的是同一个页面，不同浏览器之间所保存的 Cookie 也是不能互相访问的。

● Cookie 可能被删除。因为每个 Cookie 都是硬盘上的一个文件，因此很有可能被用户删除。

● Cookie 安全性不够高。所有的 Cookie 都是以纯文本的形式记录于文件中，因此如果要保存用户名、密码等信息时，最好事先经过加密处理。

10.2　Cookie 基础用法

1. 简单的存取操作

在使用 JavaScript 存取 Cookie 时，必须要使用 Document 对象的 Cookie 属性，代码如下：

```
document. Cookie='username= Joan'
```

以上代码中，“username”表示 Cookie 名称，“Joan”表示此名称对应的值。如果此

Cookie 名称并不存在，那么就是创建一个新的 Cookie；如果存在，就会修改这个 Cookie 名称对应的值。如果要一次存储多个名/值对，可以使用分号（;）隔开，例如：

```
document. Cookie="userid= 97001;username= Joan";
```

在 Cookie 的名或值中不能使用分号（;）、逗号（,）、等号（＝）以及空格。用 escape () 函数进行编码，它能将一些特殊符号使用十六进制表示，例如空格将会编码为 "20%"，从而可以存储于 Cookie 值中，而且使用此种方案还可以避免中文乱码的出现。例如：

```
document. Cookie="str="+ escape("I love ajax");
```

2. Cookie 的读取操作

Cookie 的值可以由 document. Cookie 直接获得，格式如下：

```
var strCookie= document. Cookie;
```

这将获得以分号隔开的多个名/值对所组成的字符串，这些名/值对包括了该域名下的所有 Cookie。要精确地对 Cookie 中数据进行读取，就要对字符串进行操作。"W3School 手册" 上定义了类似的函数功能，如例 10.1 所示。

例 10.1：读取 Cookie 操作

代码如下：

```
function getCookie(c_name){
        if(document. Cookie. length> 0){      //先查询 Cookie 是否为空,为空就 return ""
                c_start= document. Cookie. indexOf(c_name+ "=");
                //通过 String 对象的 indexOf()来检查这个 Cookie 是否存在,不存在就
为- 1

                if(c_start! = - 1){
                        c_start= c_start + c_name. length+ 1
                        //最后这个+ 1 其实就是表示"="号啦,这样就获取到了 Cookie
值的开始位置

                        c_end= document. Cookie. indexOf(";",c_start)
                        //这句是为了得到值的结束位置。因为需要考虑是否是最后一
项,所以通过";"号是否存在来判断
                        if(c_end= = - 1) c_end= document. Cookie. length
                        return unescape(document. Cookie. substring(c_start,c_end))
                        //通过 substring()得到值。
                }
        }
        return ""
}
```

3. 设置 Cookie 的有效期

Cookie 的生命周期也就是有效期和失效期，即 Cookie 的存在时间。在默认的情况下，

Cookie 会在浏览器关闭的时候自动清除，可以通过 expires 来设置 Cookie 的有效期。语法如下：

```
document. Cookie= "name= value;expires= _date"
```

上面代码中的 date 值为 GMT（格林尼治时间）格式的日期型字符串，生成方式如下：

```
var _date = new Date();
_date. setDate(_date. getDate()+ days);
_date. toGMTString();
```

上面三行代码分解为下面几步来看：

（1）通过 new 生成一个 Date 的实例，获取当前的时间。

（2）getDate () 方法得到当前本地月份中的某一天，接着加上 days 所代表的天数，就是 Cookie 能在本地保存的天数。

（3）通过 setDate () 方法来设置时间。

（4）用 toGMTString () 方法把 Date 对象转换为字符串，并返回结果。

下面，通过一个完整的函数来说明在创建 Cookie 的过程中需要注意的地方。使用 "W3School 手册" 中实现的代码，创建一个在 Cookie 中存储信息的函数。

例 10.2：设置 Cookie 有效期

代码如下：

```
function setCookie(c_name,value,expiredays){
              var exdate= new Date();
              exdate. setDate(exdate. getDate() + expiredays);
                 document. Cookie= c_name+ "= "+ escape(value) + ((expiredays= =
null) ? "":";expires= "+ exdate. toGMTString());
          }
```

调用此函数：

```
setCookie('username','Joan',30)
```

这个函数是按照天数来设置 Cookie 的有效时间。如果想以其他单位（如小时）来设置，那么改变第三行代码即可，如下所示：

```
exdate. setHours(exdate. getHours()+ expiredays);
```

这样设置后的 Cookie 有效期就是以小时为单位。

4. 删除 Cookie

为了删除一个 Cookie，可以将其过期时间设定为一个过去的时间。

例 10.3：删除 Cookie

代码如下：

```
< script language= "JavaScript" type= "text/JavaScript">
<! - -
        //获取当前时间
        var date= new Date();
        //将 date 设置为过去的时间
        date. setTime(date. getTime()-  1000);
        //将 userId 这个 Cookie 删除
        document. Cookie= "userId=  97001;expires= "+ date. toGMTString();
//-  -  >
</script>
```

5. Cookie 路径概念

在前面提到 Cookie 有域和路径的概念，下面介绍路径在 Cookie 中的作用。

Cookie 一般都是由于用户访问页面而被创建的，但并不是只有在创建 Cookie 的页面才可以访问这个 Cookie。

默认情况下，只有与创建 Cookie 的页面在同一个目录或子目录下的网页才可以访问 Cookie，这是因为安全方面的考虑，以免造成所有页面都可以随意访问其他页面创建的 Cookie。

那么，如何让 Cookie 能被其他目录或者父级的目录访问？通过设置 Cookie 的路径就可以实现。代码如下：

```
document. Cookie= "name= value;path= path"
document. Cookie= "name= value;expires= date;path= path"
```

path 就是用来设置 Cookie 的路径，最常用的例子就是让 Cookie 在根目录下，这样不管是哪个子页面创建的 Cookie，所有的页面都可以访问，设置如下：

```
document. Cookie= "name= Joan;path= /"
```

6. Cookie 安全性

通常 Cookie 中的信息都是使用 HTTP 连接并传递，这种传递方式很容易被查看，所以 Cookie 存储的信息容易被窃取。假如 Cookie 中所传递的内容比较重要，那么就要求使用加密的数据传输。Cookie 关于安全性属性的名称是"secure"，默认值为空。如果一个 Cookie 的属性为 secure，那么它与服务器之间就通过 HTTPS 或者其他安全协议传递数据。代码如下：

```
document. Cookie= "username= Joan2015;secure"
```

把 Cookie 设置为 secure，只保证 Cookie 与服务器之间的数据传输过程加密，而保存在本地的 Cookie 文件并不加密。如果想让本地 Cookie 也加密，得自己写加密算法。

7. Cookie 编码细节

在输入 Cookie 信息时不能包含空格、分号、逗号等特殊符号，而在一般情况下，

Cookie 信息的存储都是采用未编码的方式。因此，在设置 Cookie 信息以前要先使用 es-cape () 函数将 Cookie 数据进行编码，在获取到 Cookie 值时再使用 unescape () 函数把值进行解码。可使用如下方法进行设置：

```
document. Cookie= name + "="+ escape(value)
```

 ## 10.3　Cookie 实例：构造通用的 Cookie 处理函数

Cookie 的处理过程比较复杂，并具有一定的相似性。因此可以定义几个函数来完成 Cookie 的通用操作，从而实现代码的复用。下面列出了常用的 Cookie 操作及其函数实现。

1. 添加一个 Cookie：addCookie（name，value，expiresHours）

该函数接收 3 个参数：Cookie 名称，Cookie 值，以及在多少小时后过期。这里约定 expiresHours 为 0 时不设定过期时间，即当浏览器关闭时 Cookie 自动消失。该函数实现如例 10.4 所示。

例 10.4：添加一个 Cookie 数据

代码如下：

```
< script language= "JavaScript" type= "text/JavaScript">
<! - -
        function addCookie(name,value,expiresHours){
                var CookieString= name+ "="+ escape(value);
                //判断是否设置过期时间
                if(expiresHours> 0){
                        var date= new Date();
                        date. setTime(date. getTime+ expiresHours* 3600* 1000);
                        CookieString= CookieString+ ";expires="+ date. toGMTString();
                }
                document. Cookie= CookieString;
            }
//- - >
</script>
```

2. 获取指定名称的 Cookie 值：getCookie（name）

该函数返回名称为 name 的 Cookie 值，如果不存在则返回空，其实现如例 10.5 所示。

例 10.5：获取 Cookie 值

代码如下：

```
< script language= "JavaScript"type= "text/JavaScript">
<! - -
```

```
function getCookie(name){
    var strCookie= document. Cookie;
    var arrCookie= strCookie. split(";");
    for(var i= 0;i< arrCookie. length;i+ + ){
        var arr= arrCookie[i]. split("= ");
        if(arr[0]= = name)return arr[1];
    }
    return "";
}
//- - >
</script>
```

3. 删除指定名称的 Cookie：deleteCookie（name）

该函数可以删除指定名称的 Cookie。

例 10.6：删除 Cookie

代码如下：

```
< script language= "JavaScript" type= "text/JavaScript">
<! - -
function deleteCookie(name){
    var date= new Date();
    date. setTime(date. getTime()- 1000);
    document. Cookie= name+ "= v;expires= "+ date. toGMTString();
}
//- - >
</script>
```

〜〜〜〜〜本章小结〜〜〜〜〜

本章主要介绍了 JavaScript 中数据缓存方式——Cookie 技术，包括对 Cookie 的认识，Cookie 数据的存取操作，Cookie 有效期设置方式，Cookie 数据的删除，Cookie 路径问题及 Cookie 的安全性问题。通过 Cookie 技术的学习，读者可以掌握本地数据的缓存方式，实现如网页换肤、用户登录名存储等应用功能。

第 11 章

网站特效魔术师——jQuery 技术

知识目标

掌握 jQuery 核心函数 jQuery ()。
掌握 jQuery 页面加载事件。
掌握 jQuery 选择器分类。
掌握 jQuery 访问 DOM 元素的方式和元素筛选。
掌握 jQuery 事件处理方式。

能力目标

掌握 jQuery 不同版本的下载和安装。
掌握表格、列表、表单等不同元素的选择器方式。
掌握对 DOM 元素的属性、内容、样式的操作。
实现复选框的全选功能。
通过事件与动画方法实现元素的淡入、淡出、显示、隐藏及其他动画效果。

目前主流的 JavaScript 框架主要有 jQuery、MooTools、YUI、Dojo、mooTools、Prototype、Ext JS 等，其中 jQuery 是最流行也是对初学者最友好的 JavaScript 库。它快速、简洁，使用户能更方便地处理 HTML 元素，实现动画效果，并且方便地为网站提供 Ajax 交互。jQuery 在众多的 JavaScript 库中脱颖而出，成为 JavaScript 库中的佼佼者，也几乎成为 Web 开发领域的标准。jQuery 已经在世界上最大的组织机构中得以应用，每个月有数以亿计的页面访问，增强了其交互性。Amazon、IBM、Twitter、NBC 等世界知名公司都在其产品中使用了 jQuery。本章将走进 jQuery 世界，将 jQuery 的应用功能展现给读者，让读者体会 jQuery 的强大功能，体会 jQuery 所带来的 Web 应用的震撼效果。

11.1 jQuery 概述

jQuery 发布于 2006 年，是一位年轻的美国人 John Resig 创建的一个开源项目。它是一款优秀而强大的 JavaScript 开发类库。由于它使用简单、功能强大、展现优雅、兼容性极佳而迅速赢得了 Web 开发者的青睐。使用 jQuery 能极大地提高 JavaScript 代码的效率，使写出来的代码更加简洁、健壮。所以，jQuery 秉承的理念就是：Write Less，Do More!

（以更少的代码实现更多的功能！）

1. jQuery 的特点

（1）轻量级。经 GZip 压缩后传输的代码文件仅十几 kB，未经压缩传送的代码文件仅二十多 kB。

（2）链式语法。如 jQuery 支持的语法结构：$ ("p.first") .addClass ("ohmy") .show ("slow")。

（3）CSS 选择器。支持 CSS 选择器选定 DOM 对象。

（4）多浏览器兼容性。支持 Internet Explorer 6＋、Opera 9＋、Firefox、chrome 等多种浏览器。

（5）简单、易用。较其他 JS 库更容易入门，中、英文档很齐全。

（6）易扩展。

2. jQuery 的功能

jQuery UI 、jQuery FX 这些插件已经有很完善的基于 jQuery 的用户界面库和网页特效库。

jQuery 提供了非常丰富且强大的功能，无论是简便且快捷的 DOM 元素操作，还是各种事件的绑定与处理；无论是简单且实用的动画操作，还是与服务器交互的 Ajax 支持，jQuery 各方面的表现都不俗。归纳起来，主要提供了如下功能：

（1）修改页面的表现。jQuery 可以很便捷地控制页面的 CSS 文件，修改页面元素的 CSS 样式信息，且很好地兼容各种浏览器。

（2）访问和操作 DOM 元素。jQuery 可以很方便地获取和修改页面中的元素，无论是删除、移动还是复制元素，jQuery 都提供了一整套方便、快捷的方法，既减少了代码的编写，又大大增强了用户对页面的体验感。

（3）页面事件处理。引入 jQuery 库后，可以使页面的表现层与业务逻辑功能分离，通过事件绑定机制，轻松地将二者结合在一起。

（4）为页面添加动画。jQuery 中内置了很多简单、实用的动画，如显示、隐藏、淡入、淡出，也能使用户自定义动画。在处理一般的页面效果中，这些动画既简化了用户的代码编写，也为页面带来了意想不到的效果。

（5）与服务器异步交互。jQuery 与 Ajax 技术的完美结合，加深了用户的页面体验感，也方便了程序的开发。

（6）大量而丰富的扩展插件。大量的 UI 插件极大丰富了页面的展示效果，也使得页面的功能更加完备。复杂的功能只需要加入插件就可以轻松搞定了。

知识扩展　　　　框架（Framework）和库（Library）

面向过程的代码组织形式而形成的库叫函数库；面向对象的代码组织形式而形成的库叫类库（Class Library），即类的集合。框架即骨架，它封装了某领域内处理流程的控制逻辑，所以框架实际是一个半成品的应用。框架和类库，一个注重整体，一个注重细节，框架帮助解决"代码如何组织"的问题，类库帮助解决"如何把代码写得更少、更巧、更强壮"的问题。框架与类库的区别如下：

（1）从结构上说，框架内部是高内聚的，而类库内部则是相对松散的。

（2）框架封装了处理流程的控制逻辑，而类库几乎不涉及任何处理流程和控制逻辑。

（3）框架专注于特定领域，而类库却是更通用的。

（4）框架通常建立在众多类库的基础之上，而类库一般不会依赖于某框架。

3. jQuery 的下载和安装

要获取 jQuery 的源码文件可以直接访问 jQuery 的官方网站，如图 11－1 所示。

图 11－1　jQuery 的官方网站

写作本书时的最新版本为 3.2.0，有不同的版本类型可供选择，读者可以查阅。

一般有压缩版和未压缩版两种 jQuery，如果是开发用，可下载压缩版，文件较小；如果是研究学习用，可下载未压缩版。

4. 在页面中引入 JS 源码文件

jQuery 下载完成后，不需要任何安装过程，解压文件，将名如 jquery-2.1.1.min.js 的源码文件复制到站点目录下。可先创建一名为 js 的目录并将其存放进去，然后在页面头部中添加如下代码：

```
< script language= "JavaScript"src= "js/jquery-2.1.1.min.js"> </script>
```

接下来就可以开始 jQuery 之旅了。

5. 核心函数 jQuery ()

jQuery () 是 jQuery 的一个核心函数，jQuery 中的一切都基于这个函数，或者说都是在以某种方式使用这个函数。"jQuery"关键字用于声明 jQuery 对象，是 jQuery 中选取元素的方式，等价于 $()。它是一个选择器函数，主要用来选择页面中的相关元素。jQuery () 函数介绍如下。

（1）语法：

```
jQuery([selector,[context]])
```

（2）功能：这个函数接收一个包含 CSS 选择器的字符串，然后用这个字符串去匹配一组元素。

（3）参数说明：

selector：用来查找的字符串。

context：作为待查找的 DOM 元素集、文档或 jQuery 对象。

例 11.1： 找到所有 p 元素，这些元素都必须是 div 元素的子元素

代码如下：

```
$ ("div> p");
```

例 11.2： 设置页面背景色

代码如下：

```
$ (document. body). css("background","black");
```

例 11.3： 在文档的第一个表单中，查找所有的复选框按钮（即 type 值为 checkbox 的 input 元素），设为选中状态

代码如下：

```
$ ("input:checkbox",document. forms[0]). attr('checked',true);
```

6. 第一个 jQuery 程序

下载安装完 jQuery 源程序后，就可以开始编写 jQuery 程序了。首先需要将 jQuery 源文件引入当前网页文件中，然后通过 jQuery 语法格式编写相应代码。

例 11.4： 通过一个按钮控制一个 DIV 块的显示或隐藏

代码如下：

```
< !DOCTYPE html PUBLIC"-//W3C//DTD XHTML 1. 0 Transitional//EN" "http://www. w3. org/TR/
xhtml1/DTD/xhtml1-transitional. dtd">
< html xmlns= "http://www. w3. org/1999/xhtml">
< head>
< meta http-equiv= "Content-Type" content= "text/html;charset= utf-8"/>
< title> 第一个 jQuery 实例</title>
< script language= "JavaScript"src= ". . /js/jquery-2. 1. 1. min. js"> </script>
< style type= "text/css">
        . box1{
        width:200px;
        height:200px;
        border:1px solid # 990;
        }
</style>
< script language= "JavaScript">
        $ (document). ready(function(){
```

```
                $ ('#  btn1'). click(function(){
             $ (". box1"). toggle("slow");
      });
      });
</script>
</head>
< body>
< input type= "button" value= "点击" id= "btn1"/> < br/>
< div class= "box1"> 这是一个 DIV 块！ </div>
</body>
</html>
```

运行效果如图 11 - 2 所示。

图 11 - 2　实例运行结果

此例用非常简洁的语句就实现了块的显示与隐藏效果，对应的语句如下：

```
$ ('#  btn1'). click(function(){$ (". box1"). toggle("slow");});
```

其中，$ ("♯btn1") 选取到 id 为 btn1 的按钮，在按钮上添加一个点击事件，语法形式为 $ ("♯btn1") . click (function)；然后通过一个匿名函数来处理点击后的效果，写法为 function () { $ ('. box1') . toggle ('slow');}。此函数作为 click 方法的参数。toggle () 方法是 jQuery 提供的一个实现元素显示和隐藏切换的动画功能。所以，通过一句非常简洁的语句就实现了所要达到的效果。

7. 页面加载事件 document. ready

$ (document) . ready (function) 是一个页面载入事件，它和 JavaScript 中的 window. onload 基本相同，细微的差别在于以下两点：

（1）执行时间不同。

程序浏览器解析过程如下：

● 解析 HTML 结构。

● 加载外部脚本和 CSS 样式文件。

● 解析并执行脚本代码。

● 构造 HTML　DOM 模型树。

——此处由 $ （document）.ready 执行，速度快，效率高。

● 加载图片、flash 等外部文件。

● 页面加载完毕。

——此处由 window.onload 执行，速度慢，效率低。

因此，$ (document).ready 在页面元素下载完成形成 DOM 树后就执行；而 window.onload 必须在页面全部加载完毕（包含图片下载）后才能执行。前者的执行效率高于后者。

（2）可编写此事件的数量不同。

$ (document).ready 可编写多个，并且按编写顺序依次执行，得到不同的执行结果；而 window.onload 虽然可以编写多个，但仅执行最后一个，无法输出多个结果。

$ (document).ready (function () {}) 可以简写成 $ (function () {})，因此这两种写法是一致的。

```
$ (document).ready(function(){
//程序段
});
```

等价于：

```
$ (function(){
//程序段
});
```

例 11.5：document.ready 与 window.onload

代码如下：

```
< !DOCTYPE html PUBLIC"-//W3C//DTD XHTML 1.0 Transitional//EN""http://www.w3.org/TR/xhtml1/DTD/xhtml1-transitional.dtd">
< html xmlns="http://www.w3.org/1999/xhtml">
< head>
< meta http equiv="Content Type" content="text/html;charset= utf-8"/>
< title> ready 较之于 onload</title>
< script language="JavaScript"src="../js/jquery-2.1.1.min.js"> </script>
< script language="JavaScript">
        $ (document).ready(function(){
document.write("这是第一次通过 document.ready 输出的！< br/> ");
        });
//等价的写法$ (function(){});
$ (function(){
document.write("这是第二次通过 document.ready 输出的！< br/> ");
});
//JavaScript 代码
```

```
/* window. onload= function(){
doucment. write("这是第一次通过 window. onload 输出的！< br/> ");
}
window. onload= function(){
document. write("这是第二次通过 window. onload 输出的！< br/> ");
}*/
</script>
</head>
< body>
</body>
</html>
```

运行效果如图 11－3 所示。

图 11－3　document. ready 输出结果

如果运行用 window. onload 编写的代码，运行效果如图 11－4 所示。

图 11－4　window. onload 输出结果

从运行结果来看，document. ready 定义的两个输出语句都执行了，而 window. onload 只执行了第二次定义的内容。

8. DOM 对象和 jQuery 对象

（1）DOM 对象。

DOM 是文档对象模型，当一个文档在浏览器中加载完毕，浏览器会根据整个文档的结构，将文档中的每一个元素包括文本形成一个 HTML DOM 模型树，这棵模型树上的节点都是一个对象，也就是所说的 DOM 对象。可以通过 JavaScript 提供的 docu-ment. getElementByID () 方法或其他方法来访问树中的每一个 DOM 对象。

（2）jQuery 对象。

在 jQuery 库中，通过 jQuery 提供的方法来访问文档页面元素的对象称为 jQuery 对象。

来看一个实例，比较这两种对象操作元素的不同方式。

例 11. 6： jQuery 对象与 DOM 对象

代码如下：

```
<!DOCTYPE html PUBLIC"-//W3C//DTD XHTML 1.0 Transitional//EN""http://www.w3.org/TR/
xhtml1/DTD/xhtml1-transitional.dtd">
    <html xmlns="http://www.w3.org/1999/xhtml">
    <head> <meta http-equiv="Content-Type" content="text/html;charset=utf-8"/>
    <title> jQuery 对象与 DOM 对象</title>
    <script language="JavaScript"src="../js/jquery-2.1.1.min.js"> </script>
    <script language="JavaScript">
            window.onload= function(){
                    var tDiv= document.getElementById("divTmp");
                    var oDiv= document.getElementById("divOut");
                    oDiv.innerHTML= tDiv.innerHTML;
            }
            $ (function(){
                    $ ("# divOut1").html($ ("# divTmp1").html());
            });
    </script>
    </head>
    <body>
    <div id="divTmp"> JavaScript 测试文本内容</div>
    <div id="divTmp1"> JQuery 测试文本内容</div>
    <hr>
    <div id="divOut"> </div>
    <div id="divOut1"> </div>
</body>
</html>
```

运行效果如图 11-5 所示。

图 11-5　jQuery 对象和 DOM 对象

从运行结果来看，这两种方式实现的效果是一样的，只不过用了两种不一样的写法。相对而言，jQuery 获取对象的方式比传统的 JavaScript 获取 DOM 对象的方式简洁得多。其中 html () 方法是获取或设置对象中的 HTML 内容，与 JavaScript 中的 innerHTML 属性的功能是一样的。

（3）jQuery 对象和 DOM 对象的转换。

jQuery 对象是 jQuery 独有的，如果一个对象是 jQuery 对象，那么它就可以使用 jQuery 里的方法，如 $ ("♯persontab") . html ()。jQuery 对象无法使用 DOM 对象的任何方法，同样 DOM 对象也不能使用 jQuery 里的任何方法。那这两者之间如何相互转换呢？

● jQuery 对象转成 DOM 对象。

jQuery 对象不能使用 DOM 中的方法，如果 jQuery 没有封装想要的方法，不得不使用 DOM 对象的时候，有如下两种处理方法：

一是 jQuery 对象是一个数组对象，可以通过［index］的方法得到对应的 DOM 对象。

如：var oDom＝ $ （"♯div1"）［0］。

二是使用 jQuery 中的 get（index）方法得到相应的 DOM 对象。

如：var oDom＝ $ （"♯div1"）. get（0）。

例 11.6 中的语句：

```
$ ("# divOut1"). html($ ("# divTmp1"). html());
```

可以写成：

```
$ ("# divOut1"). html$ ("# divTmp1")[0]. innerHTML);
```

● DOM 对象转成 jQuery 对象。

对于一个 DOM 对象，只需要用 $ () 把 DOM 对象包装起来（jQuery 对象就是通过 jQuery 包装 DOM 对象后产生的对象），就可以获得一个 jQuery 对象，转换后就可以使用 jQuery 中的方法了。

因此，上例中语句：

```
oDiv. innerHTML= tDiv. innerHTML;
```

也可以写成：

```
$ (oDiv). html($ (tDiv). html());
```

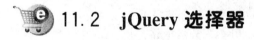

11.2 jQuery 选择器

1. 选择器介绍及分类

选择器是 jQuery 的根基，在 jQuery 中，为页面元素添加属性、样式或事件，必须先准确找到这些元素，而选择器就是实现这些重要功能的核心，它允许通过标签名、属性名或内容对 DOM 元素进行快速、准确的查找、选择。可以说，任何的 jQuery 操作都是先从选择器开始的。

（1）jQuery 选择器的优点。

● 简洁的写法。

如实现表格隔行换色的效果，只需要一句话就可以实现，代码如下：

```
$ ("table tr:nth-child(even)"). addClass("tdOdd");
```

● 完善的事件处理机制。

传统 JavaScript 代码中，操作页面元素时必须先找到该元素，才能赋予相应的属性或事件；如果该元素不存在或已被删除，浏览器将提示错误，影响后续代码的执行。而 jQuery 选择器定位页面元素时，无须考虑所定位的元素在页面中是否存在，即使不存在浏览器也不提示出错信息，极大地提高了代码的执行效率。

（2）jQuery 选择器分类。

根据所定位的页面元素的不同，可以将 jQuery 选择器分为如下几类：

- 基本选择器。
- 层次选择器。
- 过滤选择器。
- 表单选择器。

2. 基本选择器

基本选择器是 jQuery 中使用最频繁的选择器，它由元素 ID 编号、类名 Class、元素名、多个选择符组成。通过基本选择器可以实现大多数页面元素的查找，其详细说明如表 11-1 所示。

表 11-1 基本选择器

名称	参数	说明	返回值	举例
ID 选择器	♯id	根据元素 ID 选择	单个	$（"♯divId"）：选择 ID 为 div-Id 的元素
标签选择器	element	根据元素的名称选择	同类型集合	$（"a"）：选择所有<a>元素
类别选择器	.class	根据元素的 css 类选择	集合	$（".bgRed"）：选择所用 CSS 类为 bgRed 的元素
全匹配选择器	*	选择所有元素	所有元素集合	$（"*"）：选择页面所有元素
群组选择器	selector1, selector2, selectorN	可以将几个选择器用","分隔拼成一个选择器字符串，会同时选中这几个选择器匹配的内容	集合	$（"♯divId, a, .bgRed"）：选择 id 为 divId，所有的 a 标签，class 为 bgRed 三类元素

例 11.7：基本选择器的使用

代码如下：

```
< !DOCTYPE html PUBLIC"-//W3C//DTD XHTML 1. 0 Transitional//EN""http://www. w3. org/TR/
xhtml1/DTD/xhtml1-transitional. dtd">
< html xmlns= "http://www. w3. org/1999/xhtml">
< head> < meta http-equiv= "Content-Type"content= "text/html;charset= utf-8"/>
<title> 基本选择器的使用</title>
```

```
< script language= "JavaScript" src= ".. /js/jquery-2. 1. 1. min. js"> </script>
< style type= "text/css">
. p1,# d1,h1,h2{width:200px;height:50px;border:1px solid # 990;}
</style>
</head>
< body>
< input type= "button" value= "点击" id= "btn1"/> < br/>
< div id= "d1"> 这是一个 DIV 块！ </div>
< p class= "p1"> 这是一个 P 标签！ </p>
< p class= "p1"> 这是第二个 P 标签！ </p>
< h1> 标题一</h1>
< h2> 标题二</h2>
< script language= "JavaScript">
 $ ('# btn1'). click(function(){
        $ ("# d1,. p1,h1,h2"). toggle("slow");
     });
</script>
</body>
</html>
```

运行效果如图 11-6 所示。

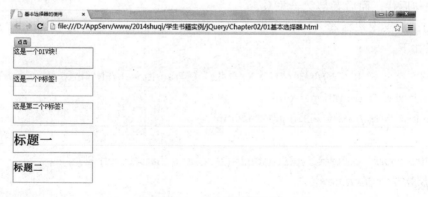

图 11-6　基本选择器实例

此例中，在 id＝"btn1" 的按钮上定义了一个点击事件，点击按钮，页面上的元素会在显示和隐藏之间进行效果切换，语句" $ ("♯d1, . p1, h1, h2") . toggle ("slow");"实现了这一功能。其中的选择器有 $ （"♯d1"), 选择 id＝"d1" 的 div 元素； $ （". p1"）选择到 class＝"p1" 的段落元素； $ ("h1，h2") 分别选择到一级、二级标题。通过逗号连接，可选择到所有的这些不同选择器的元素。

3. 层次选择器

层次选择器通过 DOM 元素间的层次关系获取元素，其主要的层次关系包括后代、父子、相邻、兄弟关系，通过其中某类关系可以方便、快捷地定位元素，其详细说明如表 11－2所示。

表 11－2　　　　　　　　　　　　　　　　层次选择器

名称	参数	说明	返回值	举例
后代选择器	ancestor descendant	在给定的祖先元素下匹配所有的后代元素	集合	$("."bgRed div")$ 选择 CSS 类为 bgRed 的元素中的所有＜div＞元素
父子选择器	parent＞child	选择 parent 的直接子节点 child，child 必须包含在 parent 中，并且父类是 parent 元素	集合	$("."myList＞li")$ 选择 CSS 类为 myList 元素中的直接子节点＜li＞对象
相邻选择器	prev＋next	prev 和 next 是两个同级元素。选中在 prev 元素后面的 next 元素	集合	$("♯div1＋img")$ 选择 id 为 div1 元素后面的 img 对象
兄弟选择器	prev~siblings	选择 prev 后面的根据 siblings 过滤的元素	集合	$("♯someDiv~span")$ 选择 id 为 someDiv 的对象后面的 span 元素

注：ancestor descendant 与 parent＞child 所选择的元素集合是不同的，前者的层次关系是祖先与后代，而后者是父子关系。

例 11.8：层次选择器

代码如下：

```
< !DOCTYPE html PUBLIC"-//W3C//DTD XHTML 1. 0 Transitional//EN""http://www. w3. org/TR/
xhtml1/DTD/xhtml1-transitional. dtd">
< html xmlns= "http://www. w3. org/1999/xhtml">
< head>
< meta http-equiv= "Content-Type"content= "text/html;charset= utf-8"/>
< title> 层次选择器</title>
< script language= "JavaScript"src= ". . /js/jquery-2. 1. 1. min. js"> </script>
< script type= "text/JavaScript">
$ (function(){
        $ ("# btn1"). click(function(){
        $ ("# d1 span"). css("color","red");
        $ ("# d1> span"). css("color","green");
        $ ("# d1+ span"). css("fontSize","28pt");
        $ ("# d1~ span"). css("color","yellow");
```

```
});
});
</script>
</head>


< body>
< input type= "button" value="点击" id= "btn1"/> < br/>
< div id= "d1">
< p> < span> div 中的后代元素 span 标签</span> </p>
< span> div 中的子元素 span 标签</span>
</div>
< span> div 相邻的 span 标签</span>
< p> div 同级的段落标签</p>
< span> div 同级的 span 标签</span>
< p> div 同级的段落标签</p>
< span> div 同级的 span 标签</span>
</body>
</html>
```

运行效果如图 11-7 所示。

图 11-7　层次选择器实例

此例中，语句 "$ ("＃d1＋span") .css ("fontSize"," 28pt");" 是将 id="d1" 元素相邻的一个 span 标签（注意是紧邻的且是一个）的字体大小设为 28pt；同时这个 span 标签也是此元素的兄弟，所以此 span 标签文本同时也被设置成了黄色。

4. 过滤选择器

过滤选择器根据某类过滤规则进行元素的匹配，书写时都以冒号（:）开头。过滤选择器可分为简单过滤选择器、内容过滤选择器、可见性过滤选择器、属性过滤选择器、子元素过滤选择器、表单对象属性过滤选择器，下面分别介绍。

（1）简单过滤选择器。

简单过滤选择器的名称及其说明和举例如表 11-3 所示。

表 11-3 简单过滤选择器

名称	说明	举例
：first	匹配找到的第一个元素	查找表格的第一行：$ ("tr：first")
：last	匹配找到的最后一个元素	查找表格的最后一行：$ ("tr：last")
：not(selector)	去除所有与给定选择器匹配的元素	查找所有未选中的 input 元素：$ ("input：not (:checked)")
：even	匹配所有索引值为偶数的元素，从 0 开始计数	查找表格的 1、3、5……行：$ ("tr：even")
：odd	匹配所有索引值为奇数的元素，从 0 开始计数	查找表格的 2、4、6……行：$ ("tr：odd")
：eq(index)	匹配一个给定索引值的元素，index 从 0 开始计数	查找第二行：$ ("tr：eq (1)")
：gt(index)	匹配所有大于给定索引值的元素，index 从 0 开始计数	查找索引值比 0 大的行：$ ("tr：gt (0)")
：lt(index)	选择结果集中索引小于 N 的 el-ements，index 从 0 开始计数	查找索引值比 2 小的行：$ ("tr：lt (2)")
：header	选择所有 h1、h2、h3 一类的 header 标签	给页面内所有标题加上背景色：$ ("：header") . css ("background"," ♯EEE");
：animated	匹配所有正在执行动画效果的元素	只有对不在执行动画效果的元素执行一个动画特效：$ ("div：not (：animated)") . animate ({left：" +=20"}, 1000);

例 11.9：简单过滤选择器

代码如下：

```
<!DOCTYPE html PUBLIC"-//W3C//DTD XHTML 1. 0 Transitional//EN""http://www. w3. org/TR/
xhtml1/DTD/xhtml1-transitional. dtd">
<html xmlns= "http://www. w3. org/1999/xhtml">
    <head>
    <meta http-equiv= "Content-Type"content= "text/html;charset= utf-8"/>
    <title> 简单过滤选择器</title>
    <style type= "text/css">
        table{width:300px;border:1px solid # CCC;border- collapse:collapse;
        td{border:1px solid # CCC;}
    </style>
    <script language= "JavaScript" src= ". . /js/jquery-2. 1. 1. min. js"> </script>
```

```
< script language= "JavaScript">
$ (function(){
        $ (":header"). css("color","# F00");
        $ ("tr:first"). css({"font-weight":"bold",color:"# 00F","text-align":"center"});
        $ ("tr:not(:first)"). css("font-family","楷体");
        $ ("tr:last"). css("color","# 0F0");
        $ ("tr:even"). css("background-color","# 999900");
        $ ("tr:odd"). css("background-color","# 3399FF");
});
</script>
</head>
< body>
<h1> 简单过滤选择器</h1>
< table>
<tr> <td> 姓名</td> <td> 年龄</td> <td> 城市</td> </tr>
<tr> <td> 张小蝶</td> <td> 21</td> <td> 北京</td> </tr>
<tr> <td> 李思</td> <td> 19</td> <td> 上海</td> </tr>
<tr> <td> 王蓝</td> <td> 25</td> <td> 广州</td> </tr>
<tr> <td> 马霖</td> <td> 18</td> <td> 深圳</td> </tr>
<tr> <td> 王思远</td> <td> 22</td> <td> 武汉</td> </tr>
</table>
</body>
</html>
```

运行效果如图 11-8 所示。

图 11-8　简单过滤选择器实例

（2）内容过滤选择器。

内容过滤选择器根据元素中的文字内容或所包含的子元素特征获取元素，其文字内容可以模糊或绝对匹配进行元素定位，其详细说明如表 11-4 所示。

表 11 - 4   内容过滤选择器

名称	说明	返回值	举例
：contains (text)	匹配包含给定文本的元素	集合	查找所有包含 "John" 的 div 元素：$ (" div：contains ('John')")
：empty	匹配所有不包含子元素或者文本的空元素	集合	查找所有不包含子元素或者文本的空元素：$ ("td：empty")
：has (selector)	匹配含有选择器所匹配的元素的元素	集合	给所有包含 p 元素的 div 元素添加一个 test 类：$ ("div：has (p)") . addClass ("test")
：parent	匹配含有子元素或者文本的元素	集合	查找所有含有子元素或者文本的 td 元素：$ ("td：parent")

例 11.10：内容过滤选择器

代码如下：

```
<!DOCTYPE html PUBLIC"-//W3C//DTD XHTML 1. 0 Transitional//EN""http://www. w3. org/TR/
xhtml1/DTD/xhtml1-transitional. dtd">
    <html xmlns= "http://www. w3. org/1999/xhtml">
    <head>
    <meta http-equiv= "Content-Type" content= "text/html;charset= utf- 8"/>
    <title> 内容过滤选择器</title>
    <style>
    a:link,a:visited{color:# 00F;}
    div{border:1px solid # CC6600;width:200px;height:30px;margin-bottom:10px;}
    </style>
    <script language= "JavaScript"src=". . /js/jquery-2. 1. 1. min. js"> </script>
    <script language= "JavaScript">
    $ (function(){
        $ ("p:contains('www')"). css("color","# FF0000");
        $ ("div:empty"). css("background-color","# 00FF00");
        $ ("p:has('a')"). css("font-size","24pt");
    });
    </script>
    </head>
    <body>
    <p> www. sina. com. cn</p>
    <p> <a href= "http://www. baidu. com"> www. baidu. com</a> </p>
    <p> <a href= "http://news. yahoo. cn"> news. yahoo. cn</a> </p>
    <div> </div>
```

```
< div> div 中包含文本内容</div>
    </body>
</html>
```

运行效果如图 11 - 9 所示。

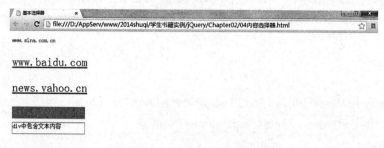

图 11 - 9   内容过滤选择器实例

（3）可见性过滤选择器。

可见性过滤选择器根据元素是否可见的特征获取元素，其详细的说明如表 11 - 5 所示。

表 11 - 5   可见性过滤选择器

名称	说明	举例
：hidden	匹配所有的不可见元素；hidden 匹配自身或者父类在文档中不占用空间的元素	查找所有不可见的 tr 元素： $ ("tr：hidden")
：visible	匹配所有的可见元素	查找所有可见的 tr 元素： $ ("tr：visible")

例 11.11：可见性过滤选择器

代码如下：

```
< !DOCTYPE html PUBLIC"-//W3C//DTD XHTML 1. 0 Transitional//EN""http://www. w3. org/TR/
xhtml1/DTD/xhtml1-transitional. dtd">
    < html xmlns= "http://www. w3. org/1999/xhtml">
    < head> < meta http-equiv= "Content-Type"content= "text/html;charset= utf-8"/>
    <title> 可见性过滤选择器</title>
    < script language= "JavaScript" src= ". . /js/jquery-2. 1. 1. min. js"> </script>
    < script language= "JavaScript">
    $ (function(){
    var str= ";str+ = $ ("tr:hidden"). text()+ "\n";
    str+ = $ ("input:hidden"). val()+ "\n";str+ = $ ("input:visible"). val();
    window. alert(str);
    });
```

```
    </script>
    </head>
    < body>
    < table border= "1">
    < tr style= "display:none;"> < td> 这是被隐藏的单元格内容</td> </tr>
    < tr> < td> 单元格 2</td> </tr> < tr> < td> 单元格 3</td> </tr> < tr> < td> 单元格 4
</td> </tr>
    </table>
    < form>
    < input type= "text" name= "txt1" value= "你的姓名"/> < br/>
    < input type= "hidden"name= "hid1"value= "隐藏域"/>
    </form>
    </body>
</html>
```

运行效果如图 11 - 10 所示。

图 11 - 10 可见性过滤选择器实例

（4）属性过滤选择器。

属性过滤选择器根据元素的某个属性获取元素，如 ID 号或匹配属性值的内容，并以"［"号开始、以"］"号结束。其详细的说明如表 11 - 6 所示。

表 11 - 6　　　　　　　　　　　　　属性过滤选择器

名称	说明	举例
［attribute］	匹配包含给定属性的元素	查找所有含有 id 属性的 div 元素：$ （" div ［id］"）
［attribute＝value］	匹配给定的属性是某个特定值的元素	查找所有 name 属性是 newsletter 的 input 元素：$ （" input ［name＝'newsletter'］"）
［attribute! ＝value］	匹配给定的属性是不包含某个特定值的元素	查找所有 name 属性不是 newsletter 的 input 元素：$ （"input ［name! ＝'newsletter'］"）
［attribute^＝value］	匹配给定的属性是以某些值开头的元素	查找所有 name 属性以 news 开头的 input 元素：$ （"input ［name^＝'news'］"）

续前表

名称	说明	举例
[attribute $ = value]	匹配给定的属性是以某些值结尾的元素	查找所有 name 以 "letter" 结尾的 input 元素：$ ("input [name $ ='letter']")
[attribute * = value]	匹配给定的属性是以包含某些值的元素	查找所有 name 包含 "man" 的 input 元素：$ ("input [name* ='man']")
[attributeFilter1] [attributeFilter2] [attributeFilterN]	复合属性选择器，需要同时满足多个条件时使用	找到所有含有 id 属性，并且它的 name 属性是以 man 结尾的：$ ("input [id] [name $ ='man']")

例 11.12：属性过滤选择器

代码如下：

```
< !DOCTYPE html PUBLIC"-//W3C//DTD XHTML 1. 0 Transitional//EN""http://www. w3. org/TR/
xhtml1/DTD/xhtml1-transitional. dtd">
< html xmlns= "http://www. w3. org/1999/xhtml">
    < head> < meta http-equiv= "Content-Type"content= "text/html;charset= utf-8"/>
    < title> 属性过滤选择器</title>
    < style type= "text/css">
            div{width:400px;height:30px;border:1px solid # 999900;margin-bottom:10px;}
            a:link,a:visited{color:# 00F;}
    </style>
    < script language= "JavaScript" src= ". . /js/jquery-2. 1. 1. min. js"> </script>
    < script language= "JavaScript">
    $ (function(){
            $ ("# btn1"). click(function(){
                    $ ("div[class]"). css("background-color","# EAEAEA");
                    $ ("a[title^= 'This']"). css("color","# FF0000");
                    $ ("input[name= 'chk']"). attr("checked",true);
                    window. alert($ ("input[id][name* = 'name']"). val());
            });
    });
    </script>
    </head>
    < body>
    < input type= "button" value= "点击我" id= "btn1"/>
    < div class= "divclass"> 有 Class 属性的 Div</div>
    < div id= "divid"> 有 ID 属性的 DIV</div>
    < a href= "http://www. baidu. com" title= "This is a Link"> www. baidu. com</a> < br/>
```

```
        <a href= "http://www. sohu. com. cn" title= "That is a Link">  www. sohu. com. cn</a>
        < br/>
        < form>
        用户名:< input type= "text" name= "txtname" id= "name"/>  < br/>
        密码:< input type= "password" name= "txtpwd" id= "pwd"/> < br/>
        兴趣爱好:< input type= "checkbox"name= "chk"/>  唱歌  
        < input type= "checkbox" name= "chk"/>  游泳  
        < input type= "checkbox" name= "chk"/>  爬山< br/>
        </ form>
        </ body>
</html>
```

运行效果如下:

未点击按钮前的效果如图 11-11 所示。

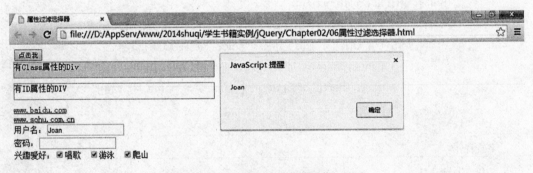

图 11-11 属性过滤选择器实例 (一)

点击按钮后的效果如图 11-12 所示。

图 11-12 属性过滤选择器实例 (二)

(5) 子元素过滤选择器。

jQuery 中可以通过子元素过滤选择器轻松获取所有父元素中指定的某个元素。其详细的说明如表 11-7 所示。

表 11－7 子元素过滤选择器

名称	说明	举例
：nth-child(index) ：nth-child(even) ：nth-child(odd) ：nth-child(3n) ：nth-child(3n＋1) ：nth-child(3n＋2)	匹配其父元素下的第 N 个子元素或奇、偶元素 '：eq(index)'只匹配一个元素，而这个将为每一个父元素匹配子元素 ：nth-child(index)中参数从 1 开始，而：eq() 是从 0 开始的！也可以使用形式如：nth—child(even)、：nth-child(odd)查找对应的奇数或偶数子元素	在每个 ul 查找第 2 个 li：$ ("ul li：nth-child (2)")
：first-child	匹配第一个子元素 "：first" 只匹配一个元素，而此选择符将为每个父元素匹配一个子元素	在每个 ul 中查找第一个 li：$ ("ul li：first-child")
：last-child	匹配最后一个子元素 "：last" 只匹配一个元素，而此选择符将为每个父元素匹配一个子元素	在每个 ul 中查找最后一个 li：$ ("ul li：last-child")
：only-child	如果某个元素是父元素中唯一的子元素，那将会被匹配；如果父元素中含有其他元素，那将不会被匹配	在 ul 中查找是唯一子元素的 li：$ ("ul li：only-child")

　　子元素过滤选择器与简单过滤选择器最大的不同之处在于：子元素过滤选择器将为每个符合条件的父元素都去匹配子元素，是一个多次匹配的过程；而简单过滤选择器只匹配一次。另外，子元素过滤选择器的索引值从 1 开始，而后者是从 0 开始的。

　　例 11.13：子元素过滤选择器

　　代码如下：

```
<!DOCTYPE html PUBLIC "-//W3C//DTD XHTML 1.0 Transitional//EN" "http://www.w3.org/TR/
xhtml1/DTD/xhtml1-transitional.dtd">
<html xmlns="http://www.w3.org/1999/xhtml">
    <head>
    <meta http-equiv="Content-Type" content="text/html;charset=utf-8"/>
    <title> 子元素过滤选择器</title>
    <style type="text/css">
    table{width:300px;border:1px solid # CCC;border- collapse:collapse;}
    td{border:1px solid # CCC;}
    </style>
    <script language="JavaScript" src="../js/jquery-2.1.1.min.js"> </script>
    <script language="JavaScript">
    $ (function(){
            $ (":header"). css("color","# F00");
```

```
        $ ("tr:first-child"). css({"font-weight":"bold",color:"# 00F","text-align":"center"});
        $ ("tr:not(:first-child)"). css("font-family","楷体");
        $ ("tr:last-child"). css("color","# 0F0");
        $ ("tr:nth-child(even)"). css("background-color","# 999900");
        $ ("tr:nth-child(odd)"). css("background-color","# 3399FF");
        $ ("tr:only- child"). css("background-color","# FC0");
    });
    </script>
    </head>
    < body>
    <h1> 学生基本信息</h1>
    <table>
    <tr> <td> 姓名</td> <td> 年龄</td> <td> 城市</td> </tr>
    <tr> <td> 张小蝶</td> <td> 21</td> <td> 北京</td> </tr>
    <tr> <td> 李思</td> <td> 19</td> <td> 上海</td> </tr>
    <tr> <td> 王蓝</td> <td> 25</td> <td> 广州</td> </tr>
    <tr> <td> 马霖</td> <td> 18</td> <td> 深圳</td> </tr>
    <tr> <td> 王思远</td> <td> 22</td> <td> 武汉</td> </tr>
    </table>
    < hr/>
    <h2> 学生成绩信息</h2>
    <table>
    <tr> <td> 姓名</td> <td> 学校</td> <td> 总分</td> </tr>
    <tr> <td> 张小蝶</td> <td> 北京大学</td> <td> 635</td> </tr>
    <tr> <td> 李思</td> <td> 清华大学</td> <td> 650</td> </tr>
    <tr> <td> 王蓝</td> <td> 对外经贸大学</td> <td> 603</td> </tr>
    <tr> <td> 马霖</td> <td> 北京师范大学</td> <td> 597</td> </tr>
    <tr> <td> 王思远</td> <td> 中国人民大学</td> <td> 624</td> </tr>
    </table>
    <h3> 学生所在系别</h3>
    <table>
    <tr> <td> 张小蝶</td> <td> 北京大学</td> <td> 新闻系</td> </tr>
    </table>
    </body>
</html>
```

运行效果如图 11 - 13 所示。

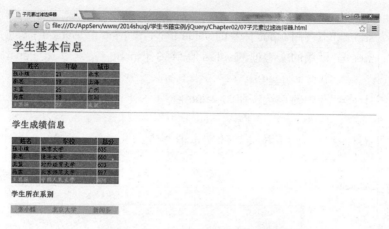

图 11－13　子元素过滤选择器实例

注：请仔细比较此例的运行结果与简单过滤选择器实例的区别。

（6）表单对象属性过滤选择器。

表单对象属性过滤选择器通过表单中的某对象属性特征获取该类元素，如 enabled、disabled、checked、selected 属性。其详细的说明如表 11－8 所示。

表 11－8　　　　　　　　　　表单对象属性过滤选择器

名称	说明	解释
：enabled	匹配所有可用元素	查找所有可用的 input 元素： $ （"input：enabled"）
：disabled	匹配所有不可用元素	查找所有不可用的 input 元素： $ （"input：disabled"）
：checked	匹配所有选中的被选中元素（复选框、单选框等，不包括 select 中的 option）	查找所有选中的复选框元素： $ （"input：checked"）
：selected	匹配所有选中的 option 元素	查找所有选中的选项元素： $ （"select option：selected"）

例 11.14：表单属性过滤选择器

代码如下：

```
< !DOCTYPE html PUBLIC "-//W3C//DTD XHTML 1. 0 Transitional//EN""http://www. w3. org/TR/
xhtml1/DTD/xhtml1-transitional. dtd">
< html xmlns= "http://www. w3. org/1999/xhtml">
    < head>
    < meta http-equiv= "Content-Type"content= "text/html;charset= utf-8"/>
    < title> 表单属性过滤选择器</title>    < script language = "JavaScript" src = ". . /js/
jquery-2. 1. 1. min. js"> </script>
    < script type= "text/JavaScript">
    $ (function(){
```

```
        var str="";
            str+ ="不可用 input 标签的 value 值:"+ $ ("input:disabled"). val()+ "\n";
            str+ ="可用的文本框的 value 值:"+ $ ("input[type= 'text']:enabled"). val()+ "
\n";
            str+ ="选中的单选按钮的 value 值:"+ $ ("input[type= 'radio']:checked"). val
()+ "\n";
            str+ ="选中的下拉列表的文本值:"+ $ ("select option:selected"). text()+ "\
n";
            window. alert(str);
    });
    </script>
    </head>
    < body>
    < form>
    用户 ID:< input type= "text" name= "id" disabled= "disabled" value= "20141001"/> <
br/>
    用户名:< input type= "text" name= "uname" value= "Joan"  /> < br/>
    性别:< input type= "radio" name= "usex" value= "male"checked= "chec-ked"/> 男  
    < input type= "radio" name= "usex" value= "female"/> 女< br/>
    所在城市:< select>
    < option value= "1"> 北京</option>
    < option value= "2" selected= "selected"> 上海</option>
    < option value= "3"> 广州</option>
    </select>
    </form>
</body>
</html>
```

运行效果如图 11 – 14 所示。

图 11 – 14　表单属性过滤选择器实例

5. 表单选择器

无论是提交还是传递数据，表单在页面中的作用是显而易见的。通过表单进行数据的提交或处理，在前端页面开发中占据重要地位。因此，为了使用户能更加方便、高效地使用表单，在 jQuery 选择器中引入表单选择器，该选择器专为表单量身打造，通过它可以在页面中快速定位表单对象。其详细的说明如表 11－9 所示。

表 11－9   表单选择器

名称	说明	解释
：input	匹配所有 input、textarea、select 和 button 元素	查找所有的 input 元素：$ ("：input")
：text	匹配所有的文本框	查找所有文本框：$ ("：text")
：password	匹配所有密码框	查找所有密码框：$ ("：password")
：radio	匹配所有单选按钮	查找所有单选按钮：$ ("：radio")
：checkbox	匹配所有复选框	查找所有复选框：$ ("：checkbox")
：submit	匹配所有提交按钮	查找所有提交按钮：$ ("：submit")
：image	匹配所有图像域	匹配所有图像域：$ ("：image")
：reset	匹配所有重置按钮	查找所有重置按钮：$ ("：reset")
：button	匹配所有按钮	查找所有按钮：$ ("：button")
：file	匹配所有文件域	查找所有文件域：$ ("：file")

因这些表单选择器的使用大同小异，下面只针对复选框选择器的全选效果进行综合介绍，读者可以参考、借鉴。

例 11.15：全选效果

代码如下：

```
< !DOCTYPE html PUBLIC"-//W3C//DTD XHTML 1. 0 Transitional//EN" "http://www. w3. org/TR/
xhtml1/DTD/xhtml1-transitional. dtd">
< html xmlns= "http://www. w3. org/1999/xhtml">
< head>
< meta http-equiv= "Content-Type" content= "text/html;charset= utf-8"/>
< title> 复选框全选实例</title>
< script language= "JavaScript" src= ". . /js/jquery-2. 1. 1. min. js"> </script>
< script type= "text/JavaScript">
    $ (function(){
    //全选功能
```

```
$ ("# all"). click(function(){$ (":checkbox[name= 'items']"). prop("checked",true);});
    //全不选功能
    $ ("# no"). click(function(){$ (":checkbox[name= 'items']"). prop("checked",false);});
    //反选功能
    $ ("# rev"). click(function(){
                $ (":checkbox[name= 'items']"). each(function(){
                        var f= $ (this). prop("checked");
                $ (this). prop("checked",! f);
});
    });
    //提交显示所选内容
    $ ("# ok"). click(function(){
            if($ (":checkbox[name= items]:checked"). length> 0){
                var str= "你选中的是:\n";
                $ (":checkbox[name= items]:checked"). each(function(){str + =
$ (this). val() +  "\n";});
            alert(str);
            }else{
                alert("请至少选择一项!");
            }
    });
});
</script>
</head>
< body>
你爱好的运动是? <br/>
< input name= "items" type= "checkbox" id= "items" value="足球"/> 足球< br/>
< input name= "items" type= "checkbox" id= "items" value="篮球"/> 篮球< br/>
< input name= "items" type= "checkbox" id= "items" value="羽毛球"/> 羽毛球< br/>
< input name= "items" type= "checkbox" id= "items" value="乒乓球"/> 乒乓球< br/>
< input type= "button" id= "all" value="全选"/>
< input type= "button" id= "no" value="全不选"/>
< input type= "button" id= "rev" value="反选"/>
< input type= "button" id= "ok" value="提交"/>
</body>
</html>
```

运行效果如图 11-15 所示。

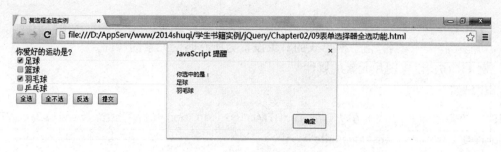

图 11 - 15　表单过滤选择器实例

此例中，实现了四个方面的功能：全选、全不选、反选、显示所选内容（未选中任何内容时会提示）。设置复选框选中状态可使用语句 "$ (":checkbox") .attr (" checked", true)"。但在 jQuery1.6 版本以后的 checked 属性中设置选中状态时的值为 checked，未选中时的值为 undefined。如果采用的是 jQuery1.6 以后的版本，改成 prop (" checked") 即可。

11.3　访问 DOM 元素

DOM 为文档提供了一种结构化表示方法，通过该方法可以改变文档的内容和展示形式。本节中，主要讲解 jQuery 访问 DOM 元素节点的方式，包括对节点元素属性、CSS 类、文本内容的访问，以及节点元素的创建、插入、替换、删除、复制等操作。

1. DOM 元素属性操作

（1）获取元素的属性。

获取元素属性的语法格式如下所示：

```
attr(name)
```

功能：取得第一个匹配元素的属性值。如果元素没有相应属性，则返回 undefined。

说明：参数 name 表示属性的名称。

下面示例将介绍通过调用 attr () 方法，以元素属性名称为参数的方式来获取元素的属性的过程。

（2）设置元素的属性。

● 设置单个属性值。

attr () 方法不仅可以获取元素的属性值，还可以设置元素的属性，其设置属性语法格式如下所示：

```
attr(key,value)
```

功能：为所有匹配的元素设置一个属性值。

说明：参数 key 表示属性的名称，value 表示属性的值。

● 设置多个属性值。

如果要设置多个属性，也可以通过 attr () 方法实现，其语法格式如下所示：

attr({key0:value0,key1:value1})

功能：将一个"名/值"对形式的对象设置为所有匹配元素的属性。

例 11. 16：设置图片元素的属性

代码如下：

```
< !DOCTYPE html PUBLIC "-//W3C//DTD XHTML 1. 0 Transitional//EN""http://www. w3. org/TR/
xhtml1/DTD/xhtml1-transitional. dtd">
    < html xmlns= "http://www. w3. org/1999/xhtml">
    < head>
    < meta http-equiv= "Content-Type"content= "text/html;charset= utf-8"/>
    < title> 图片属性操作</title>
    < script language= "JavaScript"src= ". . /js/jquery-2. 1. 1. min. js"> </script>
    < script language= "JavaScript">
    $ (function(){
    $ ("# image1"). attr("src",". . /images/out. jpg");
    $ ("# image1"). attr({title:"This is a image!",width:"115px"});
    $ ("# image1"). mouseover(function(){
            $ (this). attr("src",". . /images/over. jpg");
    });
    $ ("# image1"). mouseout(function(){
    $ (this). attr("src",". . /images/out. jpg");
    });
    });
    </script>
    </head>
    < body>
    < img    id= "image1"    />
    </body>
    </html>
```

运行效果如图 11 - 16 所示。

图 11 - 16   元素属性操作实例

此例中，通过设置 img 图片元素的 src 属性显示这张图，并设置了图片的 title、width
等属性，然后在图片上添加了两个时间：mouseover（鼠标悬停）和 mouseout（鼠标离开），出现两张图片进行相互变换的效果。

（3）删除元素的属性。

jQuery 中通过 attr () 方法设置元素的属性后，可以使用 removeAttr () 方法将元素的属性删除，其语法格式为

> removeAttr(name)

功能：从每一个匹配的元素中删除一个属性。

说明：参数 name 为元素属性的名称。

上例中，可以通过如下的代码删除标记＜img＞中的 src 属性：

> $ ("# image1"). removeAttr("src");

2. DOM 元素 CSS 类操作

在页面中，元素样式的操作包括直接设置元素样式值、增加 CSS 类别样式、类别切换样式、删除类别样式 4 部分。

（1）直接设置元素样式值。

直接设置元素样式的值可以通过 css () 方法来实现，具体的格式如下：

> css(name,value)

功能：在所有匹配的元素中，设置一个样式属性的值。

说明：name 为属性名，value 为属性值。

注：直接设置样式时，样式为行内样式。

例 11. 17：设置段落的字体和背景样式

代码如下：

```
< script type= "text/JavaScript">
                $ (function(){
$ ("p"). css("font-weight","bold");//字体加粗
$ ("p"). css("font-style","italic");//斜体
$ ("p"). css("background-color","# eee");//增加背景色
                })
</script>
```

也可以将多个样式的设定方式直接写成这样的形式：

> $ ("p"). css({"font-weight":"bold","font-style":italic,"background-color":"# eee"});

注：如果属性名包含“-”的话，在书写时必须使用引号。

（2）增加 CSS 类别样式。

通过 addClass () 方法增加元素类别样式，其语法格式如下：

> addClass(class)

功能：为每个匹配的元素添加指定的类名。

说明：参数 class 为类别名称，也可以增加多个类别的名称，只需要用空格将其隔开

即可，其语法格式为

```
addClass(class0 class1...)
```

注：添加的类别样式为内嵌样式。

例 11. 18：添加类别样式

代码如下：

```
< script type= "text/JavaScript">
                $ (function(){
$ ("p"). addClass("cls1 cls2");//同时新增两个样式类别
})
</script>
```

使用 addClass () 方法仅是追加样式类别，仍然保留原有的类别，例如，原有标记为<p class="cls0" />，执行代码 $ (" p") . addClass ("cls1 cls2") 后，其最后元素类别为<p class="cls0 cls1 cls2" />，仍然保留原有类别 cls0，仅是新增了类别 cls1 和 cls2。

（3）类别切换样式。

通过 toggleClass () 方法切换不同的元素类别，其语法格式如下：

```
toggleClass(class)
```

功能：元素中含有名称为 class 的 CSS 类别时，删除该类别，否则增加一个该名称的 CSS 类别。

说明：class 为类别名称。

例 11. 19：类别切换

代码如下：

```
< script type= "text/JavaScript">
                $ (function(){
                    $ ("img"). click(function(){
                    $ (this). toggleClass("clsImg");
                        //切换样式类别
                    })
                })
</script>
```

此例中，点击图片后，图片样式发生变化；再次点击时，又返回点击前的样式。

注：toggleClass () 方法可以实现类别间的切换，而 css () 或 addClass () 方法仅是增加新的元素样式，并不能实现类别的切换功能。

（4）删除类别样式。

与增加 CSS 类别的 addClass () 方法相对应，removeClass () 方法则用于删除类别，其语法格式如下：

```
removeClass([class])
```

功能：从所有匹配的元素中删除全部或者指定的类。

说明：参数 class 为类别名称，该名称是可选项；有多个类别时用空格隔开。

举例：

如果要删除 p 标记是 cls0 的类别，可以使用如下的代码：

```
$ ("p"). removeClass("cls0");
```

如果要删除 p 标记是 cls0 和 cls1 的类别，则可以使用如下的代码：

```
$ ("p"). removeClass("cls0 cls1");
```

如果要删除 p 标记的全部类别，则可以使用如下的代码：

```
$ ("p"). removeClass();
```

例 11.20：表格隔行换色

代码如下：

```
<!DOCTYPE html PUBLIC"-//W3C//DTD XHTML 1.0 Transitional//EN""http://www. w3. org/TR/
xhtml1/DTD/xhtml1-transitional. dtd">
<html xmlns= "http://www. w3. org/1999/xhtml">
<head>
<meta http-equiv= "Content-Type" content= "text/html;charset= utf-8"/>
<title> 表格隔行换色</title>
<style    type= "text/css">
 table{width:700px;height:250px;border:1px solid # 999;margin:0px auto;border-collapse:col-
lapse;}
 td{border-bottom:1px dashed # 999;}
. even{/* 偶数行的样式* /background-color:# ee88ff;}
. odd{/* 奇数行的样式* /background-color:# ff00ee;}
. hoverclass{/* 悬停时的样式* /background-color:# 000;color:# FFF;font-weight:bold;}
</style>
<script language= "JavaScript" src= "../js/jquery-2. 1. 1. min. js"> </script>
<script language= "JavaScript">
$ (function(){
//奇偶行的设置
$ ("table tr:nth-child(even)"). addClass("even");
$ ("table tr:nth-child(odd)"). addClass("odd");
$ ("table tr"). mouseover(function(){$ (this). addClass("hoverclass");});
```

```
$ ("table tr"). mouseout(function(){$ (this). removeClass("hoverclass");});
});
</script>
</head>
< body>
<table>
<tr> <td> ［HTML/CSS］CSS 3. 0 参考手册 v3. 4. 0(最后更新时间 2012. 2. 28)</td> < td>
2013-05-05</td> < td> 听听 0131</td> </tr>
<tr> <td> 常用 JavaScript 语法 100 讲</td> < td> 2013-05-04</td> < td> zhm8932</td> </
tr>
<tr> <td> 控制圆形图片自动选择怎么做？</td> < td> 2013-05-03</td> < td> dolphin836
</td> </tr>
<tr> <td> 光盘源码 div+ css,适合学习 div+ css 初学者!!!! </td> < td> 2013-05-01</td> <
td> chenjiafa</td> </tr>
<tr> <td> JavaScript 网页设计 300 例——让您的网页更精彩</td> < td> 2013-04-27</td>
<td> weeq1</td> </tr>
<tr> <td> Jquery 实现仿搜索引擎文本框自动补全插件</td> < td> 2013-04-20</td> < td>
tyui</td> </tr>
<tr> <td> Jquery 实现仿搜索引擎文本框自动补全插件</td> < td> 2013-04-20</td> < td>
tyui</td> </tr>
</table>
</body>
</html>
```

运行效果如图 11 - 17 所示。

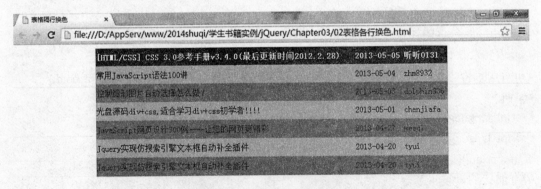

图 11 - 17　表格隔行换色实例

3. DOM 元素内容操作

DOM 元素的内容操作主要包括 html 内容、text 文本及 value 属性值的操作，分别对应以下三个方法：html ()，text ()，val ()。以下详细讲解。

（1）html () 方法。

功能：设置或获取每一个匹配元素的 html 内容。

说明：不带参数的 html () 方法用于取得第一个匹配元素的 html 内容；而 html（val）用于设置每一个匹配元素的 html 内容。

（2）text () 方法。

功能：设置或获取每一个匹配元素的文本内容。

说明：不带参数的 text () 方法用于取得所有匹配元素的文本，结果是由所有匹配元素包含的文本内容组合起来的文本；而 text (val) 用于设置所有匹配元素的文本内容。与 html () 类似，但将编码 HTML 的符号，即"＜"和"＞"替换成相应的 HTML 实体。

例 11.21：html () 设置 html 内容

代码如下：

```
<!DOCTYPE html PUBLIC "-//W3C//DTD XHTML 1.0 Transitional//EN" "http://www.w3.org/TR/
xhtml1/DTD/xhtml1-transitional.dtd">
<html xmlns="http://www.w3.org/1999/xhtml">
<head>
<meta http-equiv="Content-Type" content="text/html;charset=utf-8"/>
<title> html()设置 html 内容</title>
<script language="JavaScript" src="../js/jquery-2.1.1.min.js"> </script>
<script type="text/JavaScript">
$ (function(){
        $ ("div").html("<p> <i> hello,</i> <em> jQuery! </em> </p>");
                alert($ ("div").html());
});
</script>
</head>
<body>
<div> </div>
<div> </div>
</body>
</html>
```

运行效果如图 11-18 所示。

图 11-18　html () 实例

如将上例中代码：

$ ("div"). html("< p> < i> hello,</i> < em> jQuery! </em> </p>");alert($ ("div"). html());

换成：

$ ("div"). text("< p> < i> hello,</i> < em> jQuery! </em> </p>");alert($ ("div"). text());

运行效果如图 11 - 19 所示。

图 11 - 19   text（）实例

（3）val () 方法。

功能：设置或获取匹配元素的 value 属性的值。

说明：不带参数的 val () 方法用于获得第一个匹配元素的当前值；而 html (val) 用于设置每一个匹配元素的 html 内容。

例 11. 22： 获取表单元素的 value 值

代码如下：

```
< !DOCTYPE html PUBLIC "-//W3C//DTD XHTML 1. 0 Transitional//EN" "http://www. w3. org/TR/xhtml1/DTD/xhtml1-transitional. dtd">
< html xmlns= "http://www. w3. org/1999/xhtml">
< head> < meta http-equiv= "Content-Type" content= "text/html;charset= utf- 8"/>
< title> val()操作表单元素 value 值</title>
< script language= "JavaScript" src= ". . /js/jquery-2. 1. 1. min. js"> </script>
< script type= "text/JavaScript">
$ (function(){
     var str= ";
     str+ = "用户名:"+ $ (":text[name= 'uname']"). val()+ "\n";
     str+ = "EMAIL:"+ $ (":text[name= 'uemail']"). val()+ "\n";
     str+ = "城市:"+ $ ("select"). val()+ "\n";
     str+ = "职业:"+ $ (":checkbox[name= 'chk1':checked"). val();
     alert(str);
});
</script>
</head>
```

```
<body>
用户名:<input type= "text" name= "uname" value= "Joan"/> <br/>
EMAIL:<input type= "text" name= "uemail" value= "joan@qq.com"/> <br/>
城市:<select multiple= "multiple" size= "5">
<option value= "北京"> 北京</option>
<option value= "武汉" selected= "selected"> 武汉</option>
<option value= "杭州" selected= "selected"> 杭州</option>
<option value= "南京"> 南京</option>
</select> <br/>
职业:<input type= "checkbox" name= "chk1" value= "教师"  /> 教师
<input type= "checkbox" name= "chk1" value= "律师" checked= "checked"/> 律师
<input type= "checkbox" name= "chk1" value= "工程师" checked= "checked"/> 工程师
<input type= "checkbox" name= "chk1" value= "自由职业"/> 自由职业
</body>
</html>
```

运行效果如图 11 - 20 所示。

图 11 - 20　val () 实例

此例中,下拉列表允许多选时,以数组方式返回所选项的 value 值;而复选框虽然可以多选,但获取到的是第一个匹配元素的 value 值。

4. DOM 元素操作

DOM 元素操作包括插入元素节点、包裹元素节点、替换元素节点、复制元素节点、删除元素节点、遍历元素 each 等操作,下面一一详细讲解。

(1)插入元素节点。

插入元素节点主要包括内部插入和外部插入两类。它们的操作方法分别如表 11 - 10 和表 11 - 11 所示。

表 11－10   内部插入元素节点

语法格式	参数说明	功能	示例代码	结果
append (content)	content：要追加到目标中的内容	向每个匹配的元素内部追加内容	向段落中追加 HTML 标记 html 代码： <p>I would like to say：</p> jQuery 代码： $ ("p") . append (" Hello");	<p>I would like to say：Hello</p>
appendTo (content)	content：用于被追加的内容	把所有匹配的元素追加到另一个指定的元素集合中	把所有段落追加到 div 元素中 html 代码： <p>I would like to say：</p> <div>第一个 div</div> <div>第二个 div</div> jQuery 代码： $("p") . appendTo ("div");	<div>第一个 div<p>I would like to say：</p></div> <div>第二个 div<p>I would like to say：</p></div>
prepend (content)	content：要插入到目标元素内部前端的内容	向所有匹配元素内部的开始处插入内容	向段落中前置 HTML 标记 html 代码： <p>I would like to say：</p> jQuery 代码： $ ("p") . prepend (" Hello");	<p>HelloI would like to say：</p>
prependTo (content)	content：用于匹配元素的 jQuery 表达式	把所有匹配的元素前置到另一个指定的元素集合中	把所有段落前置到 div 元素中 html 代码： <p>I would like to say：</p> <div>第一个 div</div> <div>第二个 div</div> jQuery 代码： $("p"). prependTo ("div");	<div><p>I would like to say：</p>第一个 div</div> <div><p>I would like to say：</p>第二个 div</div>

表 11－11   外部插入元素节点

语法格式	参数说明	功能	示例代码	结果
after (content)	content：插入到每个目标后的内容	在每个匹配的元素之后插入内容	向段落中追加 HTML 标记 html 代码： <p>I would like to say：</p> jQuery 代码： $ ("p") . after (Hello").	<p>I would like to say：</p>Hello

续前表

语法格式	参数说明	功能	示例代码	结果
insertAfter (content)	content：用于匹配元素的 jQuery 表达式	把所有匹配的元素插入到另一个指定的元素集合的后面	把所有段落插入到一个元素之后 html 代码： \<p\>I would like to say：\</p\> \<div id="foo"\>Hello\</div\> jQuery 代码： $ ("p"). insertAfter (#foo");	\<div id="foo"\>Hello\</div\>\<p\>I would like to say：\</p\>
before (content)	content：插入到每个目标前的内容	在每个匹配的元素之前插入内容。	在所有段落之前插入 HTML 标记 html 代码： \<p\>I would like to say：\</p\> jQuery 代码： $ (p") . before (\<b\>Hello\</b\>");	\<b\>Hello\</b\>\<p\>I would like to say：\</p\>
insertBefore (content)	content：用于匹配元素的 jQuery 表达式	把所有匹配的元素插到另一个指定的元素集合的前面	把所有段落插入到一个元素之前 html 代码： \<div id="foo"\>Hello\</div\> \<p\>I would like to say：\</p\> jQuery 代码： $ (p") . insertBefore (#foo");	\<p\>I would like to say：\</p\>\<div id="foo"\>Hello\</div\>

（2）包裹元素节点。

包裹元素节点如表 11 - 12 所示。

表 11 - 12　　　　　　　包裹元素节点

语法格式	参数说明	功能	示例代码	结果
wrap (html)	html：HTML 标记字符串，用于动态生成元素并包裹目标元素	把所有匹配的元素用其他元素的结构化标记包裹起来	把所有的段落用一个新创建的 div 包裹起来 html 代码： \<p\>Test Paragraph.\</p\> jQuery 代码： $ (p") . wrap (\<div class = wrap\>\</div\>");	\<div class="wrap"\>\<p\>Test Paragraph.\</p\>\</div\>

续前表

语法格式	参数说明	功能	示例代码	结果
wrap (elem)	elem：用于包装目标元素的 DOM 元素	把所有匹配的元素用其他元素的结构化标记包装起来	用 ID 是 "content" 的 div 将每一个段落包裹起来 html 代码： \<p\>Test Paragraph. \</p\>\<div id="content"\>\</div\> jQuery 代码： $ ("p"). wrap(docume-nt. getElementById('content'));	\<div id="content"\>\<p\>Test Paragraph. \</p\>\</div\>\<div id="content"\>\</div\>
wrap(fn)	fn：生成包裹结构的一个函数	把所有选择元素用函数返回的代码包裹起来	用原先 div 的内容作为新 div 的 class，并将每一个元素包裹起来 html 代码： \<div class="container"\> \<div class="inner"\>Hello\</div\> \<div class="inner"\>Goodbye\</div\> \</div\> jQuery 代码： $ (.inner) . wrap (function () { return\<div class=" + $ (this) . text () +" /\>;}));	\<divclass=" container"\> \<div class="Hello"\> \<div class="inner"\>Hello\</div\> \</div\> \<div class=" Goodbye"\> \<div class="inner"\>Goodbye\</div\> \</div\> \</div\>
unwrap ()	无	移出元素的父元素	移除段落的父元素 html 代码： \<div\>\<p\>Hello\</p\> \<p\>cruel\</p\> \<p\>World\</p\> \</div\> jQuery 代码： $ (p") . unwrap ()	\<p\>Hello\</p\> \<p\>cruel\</p\> \<p\>World\</p\>
wrapAll (html)	html：标记代码字符串，用于动态生成元素并包装目标元素	将所有匹配的元素用单个元素包裹起来	用一个生成的 div 将所有段落包裹起来 html 代码： \<p\>Hello\</p\>\<p\>cruel\</p\>\<p\>World\</p\> jQuery 代码： $ ("p") . wrapAll ("\<div\>\</div\>");	\<div\>\<p\>Hello\</p\>\<p\>cruel\</p\>\<p\>World\</p\>\</div\>

续前表

语法格式	参数说明	功能	示例代码	结果
wrapAll (elem)	elem：用于包装目标元素的 DOM 元素	将所有匹配的元素用单个元素包裹起来	用一个生成的 div 将所有段落包裹起来 html 代码： <p>Hello</p><p>cruel</p><p>World</p> jQuery 代码： $ ("p") . wrapAll (docume-nt. createElement ("div"));	<div><p>Hello</p><p>cruel</p><p>World</p></div>
wrapInner (html)	html：html 标记代码字符串，用于动态生成元素并包装目标元素	将每一个匹配的元素的子内容（包括文本节点）用一个 HT-ML 结构包裹起来	把所有段落内的每个子内容加粗 html 代码： <p>Hello</p><p>cruel</p><p>World</p> jQuery 代码： .$ ("p") . wrapInner ("<b></b>");	<p><b>Hello</b></p><p><b>cruel</b></p><p><b>World</b></p>
wrapInner (elem)	elem：用于包装目标元素的 DOM 元素	将每一个匹配的元素的子内容（包括文本节点）用 DOM 元素包裹起来	html 代码： <p>Hello</p><p>cruel</p><p>World</p> jQuery 代码： $ ("p") . wrapInner (document. createElement ("b"));	<p><b>Hello</b></p><p><b>cruel</b></p><p><b>World</b></p>

wrapInner (fn)	fn：生成包裹结构的一个函数	把所有选择元素的子元素用函数返回的代码包裹起来	用原先 div 的内容作为新 div 的 class，并将每一个元素包裹起来
			html 代码：
			<div class="container">
			<div class="inner">Hello</div>
			<div class="inner">Goodbye</div>
			</div>
			jQuery 代码：
			$ ('.inner') . wrapInner (function () {
			　return'< div class = "' + $ (this) . text () +'" />';});
				<div class="container"><div class="inner"><div class="Hello">Hello</div></div><div class="inner"><div class="Goodbye">Goodbye</div></div></div>

（3）替换元素节点。

● replaceWith (content)。

功能：将所有选择的元素替换成指定的 HTML 或 DOM 元素。

参数：content，被选择元素替换的内容。

● replaceAll (selector)。

功能：将所有选择的元素替换成指定 selector 的元素。

参数：selector，需要被替换的元素。

replaceWith () 与 replaceAll () 方法都可以实现元素节点的替换，二者最大的区别在于替换字符的顺序，前者是用括号中的字符替换所选择的元素，后者是用字符串替换括号中所选择的元素。同时，一旦完成替换，被替换元素中的全部事件都将消失。

例 11.23：替换元素节点操作

代码如下：

```html
<!DOCTYPE html PUBLIC "-//W3C//DTD XHTML 1.0 Transitional//EN" "http://www.w3.org/TR/xhtml1/DTD/xhtml1-transitional.dtd">
<html xmlns="http://www.w3.org/1999/xhtml">
    <head>
    <meta http-equiv="Content-Type" content="text/html;charset=utf-8"/>
    <title>节点替换操作</title>
    <script language="JavaScript" src="../js/jquery-2.1.1.min.js"></script>
    <script type="text/JavaScript">
    $(function(){
    $("#span1").replaceWith("<span title='replaceWith'>span1被替换的内容</span>");
            $("<span title='replaceAll'>span2被替换的内容</span>").replaceAll("#span2");
            })
            </script>
    </head>
    <body>
    <span id="span1">这是span1</span>
    <span id="span2">这是span2</span>
    </body>
    </html>
```

运行效果如图 11 - 21 所示。

图 11 - 21　替换元素节点操作

运行后的代码如下：

```
< span title= "replaceWith"> span1 被替换的内容</span>
< span title= "replaceAll"> span2 被替换的内容</span
```

（4）复制元素节点。

● clone ()。

功能：克隆匹配的 DOM 元素，并且选中这些克隆的副本。

说明：该方法仅是复制元素本身，被复制后的新元素不具有任何元素行为。

● clone (true)。

功能：将匹配的 DOM 元素及其全部行为进行复制并选中这些成功复制的元素。

例 11.24：节点复制操作

代码如下：

```
< !DOCTYPE html PUBLIC "-//W3C//DTD XHTML 1. 0 Transitional//EN" "http://www. w3. org/TR/
xhtml1/DTD/xhtml1-transitional. dtd">
< html xmlns= "http://www. w3. org/1999/xhtml">
    < head>
    < meta http-equiv= "Content-Type" content= "text/html;charset= utf-8"/>
    < title> 节点复制操作</title>
    < script language= "JavaScript" src= ". . /js/jquery-2. 1. 1. min. js"> </script>
    < script type= "text/JavaScript">
    $ (function(){
            $ ("img"). click(function(){$ (this). clone(true). appendTo("span");});
            })
    </script>
    </head>
    < body>
    < span> < img src=". . /images/ad- 01. jpg"/> </span>
    </body>
    </html>
```

运行效果如图 11－22 所示。

图 11－22　节点复制操作

此例中，由于使用的是 clone (true) 方法，因此，当单击被复制的新图片时，由于它具有原图片的事务处理，因此，将在该图片的右侧出现一幅通过其复制的新图片；如果使用 clone () 方法，那么只有单击原图片才可以复制新的图片元素，新复制的图片元素不具有任何功能。

（5）删除元素节点。

在 DOM 操作页面时，删除多余或指定的页面元素是非常必要的，jQuery 提供了两种可以删除元素的方法，即 remove () 和 empty ()。严格来说，empty () 方法并非真正意义上的删除，使用该方法，仅仅可以清空全部的节点或节点所包括的所有后代元素，并非删除节点和元素。

● empty ()。

功能：删除匹配的元素集合中所有的子节点。

例 11.25：把所有段落的子元素（包括文本节点）删除

HTML 代码如下：

```
< p> Hello,< span> Person</span> < a href="#"> and person</a> </p>
```

jQuery 代码如下：

```
$ ("p"). empty();
```

结果为〈p〉〈/p〉。

● remove（［expr]）。

功能：从 DOM 中删除所有匹配的元素。

参数：expr（可选），用于筛选元素的 jQuery 表达式

例 11.26：从 DOM 中把所有段落删除

HTML 代码如下：

```
< p> Hello</p> how are< p> you? </p>
```

jQuery 代码如下：

```
$ ("p"). remove();
```

结果为 how are。

（6）遍历元素 each。

格式：each (callback)。

参数：callback，对于每个匹配的元素所要执行的函数。

说明：callback 是一个 function 函数，该函数还可以接收一个形参 index，此形参为遍历元素的序号（从 0 开始）；如果需要访问元素中的属性，可以借助形参 index，配合 this 关键字来实现元素属性的设置或获取。

例 11.27：each 的用法

代码如下：

```
<!DOCTYPE html PUBLIC "-//W3C//DTD XHTML 1.0 Transitional//EN" "http://www.w3.org/TR/
xhtml1/DTD/xhtml1-transitional.dtd">
<html xmlns="http://www.w3.org/1999/xhtml">
<head>
<meta http-equiv="Content-Type" content="text/html;charset=utf-8"/>
<style type="text/css">
        img{width:180px;height:95px;margin:5px;}
</style>
<title>遍历元素 each</title>
<script language="JavaScript" src="../js/jquery-2.1.1.min.js"></script>
<script type="text/JavaScript">
$(function(){
$("img").each(function(index){//index 从 0 取值
//根据形参 index 设置元素的 title 属性
        this.title= "第" + index + "幅图片:" + this.alt;
    })
  })
</script>
</head>
<body>
<img src="../images/ad-01.jpg" alt="9 月新品新气象"/>
<img src="../images/ad-02.jpg" alt="流行服饰魅力场"/>
<img src="../images/ad-03.jpg" alt="食全食美"/>
<img src="../images/ad-04.jpg" alt="商城品牌折扣区"/>
</body>
</html>
```

运行效果如图 11-23 所示。

图 11-23　遍历元素操作

11.4　jQuery 元素筛选

元素筛选可以通过过滤、查找等方式将所需要操作的内容准确无误地定位出来，它的用法与前面所讲的一部分选择器功能相似，只不过筛选的方式是采用具体方法实现的。

1. 元素过滤

在将元素筛选出来时，可通过某些条件过滤出需要的元素，如获取第 N 个确定元素，判断一个表达式，都可以实现元素的筛选。其说明如表 11 - 13 所示。

表 11 - 13　　　　　　　　　　　　　　　元素过滤函数

名称	功能说明	举例
eq(index)	获取第 N 个元素	获取匹配的第二个元素：$ ("p") . eq (1)
filter(expr)	筛选出与指定表达式匹配的元素集合	保留带有 select 类的元素： $ ("p") . filter (". selected")
filter(fn)	筛选出与指定函数返回值匹配的元素集合。这个函数内部将对每个对象计算一次（正如'$. each'）。如果调用的函数返回 false，则这个元素被删除，否则就会保留	保留子元素中不含有 ol 的元素： $ ("div") . filter (function (index) {return $ ("ol"，this) . size () ＝＝0; });
is(expr)	用一个表达式来检查当前选择的元素集合，如果其中至少有一个元素符合这个给定的表达式，就返回 true。如果没有元素符合或者表达式无效，都返回 false	由于 input 元素的父元素是一个表单元素，所以返回 true： $ ("input [type='checkbox']") . parent () . is (" form")
map (callback)	将一组元素转换成其他数组（不论是否是元素数组），可以用这个函数来建立一个列表，不论是值、属性还是 CSS 样式，或者其他特别形式，都可以用'$. map () '来方便地建立	把 form 中的每个 input 元素的值建立一个列表： $ ("p") . append ($ ("input") . map (function () {return $ (this) . val ();}) . get () . join ("，"));
not(expr)	删除与指定表达式匹配的元素	从 p 元素中删除带有 select 的 ID 的元素： $ ("p") . not ($ ("＃selected") [0])
slice (start，end)	选取一个匹配的子集	选择第一个 p 元素：$ ("p") . slice (0，1);

2. 元素查找

元素查找是非常直接、简便的元素获取方式，根据元素之间的结构关系如父子关系、兄弟关系、相邻关系、包含关系等都可以很容易查找元素。元素查找函数如表 11 - 14 所示。

表 11－14　　　　　　　　　　　　　元素查找函数

名称	说明	举例
add(expr)	把与表达式匹配的元素添加到 jQuery 对象中。这个函数可以用于连接分别与两个表达式匹配的元素结果集	动态生成一个元素并添加至匹配的元素中： \$ ("p") . add ("Again")
children（［expr]）	取得一个包含匹配的元素集合中每一个元素的所有子元素的元素集合	查找 DIV 中的每个子元素： \$ ("div") . children ()
closest（［expr]）	取得与表达式匹配的最新的父元素	\$ ("li：first") . closest (["ul"," body"]);
contents ()	查找匹配元素内部所有的子节点（包括文本节点）	查找所有文本节点并加粗： \$ (" p") . contents () . not (" ［nodeType ＝ 1]") . wrap ("<b/>");
find (expr)	搜索所有与指定表达式匹配的元素	从所有的段落开始，进一步搜索下面的 span 元素。与 \$ ("p span") 相同： \$ ("p") . find ("span")
next（［expr]）	取得一个包含匹配的元素集合中每一个元素紧邻的那一个同辈元素的元素集合	找到每个段落的后面紧邻的同辈元素： \$ ("p") . next ()
nextAll（［expr]）	查找当前元素之后所有的同辈元素	给第一个 div 之后的所有元素加个类： \$ ("div：first") . nextAll () . addClass ("after");
offsetParent ()	返回第一个有定位的父类（如 relative 或 absolute）	
parent（［expr]）	取得一个包含着所有匹配元素的唯一父元素的元素集合	查找每个段落的父元素：\$ ("p") . parent ()
parents（［expr]）	取得一个包含着所有匹配元素的祖先元素的元素集合（不包含根元素）	找到每个 span 元素的所有祖先元素： \$ ("span") . parents ()
prev（［expr]）	取得一个包含匹配的元素集合中每一个元素紧邻的前一个同辈元素的元素集合	找到每个段落紧邻的前一个同辈元素： \$ ("p") . prev ()
prevAll（［expr]）	查找当前元素之前所有的同辈元素	给最后一个之前的所有 div 加上一个类： \$ ("div：last") . prevAll () . addClass ("before");
siblings（［expr]）	取得一个包含匹配的元素集合中每一个元素的所有唯一同辈元素的元素集合	找到每个 div 的所有同辈元素： \$ ("div") . siblings ()

11.5 jQuery 事件处理

当页面在浏览器加载过程中，或用户键入信息搜索，点击提交按钮，都是触发了相应事件。通过事件驱动程序来实现相应的功能或效果。因此，事件在元素对象与功能代码中起着重要的桥梁作用，无论是页面元素本身还是元素与人机交互，事件都占有十分重要的地位。这一节主要介绍 jQuery 中的事件处理内容。

1. 页面载入事件

页面载入事件可通过 ready () 方法来实现，介绍如下。

● 格式：ready (fn)。

● 功能：页面载入事件，当 DOM 载入就绪可以查询及操纵时，绑定一个要执行的函数。

● 参数：fn，要在 DOM 就绪时执行的函数。

● 说明：这个方法纯粹是对向 window. load 事件注册事件的替代方法，可以在同一个页面中无限次地使用 (document) . ready () 事件，其中注册的函数会按照（代码中的）先后顺序依次执行。

写法一：

```
$ (document). ready(function(){});
```

写法二（推荐）：

```
$ (function(){});
```

写法三：

```
jQuery(document). ready(function(){});
```

写法四：

```
jQuery(function(){});
```

一般建议使用写法二，简洁、明了。ready () 页面载入是事件模块中最重要的一个函数，因为它可以极大地提高 Web 应用程序的响应速度。它和 JavaScript 中 window. onload 事件的细小差别请参看 6.1 节。

2. 绑定与移除绑定事件

可将一个或多个事件绑定到网页元素上，也可以将绑定的事件进行移除。介绍如下。

（1）事件绑定方法：bind ()。

● 功能：为每一个匹配元素的特定事件（如 click）绑定一个事件处理器函数。

● 格式：bind (type，[data]，fn)。

● 参数：

type，事件类型，可以是 blur、focus、load、resize、scroll、unload、click、dblclick、mousedown、mouseup、mousemove、mouseover、mouseout、mouseenter、mouseleave、 change、select、submit、keydown、keypress、error 等。

data：（可选）作为 event. data 属性值传递给事件对象的额外数据对象。

fn：绑定到每个匹配元素的事件上面的处理函数。

● 说明：这个事件处理函数会接收到一个事件对象，可以通过它来阻止（浏览器）默认的行为。多数情况下，可以把事件处理器函数定义为匿名函数：在不可能定义匿名函数的情况下，可以传递一个可选的数据对象作为第二个参数（而事件处理器函数则作为第三个参数）。

例 11. 28：事件处理函数为匿名函数

代码如下：

```
< script type= "text/JavaScript">
        $ (function(){
            $ ("p"). bind("click",function(){    alert($ (this). text());});
}
</script>
```

例 11. 29：一个元素绑定多个事件

代码如下：

```
< script type= "text/JavaScript">
        $ (function(){
            $ ("#  btnBind"). bind("click mouseout",function(){
                    //如果要在一个元素上绑定多个事件,可以将事件用空格隔开
                    $ (this). attr("disabled","disabled");//按钮不可用
                })
        })
    </script>
```

例 11. 30：传递数据参数

代码如下：

```
< !DOCTYPE html PUBLIC "-//W3C//DTD XHTML 1. 0 Transitional//EN" "http://www. w3. org/TR/
xhtml1/DTD/xhtml1-transitional. dtd">
    < html xmlns= "http://www. w3. org/1999/xhtml">
    < head>
    < meta http-equiv= "Content-Type" content= "text/html;charset= utf-8"/>
    < title> 绑定事件</title>
    < script language= "JavaScript" src= ". . /js/jquery-2. 1. 1. min. js"> </script>
    < script type= "text/JavaScript">
                $ (function(){
                    var message= "执行的是 focus 事件";
```

```
                    $ (". txt"). bind("focus",message,function(event){
                            $ ("# divTip"). html(event. data);//设置文本
                    });
                    message= "执行的是 change 事件";
                    $ ('. txt'). bind('change',{msg:message},function(event){
                            $ ("# divTip"). html(event. data. msg);//设置文本
                    });
                })
    </script>
    </head>
    < body>
    < input type= "text" value= "绑定事件" class= "txt"/>  < br/>
    < div id= "divTip"> </div>
    </body>
    </html>
```

（2）移除事件 unbind ()。

● 功能：从每一个匹配的元素中删除绑定的事件。

● 格式：bind (type，fn)。

● 参数：

type：事件类型，一个或多个事件，由空格分隔多个事件值。

fn：移除的事件处理函数。

● 说明：bind () 的反向操作，如果没有参数，则删除所有绑定的事件。可以将 bind () 注册的自定义事件取消绑定。

例 11. 31：将段落的 click、mouseover 事件取消绑定

```
$ ("p"). unbind("click")
```

例 11. 32：删除特定函数的绑定

代码如下：

```
< !DOCTYPE html PUBLIC "-//W3C//DTD XHTML 1. 0 Transitional//EN" "http://www. w3. org/TR/
xhtml1/DTD/xhtml1-transitional. dtd">
< html xmlns= "http://www. w3. org/1999/xhtml">
< head>
< meta http-equiv= "Content-Type" content= "text/html;charset= utf-8"/>
<title> 解除绑定事件</title>
< script language= "JavaScript" src= ". . /js/jquery-2. 1. 1. min. js"> </script>
< script type= "text/JavaScript">
    $ (function(){
```

```
                var foo= function(){alert("这是绑定在 p 上的事件");};
                $ ("p"). bind("click",foo);
                $ ("p"). bind("click",function(){alert("这是第二个绑定的点击事件!");});
                $ ("p"). unbind("click",foo);
})
</script>
</head>
< body>
< p> 绑定段落 P</p>
</body>
</html>
```

此例中，段落 p 绑定了两个点击事件，分别对应两个事件处理函数。如果首先注释掉解除绑定事件语句，点击段落 p 会弹出两个对话框；然后取消注释，再执行，会发现只弹出第二个对话框，因为第一个点击事件的执行函数被取消了。

3. 绑定一次性事件 one ()

bind () 绑定事件时，只要事件发生，就会执行相应的事件处理函数。如果只想绑定一个一次性事件处理函数，即事件函数只处理一次，可以用 one () 方法来实现。

● 功能：为每一个匹配元素的特定事件（如 click）绑定一个事件处理器函数。

● 格式：bind (type，[data]，fn)。

● 参数：

type，事件类型，可以是 blur、focus、load、resize、scroll、unload、click、dblclick、mousedown、mouseup、mousemove、mouseover、mouseout、mouseenter、mouseleave、change、select、submit、keydown、keypress、error 等。

data：（可选）作为 event. data 属性值传递给事件对象的额外数据对象。

fn：绑定到每个匹配元素的事件上面的处理函数。

● 说明：这个事件处理函数会接收到一个事件对象，可以通过它来阻止（浏览器）默认的行为。多数情况下，可以把事件处理器函数定义为匿名函数；在不可能定义匿名函数的情况下，可以传递一个可选的数据对象作为第二个参数（而事件处理器函数则作为第三个参数）。

例 11. 33：当所有段落被第一次点击的时候显示其所有文本

代码如下：

```
$ ("p"). one("click",function(){alert($ (this). text());});
```

4. 触发事件

trigger () 方法用来在匹配元素上触发某类事件。具体用法如下。

● 功能：在每一个匹配的元素上触发某类事件。

● 格式：trigger (type，[data])。

● 参数：

type：一个事件对象或者要触发的事件类型。

data：（可选）传递给事件处理函数的附加参数。

● 说明：这个函数也会导致浏览器同名的默认行为的执行。比如，如果用 trigger ()触发一个 "submit"，则同样会导致浏览器提交表单。如果要阻止这种默认行为，应返回false。也可以触发由 bind () 注册的自定义事件而不限于浏览器默认事件。

例 11.34：提交第一个表单

代码如下：

```
$ ("form:first"). trigger("submit")
```

例 11.35：绑定默认事件，并以数组形式传递参数

代码如下：

```
$ ("p"). click(function(event,a,b){
//一个普通的点击事件时,a 和 b 是 undefined 类型
alert(a+ " "+ b);
    //如果用下面的语句触发,那么 a 指向"foo",而 b 指向"bar"
}). trigger("click",["foo","bar"]);
```

例 11.36：绑定自定义事件，以数组形式传递参数

代码如下：

```
$ ("p"). bind("myEvent",function(event,message1,message2){
alert(message1 +  ' ' +  message2);
});
$ ("p"). trigger("myEvent",["Hello","World!"]);
```

5. 切换事件

切换事件使用的方法主要有两个：hover () 和 toggle ()。hover () 方法用来模拟鼠标悬停和移开时的处理方式；而 toggle () 则在每次点击时依次执行相应的函数。下面分别介绍。

（1）hover ()。

● 功能：一个模仿悬停事件（鼠标移动到一个对象上面及移出这个对象）的方法。

● 格式：hover (over，out)。

● 参数：

over：鼠标移到元素上要触发的函数。

out：鼠标移出元素要触发的函数。

● 说明：当鼠标移动到一个匹配的元素上面时，会触发指定的第一个函数。当鼠标移出这个元素时，会触发指定的第二个函数。

例如：

```
$ ("a"). hover(function(){//执行代码一},function(){//执行代码二});
```

hover () 方法实现了鼠标移到元素和鼠标移出元素的两个动作，所以也可以用

mouseover () 和 mouseout () 两个方法代替，写法为

```
$ ("a"). mouseover(function(){//执行代码一})
$ ("a"). mouseout(function(){//执行代码二})
```

例 11.37：鼠标悬停控制一个元素的显示和隐藏
代码如下：

```
< script type= "text/JavaScript">
            $ (function(){
                    $ (". clsTitle"). hover(function(){$ (". clsContent"). show();},
function(){$ (". clsContent"). hide();
                    });
            });
</script>
```

（2）toggle ()。
● 功能：每次点击后依次调用函数。
● 格式：toggle (fn1，fn2，[fn3，fn4…])。
● 参数：
fn1：第一数次点击时要执行的函数。
fn2：第二数次点击时要执行的函数。
fn3，fn4，…：更多次点击时要执行的函数。
● 说明：如果点击了一个匹配的元素，则触发指定的第一个函数；当再次点击同一元素时，则触发指定的第二个函数；如果有更多函数，则再次触发，直到最后一个。随后的每次点击都重复对这几个函数的轮番调用。
例 11.38：点击切换不同图片
代码如下：

```
< script type= "text/JavaScript">
            $ (function(){
                    $ ("img"). toggle(function(){
                            $ ("img"). attr({src:"images/img01. jpg",title:this. src});
                    },function(){
$ ("img"). attr({src:"images/img02. jpg",title:this. src});
                    },function(){
$ ("img"). attr({src:"images/img03. jpg",title:this. src});
})
            })
</script>
```

6. 事件方法
jQuery 中提供了一系列常用的事件方法给程序使用，等价于 JavaScript 中的事件。每

一个事件方法都会触发匹配元素的相应事件，如 click () 方法会触发按钮、链接一类元素的单击事件。可以在事件方法中定义处理函数来实现此事件功能，格式如 click（function（）{//处理语句;}）。表 11 - 15 列出了 jQuery 常见的事件方法及使用说明，读者也可参考"jQuery 手册"自行学习。

表 11 - 15　　　　　　　　　　　　　jQuery 常见的事件方法

事件方法	说明
blur (fn)	在每一个匹配元素的 blur 事件中绑定一个处理函数。blur 事件会在元素失去焦点的时候触发。既可以是鼠标行为，也可以是按 Tab 键离开的
change (fn)	在每一个匹配元素的 change 事件中绑定一个处理函数
click (fn)	在每一个匹配元素的 click 事件中绑定一个处理函数 点击事件会在指针设备的按钮在元素上单击时触发
dblclick (fn)	在每一个匹配元素的 dblclick 事件中绑定一个处理函数 在某个元素上双击的时候就会触发 dblclick 事件
error (fn)	在每一个匹配元素的 error 事件中绑定一个处理函数 当页面的 JavaScript 发生错误时，Window 对象会触发 error 事件
focus (fn)	在每一个匹配元素的 focus 事件中绑定一个处理函数 focus 事件可以通过鼠标点击或者键盘上的 Tab 导航触发
keydown (fn)	在每一个匹配元素的 keydown 事件中绑定一个处理函数 keydown 事件会在键盘按下时触发
keyup (fn)	在每一个匹配元素的 keyup 事件中绑定一个处理函数 keyup 事件会在键盘按下时触发
keypress (fn)	在每一个匹配元素的 keypress 事件中绑定一个处理函数 keypress 事件会在敲击按键时触发。敲击按键的定义为按下并放开同一个按键
load (fn)	在每一个匹配元素的 load 事件中绑定一个处理函数 如果绑定给 Window 对象，则会在所有内容加载后触发，包括窗口、框架、对象和图像 如果绑定在元素上，则当元素的内容加载完毕后触发
mousedown (fn)	在每一个匹配元素的 mousedown 事件中绑定一个处理函数 mousedown 事件可以通过鼠标在元素上点击后会触发
mouseup (fn)	在每一个匹配元素的 mouseup 事件中绑定一个处理函数 mouseup 事件可以通过鼠标点击对象后释放时触发
mousemove (fn)	在每一个匹配元素的 mousemove 事件中绑定一个处理函数 mousemove 事件通过鼠标在元素上移动来触发。事件处理函数会被传递一个变量——事件对象，其 .clientX 和 .clientY 属性代表鼠标的坐标

续前表

事件方法	说明
mouseover (fn)	在每一个匹配元素的 mouseover 事件中绑定一个处理函数 mouseover 事件会在鼠标移入对象时触发
mouseout (fn)	在每一个匹配元素的 mouseout 事件中绑定一个处理函数 mouseout 事件在鼠标从元素上离开后会触发
resize (fn)	在每一个匹配元素的 resize 事件中绑定一个处理函数 当文档窗口改变大小时触发
scroll (fn)	在每一个匹配元素的 scroll 事件中绑定一个处理函数 当滚动条发生变化时触发
select (fn)	触发每一个匹配元素的 select 事件 这个函数会调用执行绑定到 select 事件的所有函数，包括浏览器的默认行为。 可以通过在某个绑定的函数中返回 false 来防止触发浏览器的默认行为
submit (fn)	在每一个匹配元素的 submit 事件中绑定一个处理函数 submit 事件将会在表单提交时触发
unload (fn)	在每一个匹配元素的 unload 事件中绑定一个处理函数

11.6　jQuery 动画与特效

动画效果是 Web 前端开发中不可缺少的炫丽风景，是最大化地提高用户体验的有效方式。jQuery 中众多的动画特效，如显示、隐藏、滑动、淡入、淡出等效果，只需要简单的几行代码就可以轻松搞定。这一节详细介绍 jQuery 动画特效的使用方式。

1. 显示与隐藏效果

显示与隐藏应该是网页中最为常见的效果了，如在鼠标悬停或移开时菜单的显示或隐藏，选项卡在鼠标悬停和点击时的相互切换，多张 banner 图片的轮换效果，页面内容展开详情等，都可以通过页面元素的显示和隐藏来实现。

JavaScript 语言中设置元素显示和隐藏一般通过 style 对象的 display 属性来设置，如设置 id 为 d1 的 div 元素显示或隐藏，可用下面的代码来描述：

```
document. getElementById("d1"). style. display= "block";
document. getElementById("d1"). style. display= "none";
```

jQuery 中也有类似的方法，如下所示：

```
$ ("# d1"). css("display":"block");
$ ("# d1"). css("display":"none");
```

这两种方式只是简单地显示或隐藏，如果要设置显示和隐藏的过渡效果，如元素宽、高的变化，透明度的变化以及动画完成的时间，动画完成后要处理的内容，恐怕上面这两句话是不可能完成的。而 jQuery 提供的动画效果 show () 和 hide () 方法就可以做到，如

表 11 - 16 所示。

表 11 - 16 显示和隐藏动画

名称	参数	功能	说明	举例
show ()	无	显示隐藏匹配元素	无动画的版本。如果选择的元素是可见的,这个方法将不会改变任何东西	显示所有段落 html 代码: <p style="display: none">Hello</p> jQuery 代码: $ ("p") . show ()
show (speed, [callback])	speed:速度的设定("slow","normal"或"fast")或表示动画时长的毫秒数值(如 1000)callback:在动画完成时执行的函数,每个元素执行一次	以优雅的动画显示所有匹配的元素,并在显示完成后可选地触发一个回调函数	根据指定的速度动态地改变每个匹配元素的高度、宽度和不透明度	1 秒缓慢将隐藏段落显示: $ ("p") . show (1000); 400 毫秒将段落显示并在之后执行回调函数: $ ("p") . show (400, function () { $ (this) . text ("Animation Done..."); });
hide ()		隐藏显示的元素	无动画版隐藏操作	隐藏所有段落: $ ("p") . hide ()
hide (speed, [callback])	speed:速度的设定("slow","normal",或"fast")或表示动画时长的毫秒数值(如 1000)callback:在动画完成时执行的函数,每个元素执行一次。	以优雅的动画隐藏所有匹配的元素,并在显示完成后可选地触发一个回调函数	根据指定的速度动态地改变每个匹配元素的高度、宽度和不透明度	1 秒缓慢将隐藏段落显示: $ ("p") . hide (1000); 400 毫秒将段落显示并在之后执行回调函数: $ ("p") . hide (400, function () { $ (this) . text ("Animation Done..."); });
toggle ()		切换元素的可见状态	如果元素是可见的,切换为隐藏的;如果元素是隐藏的,切换为可见的	切换所有段落的可见状态: $ ("p") . toggle ()
toggle (speed, [callback])	speed:速度的设定("slow","normal",或"fast")或表示动画时长的毫秒数值(如 1000)callback:在动画完成时执行的函数,每个元素执行一次	以优雅的动画切换所有匹配的元素,并在显示完成后可选地触发一个回调函数		1 秒缓慢地切换段落的显示隐藏状态: $ ("p") . toggle (1000); 400 毫秒将段落切换并执行回调函数: $ ("p") . toggle (400, function () {$ (this) . text ("Animation Done..."); });

2. 滑动效果

滑动效果分为滑上和滑下两个动作，主要是通过高度变化实现动画效果。如表 11－17 所示。

表 11－17　　　　　　　　　　　　　　滑动效果

名称	参数	功能	说明	举例
slideDown (speed, [callback])	speed：速度的设定（"slow"，"normal"，或"fast"）或表示动画时长的毫秒数值（如 1000）callback：在动画完成时执行的函数，每个元素执行一次	通过高度变化（向下增大）来动态地显示所有匹配的元素，在显示完成后可选地触发一个回调函数	动画效果只调整元素的高度，可以使匹配的元素以"滑动"的方式显示出来	1 秒缓慢将段落滑下：$ ("p") . slideDown (1000); 400 毫秒将段落滑下并在之后弹出对话框：$ ("p") . slideDown (400, function () {$ (this) . text ("Animation Done..."); });
slideUp (speed, [callback])	speed：速度的设定（"slow"，"normal"，或"fast"）或表示动画时长的毫秒数值（如 1000）callback：在动画完成时执行的函数，每个元素执行一次	通过高度变化（向上减小）来动态地隐藏所有匹配的元素，在隐藏完成后可选地触发一个回调函数	动画效果只调整元素的高度，可以使匹配的元素以"滑动"的方式隐藏起来	1 秒缓慢将段落滑上：("p") . slideUp (1000); 400 毫秒将段落滑上并在之后弹出对话框：$ ("p") . slideUp (400, function () {$ (this) . text ("Animation Done..."); });
slideToggle (speed, [callback])	speed：速度的设定（"slow"，"normal"，或"fast"）或表示动画时长的毫秒数值（如 1000）callback：在动画完成时执行的函数，每个元素执行一次	通过高度变化来切换所有匹配元素的可见性，并在切换完成后可选地触发一个回调函数	动画效果只调整元素的高度，可以使匹配的元素以"滑动"的方式隐藏或显示	1 秒缓慢将段落滑上或滑下：$ ("p") . slideToggle (1000); 400 毫秒将段落滑上或滑下并在之后弹出对话框：$ ("p") . slideToggle (400, function () {$ (this) . text ("Animation Done..."); });

3. 淡入与淡出效果

淡入与淡出主要体现为一种缓慢的透明度变化效果，即从透明到不透明的一个变化过程，也可以调整透明度到一个具体值。主要有三种方法可以实现此种效果：fadeIn ()、fadeOut () 和 fadeTo ()，如表 11－18 所示。

表 11 - 18　　　　　　　　　　　　　　　淡入淡出效果

名称	参数	功能	说明	举例
fadeIn (speed, [callback])	speed：速度的设定（"slow"，"normal"，或"fast"）或表示动画时长的毫秒数值（如 1000）callback：在动画完成时执行的函数，每个元素执行一次	通过不透明度的变化来实现所有匹配元素的淡入效果，并在动画完成后可选地触发一个回调函数	这个动画只调整元素的不透明度，也就是说所有匹配的元素的高度和宽度不会发生变化	1 秒缓慢将段落淡入：$ ("p") . fadeIn (1000); 400 毫秒将段落淡入并在之后弹出对话框：$ ("p") . fadeIn (400, function () {$ (this) . text ("Animation Done...");});
fadeOut (speed, [callback])	speed：速度的设定（"slow"，"normal"，或"fast"）或表示动画时长的毫秒数值（如 1000）callback：在动画完成时执行的函数，每个元素执行一次	通过不透明度的变化来实现所有匹配元素的淡出效果，并在动画完成后可选地触发一个回调函数	动画只调整元素的不透明度，所有匹配元素的高度和宽度不会发生变化	1 秒缓慢将段落淡出：$ ("p") . fadeOut (1000); 400 毫秒将段落淡出并在之后弹出对话框：$ ("p") . fadeOut (400, function () {$ (this) . text ("Animation Done...");});
fadeTo (speed, opacity, [callback])	speed：速度的设定（"slow"，"normal"，或"fast"）或表示动画时长的毫秒数值（如 1000）opacity：要调整到的不透明度值（0~1）callback：在动画完成时执行的函数，每个元素执行一次	把所有匹配元素的不透明度以渐进方式调整到指定的不透明度，并在动画完成后可选地触发一个回调函数	动画效果只调整元素的高度，可以使匹配的元素以"滑动"的方式隐藏或显示	1 秒缓慢将段落的透明度调整到 0.66：$ ("p") . fadeTo (1000, 0.66); 400 毫秒将段落的透明度调整到 0.25 并在之后弹出对话框：$ ("p") . fadeTo (400, 0.25, function () {$ (this) . text ("Animation Done...");});

4. 自定义动画 animate ()

　　jQuery 允许自定义动画，通过指定动画形式及样式属性，来达到动画的目的。另外，自定义动画可以安排多个动作的执行是依次按顺序执行还是同时发生。也可以通过在属性值前面指定"＋＝"或"－＝"来让元素做相对运动。自定义动画有不同定义形式，具体介绍如下。

　　(1) animate (params [, duration [, easing [, callback]]])。

　　● 功能：用于创建自定义动画。

　　● 说明：关键在于指定动画形式及结果样式属性，如 height，top 或 opacity；样式属性必须用驼峰命名形式，如 marginLeft 代替 margin-left。

● 参数：

params：一组包含作为动画属性和终值的样式属性及其值的集合。

duration：（可选）三种预定速度之一的字符串（"slow"，"normal" 或 "fast"）或表示动画时长的毫秒数值（如 1000）。

easing（String）：（可选）要使用的擦除效果的名称（需要插件支持）。默认 jQuery 提供的是 "linear" 和 "swing"。

callback：（可选）在动画完成时执行的函数。

例 11.39：自定义动画 1

代码如下：

```
$ ("div"). animate({width:"500px",borderWidth:"5px"},1000);
```

说明：此动画效果的两个动作（宽度和边框线的变化）同时发生。

例 11.40：自定义动画 2

代码如下：

```
$ (". block"). animate({left:'+ 50px'},"slow");
$ (". block"). animate({left:'- 50px'},"slow");
```

说明：此动画是让 class='block'的元素做相对运动。

例 11.41：自定义动画 3

代码如下：

```
$ ("p"). animate({height:'toggle',opacity:'toggle'},2000);
```

说明：在 2 秒内段落的高度在显示和隐藏、透明和不透明之间切换。

（2）animate（params，options）。

● 功能：用于创建自定义动画。

● 说明：关键在于指定动画形式及结果样式属性，如 height，top 或 opacity；样式属性必须用驼峰命名形式，如 marginLeft 代替 margin-left。

● 参数：

params：一组包含作为动画属性和终值的样式属性及其值的集合。

options：一组包含动画选项的值的集合。

选项 options 的取值：

duration：（默认值为 normal）三种预定速度之一的字符串（"slow"，"normal" 或 "fast"）或表示动画时长的毫秒数值（如 1000）。

easing：（默认值为 swing）要使用的擦除效果的名称（需要插件支持）。默认 jQuery 提供的是 "linear" 和 "swing"。

complete：在动画完成时执行的函数。

queue：（默认值为 true）设定为 false 将使此动画不进入动画队列。

例 11.42：自定义动画 4

代码如下：

```
$ ("# block1"). animate({width:"90% "},{queue:false,duration:5000})
```

说明：此动画效果中 5 秒完成宽度扩展到 90%，不在动画队列中，即和后续动作同时执行。

例 11.43：自定义动画 5

代码如下：

```
<!DOCTYPE html PUBLIC "-//W3C//DTD XHTML 1. 0 Transitional//EN" "http://www. w3. org/TR/
xhtml1/DTD/xhtml1-transitional. dtd">
<html xmlns= "http://www. w3. org/1999/xhtml">
<head>
<meta http-equiv= "Content-Type" content= "text/html;charset= utf-8"/>
<title> 自定义动画</title>
<style type= "text/css">
        div{width:300px;font-size:14pt;border:1px solid # F00;margin-bottom:10PX;}
</style>
<script language= "JavaScript" src= "js/jquery-2. 1. 1. min. js"> </script>
<script type= "text/JavaScript">
$ (function(){
 $ ("# go1"). click(function(){
   $ ("# block1"). animate({width:"90% "},{queue:false,duration:1000})
       . animate({fontSize:'10em'},1000)
                          . animate({borderWidth:5},1000);
});
$ ("# go2"). click(function(){
     $ ("# block2"). animate({width:"90% "},1000)
                    . animate({fontSize:'10em'},1000)
                    . animate({borderWidth:5},1000);
});
});
</script>
</head>
<body>
<button id= "go1"> 不在队列中</button> <button id= "go2"> 链式动画</button>
<div id= "block1"> Block1</div> <div id= "block2"> Block2</div>
</body>
</html>
```

运行效果如图 11-24 所示。

图 11 - 24 自定义动画实例（一）

在上例中，当点击第一个按钮时，展示了不在队列中的动画：div 扩展到 90％的同时也在增加字体，一旦字体改变完毕，边框的动画才开始。点击第二个按钮，演示的是一个传统的链式动画：前一个动画完成后，后一个动画才会开始。

例 11.44：自定义动画 6

代码如下：

```
<!DOCTYPE html PUBLIC "-//W3C//DTD XHTML 1. 0 Transitional//EN" "http://www. w3. org/TR/
xhtml1/DTD/xhtml1-transitional. dtd">
< html xmlns= "http://www. w3. org/1999/xhtml">
< head>
< meta http-equiv= "Content-Type" content= "text/html;charset= utf-8"/>
< title> 图片悬停动画</title>
< style type= "text/css">
    body{background:# D5DEE7;}
    . boxgrid{width:325px;height:260px;margin:10px;float:left;border:solid 2px # 8399AF;
overflow:hidden;
                position:relative;
    }
    . boxgrid img{position:absolute;top:0px;left:0px;border:none;}
    . boxgrid a{color:# C8DCE5;}
    . boxgrid h3{margin:10px 10px 0 10px;color:# FFF;font:18pt Arial,sans-serif;letter-
spacing:- 1px;
                font-weight:bold;  }
    . boxgrid p{padding:0 10px;color:# afafaf;font-weight:bold;font:10pt "Lucida Grande",
Arial,sans-serif;}
    . boxcaption{position: absolute; top: 260px; left: 0px; background: # 000; height: 100px;
width:100% ;opacity:0. 6;}
</style>
< script language= "JavaScript" src= "js/jquery-2. 1. 1. min. js"> </script>
< script language= "JavaScript">
$ (function(){
```

```
        $ (". boxgrid"). hover(function(){
         $ (this). children(". boxcaption"). animate({top:"160px"},150)
        },function(){
         $ (this). children(". boxcaption"). animate({top:"260"},150)
        });
});
</script>
</head>
< body>
< div class= "boxgrid">
< img src= "images/jareck. jpg"/>
< div class= "boxcaption">
< h3>  Jarek Kubicki</h3>
< p>  Artist< br/>  < a href= "#">  More Work</a>  </p>
</div>
</div>
< div class= "boxgrid">
< img src= "images/birss. jpg"/>
< div class= "boxcaption">
< h3>  Jarek Kubicki</h3>
< p>  Artist< br/>  < a href= "#">  More Work</a>  </p>
</div>
</div>
</body>
</html>
```

运行效果如图 11-25 所示。

图 11-25　自定义动画实例（二）

在上例中，鼠标悬停在图片上时，显示半透明文字；鼠标移开，透明文字消失。这主要是通过设置半透明文字的位置实现动画效果。默认半透明文字通过定位属性设置在图片下方，溢出部分隐藏；悬停时通过设置其 top 值，让其向上移动与图片底对齐位置，并出现动画效果。

（3）停止动画 stop（［clearQueue］，［gotoEnd］）。

● 功能：停止所有在指定元素上正在运行的动画。

● 说明：如果队列中有等待执行的动画（并且 clearQueue 没有设为 true），将被马上执行。

● 参数：

clearQueue：如果设置成 true，则清空队列。可以立即结束动画。

gotoEnd：让当前正在执行的动画立即完成，并且重设 show 和 hide 的原始样式，调用回调函数等。

例如：$ ("♯box") . stop ();。

例 11.45：停止动画

代码如下：

```
<!DOCTYPE html PUBLIC "-//W3C//DTD XHTML 1. 0 Transitional//EN" "http://www. w3. org/TR/
xhtml1/DTD/xhtml1-transitional. dtd">
< html xmlns= "http://www. w3. org/1999/xhtml">
< head>
< meta http-equiv= "Content-Type" content= "text/html;charset= utf-8"/>
<title> 停止动画</title>
< style type= "text/css">
        . block{width:300px;height:150px;background-color:# 990;position:absolute;left:100px;}
</style>
< script language= "JavaScript" src= "js/jquery-2. 1. 1. min. js"> </script>
< script type= "text/JavaScript">
$ (function(){
  $ ("# go"). click(function(){$ (". block". animate({left:'+ 200px'},5000);
});
$ ("# stop"). click(function(){$ (". block"). stop();});
});
</script>
</head>
< body>
< button id= "go"> Go! </button> < button id= "stop"> STOP! </button>
< div class= "block"> 执行动画块</div> v</body>
</html>
```

运行效果如图 11－26 所示。

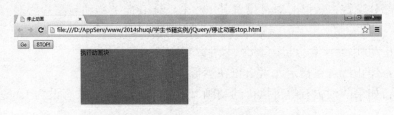

图 11 - 26　停止动画实例

上例中，点击 Go 按钮之后开始动画，点击 Stop 按钮会在当前位置停下来。

11.7　jQuery 特效案例

在这一节中，通过四个综合性案例，实现 jQuery 在页面中的常见效果，让读者进一步加强对 jQuery 强大功能的应用能力。

1. 实例 1：选项卡效果

（1）功能说明。

此案例在点击每一选项时，可切换到相应的选项内容，并会有相应的样式变换。不做任何操作时，会有定时操作，自动做选项内容之间的轮换。

（2）效果展示。

效果如图 11 - 27 所示。

图 11 - 27　选项卡实例

（3）代码清单。

```
< !DOCTYPE html PUBLIC "-//W3C//DTD XHTML 1. 0 Transitional//EN" "http://www. w3. org/TR/
xhtml1/DTD/xhtml1-transitional. dtd">
< html xmlns= "http://www. w3. org/1999/xhtml">
    < head>
    < meta http-equiv= "Content-Type" content= "text/html;charset= utf-8"/>
    <title> 选项卡效果</title>
    < style type= "text/css">
    body{font-size:13px}
        ul,li{margin:0;padding:0;list-  style:none}
        # tab{border:solid 1px # CCC;border-collapse:collapse;width:243px;}
```

```
        # menu li{text-align:center;float:left;width:80px;cursor:pointer;background-color:
# FCFCFC;
      height:30px;text-align:center;line-height:30px;border-bottom:1px solid # E6E6E6;
      }
          # menu. li_1,# menu. li_2{border-right:1px solid # E6E6E6;}
          # menu. li_2,# menu. li_3{border-left:1px solid # E6E6E6;}
          # content{height:80px;clear:left;position:relative;top:- 1px;padding:8px;}
# menu li. tabFocus{/* 点击每一个选项卡时的样式效果* /
      width:80px;font-weight:bold;background-color:# FFF;border-bottom:none;
      z- index:2;position:relative;border:none;}
      </style>
      < script language= "JavaScript" src= "js/jquery-2. 1. 1. min. js"> </script>
      < script language= "JavaScript">
      var t,n= 0,count;
      $ (function(){
      $ ("# content li:first"). show();//第一个选项卡显示
      $ ("# content li:not(:first)"). hide();//其他选项卡隐藏
      count= $ ("# menu li"). size();
      $ ("# menu li"). click(function(){
      var i= $ (this). index();
      n= i;
      $ (this). addClass("tabFocus");//点击的选项卡加上样式
      $ (this). siblings("li"). removeClass("tabFocus");//去掉其他选项卡的样式
      var i= $ (this). index();//得到当前点击的选项卡的索引值
      $ ("# content li"). eq(i). show();//显示当前点击的选项卡的内容
      $ ("# content li"). eq(i). siblings(). hide();//隐藏其他未点击的选项卡的内容
      });
          t= window. setInterval("autoplay();",5000);
      $ ("# menu li"). hover(function(){clearInterval(t);},function(){t= window. setInterval("au -
toplay();",5000);});
      });
      function autoplay(){
      n= n> = (count- 1) ? 0:+ + n;
      var oli= $ ("# menu"). find("li");
      oli. eq(n). trigger('click');
      }
      </script>
      </head>
```

```
< body>
< div id= "tab">
< ul id= "menu">
< li class= "tabFocus li_1"> 话费</li>
< li class= "li_2"> 彩票</li>
< li class= "li_3"> 礼品卡</li>
</ul>
< ul id= "content">
< li class= "conFocus"> 立即充值:充值号码</li>
< li> 买注双色球 31 09 29 24 19 26 15</li>
< li> 实体礼品卡,支持 800 城市货到付款</li>
</ul>
</div>
</body>
</html>
```

（4）代码分析。

在样式定义中，♯menu li. tabFocus 类别样式主要用来定义点击每一个选项卡时的样式效果，默认此样式应用在第一个选项卡上；♯content 中的属性定义为 top：−1px；，其目的在于使下面的选项内容的背景与上面选项卡背景融合在一起，让其位置稍微上移就可以做到，它需要结合♯menu li. tabFocus 中 z−index 属性设置才有效果。

jQuery 代码中，首先设置第一个选项卡内容显示，其他选项卡内容隐藏。代码为：

```
$ ("# content li:first"). show();
$ ("# content li:not(:first)"). hide();
```

然后，在每个选项卡上有一个点击事件，实现选项内容的切换，且样式也发生变化。代码为：

```
$ ("# menu li"). click(function(){
$ (this). addClass("tabFocus");//点击的选项卡加上样式
$ (this). siblings("li"). removeClass("tabFocus");//去掉其他选项卡的样式
$ ("# content li"). eq(i). show();//显示当前点击的选项卡的内容 v  $ ("# content li"). eq(i)
. siblings(). hide();//隐藏其他未点击的选项卡的内容
});
```

最后，实现定时操作。定义全局变量 t，存储定时 ID 值。函数 autoplay 实现自动播放效果。代码为：

```
function autoplay(){
n= n> = (count- 1) ? 0:+ + n;
var oli= $ ("# menu"). find("li");
```

```
oli. eq(n). trigger('click');
}
```

这里用到了 trigger 触发事件，根据当前选项卡索引值 *n* 自动触发 click 事件。

定时操作语句如下：

```
t= window. setInterval("autoplay();",5000);
$ ("# menu li"). hover(function(){clearInterval(t);},function(){t= window. setInterval("autoplay
();",5000);});
```

2. 实例 2：图片轮换效果

（1）功能说明。

图片轮换效果是网站中最常见也是必须用到的一种效果。此实例不仅实现了图片的自动轮换，同时也有透明背景上的标题文字说明，在轮换中还加入了过渡效果、样式变化，点击每一幅图片后链接数字可以自动切换，非常方便。

（2）效果展示。

效果如图 11-28 所示。

图 11-28 图片轮换实例

（3）代码清单。

```
< !DOCTYPE HTML PUBLIC "-//W3C//DTD HTML 4. 01 Transitional//EN" "http://www. w3c. org/
TR/1999/REC- html401- 19991224/loose. dtd">
< html xmlns= "http://www. w3. org/1999/xhtml">
< head>  < title> 图片轮换,带标题文字</title>
< meta http-equiv= "Content-Type" content= "text/html;charset= utf-8"/>
< script type= "text/JavaScript" src= "js/jquery-2. 1. 1. min. js"> </script>
< style type= "text/css">
ul{padding:0px;margin:0px;list- style:none;}
# play{width:500px;height:230px;border:# ccc 1px solid;position:relative;}
# playBg{top:200px;z- index:1;filter:alpha(opacity= 70);opacity:0. 7;width:500px;
            position:absolute;height:30px;background:# 000;}
# playText{position: absolute; top: 200px; z- index: 2; padding- left: 10px; font-size: 14px; font-
weight:bold;
```

```
                    width:340px;color:# fff;line-  height:30px;overflow:hidden;cursor:pointer;}
# playNum{margin:205px 5px 0 350px;z-  index:3;width:145px;text-align:right;position:absolute;
height:25px;}
# playNum a{margin:0 2px;width:20px;height:20px;font-size:14px;font-weight:bold;line-  height:
20px;
 cursor:pointer;color:# 000;padding:0 5px;background:# D7D6D7;text-align:center}
# playNum a. click{background-color:# F9ED99;color:# 03C; padding: 1px 5px; font-size: 14px;
font-weight:bold;}
# playShow img{width:500px;height:230px;}
</style>
< script type= text/JavaScript>
var n= 0,num,timer;//num 变量存储轮换图片的总张数
$ (function(){
//显示第一张图,隐藏其余五张图片
num= $ ("# playShow a"). find("img"). length;
$ ("# playShow a:first"). show();
$ ("# playShow a:not(:first)"). hide();
//显示第一张图的文本
var alt= $ ("# playShow a:first img"). attr("alt");
$ ("# playText"). html(alt);
$ ("# playNum a:first"). addClass("click");//默认第一个超链接加样式
//点击每一个超链接图片切换
$ ("# playNum a"). click(function(){
 var i= $ (this). text()- 1;
 n= i;
 $ (this). addClass("click"). siblings(). removeClass("click");
 $ ("# playShow a:visible"). hide();
 $ ("# playShow a"). eq(i). fadeIn(1200);
 var a_img= $ ("# playShow a"). eq(i). find("img"). attr("alt");
                //获取点击的超链接图片的 alt 属性的值
 $ ("# playText"). html(a_img);
 });
timer= window. setInterval("autoplay();",2000);
 $ (" #  play") . hover (function ( ) {window. clearInterval (timer );}, function ( ) {timer =  win -
dow. setInterval("autoplay();",2000);});
 });
 function autoplay(){
 n+ + ;
 if(n= = num){n= 0;}
 $ ("# playNum a"). eq(n). trigger("click");
```

```
}
</script>
< body>
< div id= "play">
< ul>
< li id= "playBg"> </li> < li id= "playText"> </li>
< li id= "playNum"> < a> 1</a> < a> 2</a> < a> 3</a> < a> 4</a> < a> 5</a> < a> 6</a>
</li>
< li id= "playShow">
< a href= "#"> < img src= "images/01. jpg" alt= "国庆大惠战"> </a>
< a href= "#"> < img src= "images/02. jpg" alt= "零利润大放送"> </a>
< a href= "#"> < img src= "images/03. jpg" alt= "迎双节,PC 好礼大放送"> </a>
< a href= "#"> < img src= "images/04. jpg" alt= "中秋送好礼"> </a>
< ahref= "#"> < img src= "images/05. jpg" alt= "在线上网,无线办公"> </a>
< a href= "#"> < img src= "images/06. jpg" alt= "网上购物商城隆重上线"> </a>
</li>
</ul>
</div>
</body>
</html>
```

（4）代码分析。

在 CSS 样式中，♯ playBg 通过绝对定位和透明度来设置背景效果；♯ playNum a. click 用来设置点击每一个链接数字时的样式效果。

在 jQuery 代码中，首先需要设置初始状态下的效果，如默认显示第一幅图片及标题文字，其他图片隐藏；第一个链接文字有特别的背景样式。代码如下：

```
$ ("# playShow a:first"). show();
$ ("# playShow a:not(:first)"). hide();
var alt= $ ("# playShow a:first img"). attr("alt");
$ ("# playText"). html(alt);
$ ("# playNum a:first"). addClass("click");
```

然后，实现点击每个链接文字的图片切换，代码如下：

```
$ ("# playNum a"). click(function(){
    var i= $ (this). text()- 1;
    n= i;
    $ (this). addClass("click"). siblings(). removeClass("click");
    $ ("# playShow a:visible"). hide();
    $ ("# playShow a"). eq(i). fadeIn(1200);
                var a_img= $ ("# playShow a"). eq(i). find("img"). attr("alt");
```

```
                    $ ("# playText"). html(a_img);
});
```

通过获取链接上文本减 1,得到点击对应图片的索引值,用 fadeIn 方法做淡入效果。

最后,通过定时操作实现自动轮换。代码如下:

```
timer= window. setInterval("autoplay();",2000);
$ (" # play"). hover (function ( ) {window. clearInterval (timer);}, function ( ) {timer = win-
dow. setInterval("autoplay();",2000);});
function autoplay(){
 n+ + ;
 if(n= = num){n= 0;}
 $ ("# playNum a"). eq(n). trigger("click");
}
```

这里,通过切换事件 hover 实现鼠标悬停和移开这两个动作图片轮换和停止轮换功能。在 autoplay 函数中,同样利用 trigger 事件触发相应的链接标记执行 click 动作,n 代表当前轮换的链接标记索引值。

3. 实例 3:菜单折叠效果

(1) 功能说明。

折叠效果主要是为了在有限的区块内展示更多的内容,点击每一个标题会显示相应的内容,其他标题会自动折叠进去。此效果主要借助 slideUp 实现。

(2) 效果展示。

效果如图 11 - 29 所示。

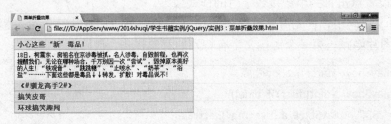

图 11 - 29 菜单折叠实例

(3) 代码清单。

```
< !DOCTYPE html PUBLIC "-//W3C//DTD XHTML 1. 0 Transitional//EN" "http://www. w3. org/TR/
xhtml1/DTD/xhtml1-transitional. dtd">
        < html xmlns= "http://www. w3. org/1999/xhtml">
        < head>
        < meta http-equiv= "Content-Type" content= "text/html;charset= utf-8"/>
        < title> 菜单折叠效果</title>
        < script src= "js/jquery-2. 1. 1. min. js" type= "text/JavaScript"> </script>
        < style>
```

```
. accordion{width:500px;border:1px solid # CACACA;}
. accordion h3{background:# F7F7F7;height:25px;line- height:25px;border- bottom:1px
solid # CACACA;margin:0 auto;padding:2px 8px;color:# 09F;font-family:"华文细黑";}
. accordion p{margin:0 auto;padding:5px 8px;}
</style>
</head>
< body>
< script language= "JavaScript">
  $ (function(){
    $ (". accordion p:first"). show();
    $ (". accordion p:not(:first)"). hide();
    $ (". accordion h3"). click(function(){
      $ (this). next('p'). slideToggle(1000);
      $ (this). next('p'). siblings("p:visible"). slideUp(1000);
    });
  }
);
</script>
< div class= "accordion">
< h3 class= "active"> 小心这些"新"毒品！</h3>
< p> 18 日,柯震东、房祖名在京涉毒被抓。名人涉毒,自毁前程,也再次提醒我们:无
论在哪种场合,千万别因一次"尝试",毁掉原本美好的人生！"铁观音"、"跳跳糖"、"止咳
水"、"奶茶"、"浴盐"………下面这些都是毒品↓↓转发,扩散！对毒品说不！</p>
< h3>《# 驯龙高手 2# 》</h3>
< p> 没有第一部好看。高潮不够震撼啊,后半部节奏太快,悲伤还没够,立马就迎接
新族长了,有点哭笑不得的感觉。</p>
< h3> 搞笑皮哥</h3>
< p> 问:我怎么找不到 D 盘在哪啊？客服:请您打开"我的电脑"。问:你的电脑我怎
么能打开呢！客服:请您打开您的电脑。问:我电脑开着呢啊！客服:请问您的桌面上都有
什么？答:有手机、水杯、半桶方便面！！</p>
<h3> 环球搞笑趣闻</h3>
< p>【做个聪明女孩】①遇到不想回答的问题,直视对方的眼睛,微笑、沉默;②走路抬
头挺胸,遇见不想招呼的人,点头微笑,径直走过;③和对自己有恶意的人绝交,人有绝交,才
有至交;④有人试图和你无理取闹,安静地看着他,说:祝你好心情,然后离开;⑤古龙说过,爱
笑的女孩子运气不会太差。</p>
</div>
</body>
</html>
```

（4）代码分析。

jQuery 代码中，首先设置第一个标题内容显示，其他内容隐藏。代码如下：

```
    $ (". accordion p:first"). show();
$ (". accordion p:not(:first)"). hide();
```

然后，每个标题上都添加点击事件，显示相应的标题内容，同时其他相邻已显示的标题内容要滑上去隐藏。代码如下：

```
$ (". accordion h3"). click(function(){
    $ (this). next('p'). slideToggle(1000);
    $ (this). next('p'). siblings("p:visible"). slideUp(1000);
});
```

此处，关键是选择器的处理，如何选择其他相邻的标题内容，选择器为 $ (this). next ('p') . siblings ("p：visible")，就可以找到其他段落内容了。

4. 实例 4：购物车功能

（1）功能说明。

用 jQuery 实现的购物车功能主要有购物数量的修改、小计、总计；商品全选功能、删除购物车商品功能。

（2）效果展示。

打开页面，点击全选复选框后效果如图 11-30 所示。

图 11-30　购物车全选功能

当修改文本框数量或者点击左、右侧增加或减少时，小计及总计都会变化；当数量小于 1 时，会有相应的提示，效果如图 11-31 所示。

图 11-31　购物车数量修改功能

点击删除链接，删除相应的商品信息，总计金额也会相应变化，效果如图 11-32 所示。

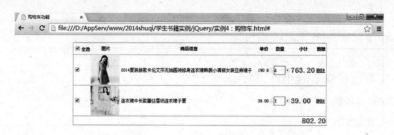

图 11-32　购物车删除商品功能

（3）代码清单。

```
<!DOCTYPE html PUBLIC "-//W3C//DTD XHTML 1. 0 Transitional//EN" "http://www. w3. org/TR/
xhtml1/DTD/xhtml1-transitional. dtd">
<html xmlns="http://www. w3. org/1999/xhtml">
<head> <meta http-equiv="Content-Type" content="text/html;charset= utf-8"/>
<title>购物车功能</title>
<style type= "text/css">
# cart{width:700px;margin:20px auto;border:1px solid # 999;border- collapse:collapse;}
# cart th{font-size:14pt;height:30px;font-family:"微软雅黑";}
# cart td,# cart th{border- bottom:1px solid # 999;font-size:12px;}
# cart. num{width:30px;height:20px;border:1px solid # 666;}
# cart. td_sum,# cart. td_total{font-weight:bold;color:# F00;font-size:14pt;}
</style>
<script language= "JavaScript" src= "js/jquery-2. 1. 1. min. js"> </script>
<script language= "JavaScript">
 $ (function(){
  $ (":checkbox[name= 'quanxuan']"). click(function(){
  var flag= $ (this). prop("checked");
  $ (":checkbox[name= 'opt']"). prop("checked",flag);
 });
//getTotal 实现小计、总计功能
function getTotal(){
 var sum= 0;
  $ (". td_total"). each(function(){
  var price= parseFloat($ (this). prev(). prev(). text());
  var num= parseInt($ (this). prev(". td_num"). find("input"). val());
```

```
    sum+ = price* num;
   $ (this). html((price* num). toFixed(2));
});
$ (". td_sum"). html(sum. toFixed(2));
}
//chgNum 实现数量修改时小计、总计金额计算
function chgNum(obj,type,num){
  if(type= = "minus"){
    num- - ;
    if(num< 1){
     alert("数量不能小于 1");
     return;
    }
  }else if(type= = 'add'){
    num+ + ;
  }
  var price= $ (obj). parent(). prev(". td_price"). text();
  var total= num* parseFloat(price);
  $ (obj). parent(). find("input"). val(num);
  $ (obj). parent(). next(". td_total"). html(total. toFixed(2));
  getTotal();
}
  getTotal();
  $ (". td_num"). find("img[alt= 'minus']"). click(function(){
   var num= parseInt($ (this). parent(). find("input"). val());
   chgNum(this,'minus',num)
  });
  $ (". td_num"). find("img[alt= 'add']"). click(function(){
   var num= parseInt($ (this). parent(). find("input"). val());
   chgNum(this,'add',num)
  });
  //实现删除商品功能
  $ (". td_del"). find("a"). click(function(){
    $ (this). parent(). parent(). remove();
   getTotal();
  });
  //实现文本框修改数量功能
  $ (". num"). blur(function(){
```

```
        var num= $ (this). val();
    if(isNaN(num)){alert("数量应该为大于 0 的整数值!");}
                else{chgNum(this,'',num)}
    });
});
</script>
</head>
< body>
< table id= "cart">
< tr>
< th> < input name= "quanxuan" type= "checkbox" value= "qx"/> 全选</th>
< th> 图片</th> < th> 商品信息</th> < th> 单价</th>
< th> 数量</th> < th> 小计</th> < th> 删除</th>
</tr>
< tr>
< td> < input name= "opt" type= "checkbox" id= "opt1" value= "1"/> </td>
< td> < img src= "images/p1. jpg"/> </td>
< td> 2014 夏装新款卡伦艾莎无袖圆领修身连衣裙韩版小清新女装亚麻裙子</td>
< td class= "td_price"> 190. 8</td>
< td class= "td_num"> < img src= "images/taobao_minus. jpg" alt= "minus"/> < input type= "text"
value= "1" class= "num"/> < img src= "images/taobao_adding. jpg" alt= "add"/> </td>
< td class= "td_total"> </td>
< td class= "td_del"> < a href= "#"> 删除</a> </td>
</tr>
< tr>
< td> < input name= "opt" type= "checkbox" id= "opt2" value= "2"/> </td>
< td> < img src= "images/p2. jpg"/> </td>
< td>【天天特价】2014 爆款韩版蕾丝短裙半身裙修身大码包臀裙一步裙</td>
< td class= "td_price"> 78. 00</td>
< td class= "td_num"> < img src= "images/taobao_minus. jpg" alt= "minus"/> < input type= "text"
value= "1" class= "num"/> < img src= "images/taob ao_adding. jpg" alt= "add"/> </td>
< td class= "td_total"> </td>
< td class= "td_del"> < a href= "#"> 删除</a> </td>
</tr>
< tr>
< td> < input name= "opt" type= "checkbox" id= "opt3" value= "3"/> </td>
```

```
<td> <img src="images/p3. jpg"/> </td>
<td>【天天特价】2014 新款小西装中长款春秋季韩版 OL 百搭外套薄长袖潮</td>
<td class="td_price"> 95. 00</td>
<td class="td_num"> <img src="images/taobao_minus. jpg" alt="minus"/> <input type="text"
value="1" class="num"/> <img src="images/taobao_adding. jpg" alt="add"/> </td>
<td class="td_total"> < /td>
<td class="td_del"> <a href="#"> 删除</a> < /td>
</tr>
<tr>
 <td> <input name="opt" type="checkbox" id="opt4" value="4"/> < /td>
 <td> <img src="images/p4. jpg"   /> < /td>
<td> 连衣裙中长款蕾丝雪纺连衣裙子夏< /td>
 <td class="td_price"> 39. 00< /td>
 <td class="td_num"> <img src="images/taobao_minus. jpg" alt="minus"/> <input type="text"
value="1" class="num"/> <img src="images/taobao_adding. jpg" alt="add"/> < /td>
 <td class="td_total"> < /td>
 <td class="td_del"> <a href="#"> 删除</a> < /td>
</tr>
<tr> <td class="td_sum" colspan="7" align="right">  < /td> </tr>
</table>
</body>
</html>
```

（4）代码分析。

此案例主要通过表格定义商品信息，包括商品图片、商品信息、单价、数量（默认为1）、小计等信息。数量信息可以修改，商品信息可以删除，也可以实现每件商品的小计和所有商品的总计功能。

全选功能代码如下：

```
$ (":checkbox[name= 'quanxuan']"). click(function(){
        var flag= $ (this). prop("checked");
        $ (":checkbox[name= 'opt']"). prop("checked",flag);
});
```

主要通过设置商品中每一个复选框的 checked 属性值与第一行点击的全选复选框checked 属性值相同即可。

函数 getTotal () 主要实现求每件商品小计和所有商品总计功能。无论是修改商品数量还是删除相应商品，都会引起小计和总计金额的变化，所以都需要调用此函数。在这里单独定义出来，在做这些操作时只需调用即可，相应代码如下：

```
function getTotal(){
        var sum= 0;
        $ (". td_total"). each(function(){
         var price= parseFloat($ (this). prev(). prev(). text());
         var num= parseInt($ (this). prev(". td_num"). find("input"). val());
         sum+ = price* num;
         $ (this). html((price* num). toFixed(2));
        });
        $ (". td_sum"). html(sum. toFixed(2));
    }
```

点击"＋"和"－"图标或修改文本框中值，实现小计和总计的重新计算，并且需要验证数量小于 1 或非数值情况。这里用了一个统一的函数 chgNum () 来实现，需要传三个参数：obj，操作的对象；type，操作的类型（加，减或文本框输入）；num，修改的数量。代码如下：

```
function chgNum(obj,type,num){
        if(type= ="minus"){
                num- - ;
                if(num< 1){alert("数量不能小于 1");return;}
        }else if(type= = 'add'){
                num+ + ;
        }
        var price= $ (obj). parent(). prev(". td_price"). text();
        var total= num* parseFloat(price);
        $ (obj). parent(). find("input"). val(num);
        $ (obj). parent(). next(". td_total"). html(total. toFixed(2));
        getTotal();
    }
```

点击删除链接，删除相应的商品信息，代码如下：

```
$ (". td_del"). find("a"). click(function(){
   $ (this). parent(). parent(). remove();
                    getTotal();
});
```

到此，购物车案例功能全部实现。如果想要修改样式或实现其他功能，请参考此案例自行修改。

知识扩展　　　　　　几款常用开源的 JavaScript 框架

(1) jQuery (http://jquery.com/)：一个快速、简洁的 JavaScript 库，使用户能更方便地处理 HTML documents、events，实现动画效果，并且方便地为网站提供 AJAX 交互。

(2) Prototype (http://prototypejs.org/)：一个面向对象的 JavaScript 类库，包含了很多很实用的功能，很多其他的框架都使用此框架作为基础类库。

(3) MooTools (http://mootools.net/)：一个简洁、模块化、面向对象的 Java-Script 框架。它能够帮助开发人员更快、更简单地编写可扩展和兼容性强的 JavaScript 代码。跟 Prototype 相类似，语法几乎一样。但它提供的功能要比 Prototype 多，更强大，比如增加了动画特效、拖放操作等，而且拥有强大而清晰的文档和示例，能够帮助开发人员轻松入门。

(4) Yahoo! UI Library (YUI) (http://developer.yahoo.com/yui/)：一个开放源代码的 JavaScript 函数库，为了能建立一个高互动的网页，它采用了 AJAX、DHTML 和 DOM 等程式码技术。它也包含了许多 CSS 资源。使用授权为 BSD 许可证。

(5) ExtJS (http://extjs.com/products/extjs/)：一个超级强大的 JavaScripts 类库，前身为 YUI (Yahoo User Interface)，经过不断发展与改进，现在已经成为最完整与成熟的一套构建 RIA Web 应用的 JavaScript 基础库。ExtJS 已经成为开发具有完美用户体验的 Web 应用的新选择。

(6) The Dojo Toolkit (http://www.dojotoolkit.org/)：一个开源的 JavaScript 工具包，用于构造 Web 应用。它通过提供设计良好的 API 和工具包缩短了实现设计的时间。它是轻量级的，且极其健壮，提供工具来实现 DOM 操作、动画、ajax、event 和键盘标准化。Dojo 是完全免费的，由一组活跃于社区的 developer 开发。

本章小结

本章主要介绍 JavaScript 的框架技术 jQuery，从 jQuery 的特点及安装到 jQuery 简单丰富的选择器，从 jQuery 访问 DOM 元素的方法到实现元素的筛选操作，从 jQuery 的事件处理方式到动画特效，jQuery 无时无刻不在体现它的简单、实用、高效的特点。最后，通过四个实用性强的 jQuery 特效案例，将读者对 jQuery 的认识提高到一个更深的层次。

教学一体化训练

● 重要概念

　　框架选择器　元素

● 课后讨论

1. document. ready 与 window. onload 有什么区别?

2. jQuery 的选择器有哪些?

3. 在 jQuery 中，DOM 元素的属性、内容、CSS 类如何访问和操作?

4. jQuery 中的事件如何绑定?

● 课后自测

选择题

1. 在 jQuery 中，页面中有三个元素：<div>div 标签</div>，span 标签，<p>p 标签</p>。如果这三个标签要触发同一个点击事件，那么正确的写法是（　　）。

    A. $ ("div, span, p") . click (function () {　//…　　　});

    B. $ ("div | | span | | p") . click (function () {　//…　　　　});

    C. $ ("div+span+p") . click (function () {　//…　　　});

    D. $ (" div~span~p") . click (function () {　//…　　　});

2. 页面中有一个 select 标签，代码如下：

<select id="sel" >

<option value="0" >请选择</option>

<option value="1" >选项一</option>

<option value="2" >选项二</option>

<option value="3" >选项三</option>

<option value="4" >选项四</option>

</select>

要使"选项四"选中的正确写法是（　　）。

    A. $ ("♯sel") . val ("选项四") . checked=true;

    B. $ ("♯sel") . val ("4") . attr（"checked", true);

    C. $ ("♯sel>option：eq (4)") . checked=true;

    D. $ ("♯sel　option：eq (4)") . attr ("selected", true);

3. 下面选项中哪一个是和 $ ("♯foo") 等价的写法?（　　）

    A. $ ("foo♯")　　　B. $ (♯"foo")　　　C. $ ("foo")　　　　D. jQuery ("♯foo")

4. 在 jQuery 中指定一个类，如果存在就执行删除功能，如果不存在就执行添加功能。下面哪一个是可以直接完成该功能的?（　　）

    A. removeClass ()　　　　　　　　B. deleteClass ()

    C. toggleClass (class)　　　　　　D. addClass ()

5. 在 jQuey 中，如果想要从 DOM 中删除所有匹配的元素，下面哪一个是正确的?（　　）

    A. delete ()　　　　B. empty ()　　　　C. remove ()　　　　D. removeAll ()

6. 在 jQuery 中想要找到所有元素的同辈元素，下面哪一个是可以实现的?（　　）

    A. eq (index)　　　　　　　　B. find (expr)

C. siblings（[expr]）   D. next（）

7. 为每一个指定元素的指定事件（如 click）绑定一个事件处理器函数，下面哪一个是用来实现该功能的？（   ）

A. trigger（type）   B. bind（type）   C. one（type）   D. unbind（type）

第 12 章

异步处理 Ajax 技术

知识目标

掌握 Ajax 的技术组成。

掌握 Ajax 的工作原理。

掌握 Ajax 的工作过程。

能力目标

能创建 Ajax 对象 XMLHttpRequest。

掌握 XMLHttpRequest 请求数据的两种方式：get 和 post。

掌握 XMLHttpRequest 对返回数据的处理。

能直接使用 jQuery 中的方法实现 Ajax 技术。

12.1 Ajax 简介

Ajax（Asynchronous JavaScript and XML），全称为异步的 JavaScript 和 XML 技术，它是一种支持异步请求的技术。Ajax 不是"一种"单一技术，它实际上是几种技术的综合体，每种技术都有其独特之处，合在一起就形成了一个功能强大的新技术。Ajax 刚刚诞生的时候，虽然是一个新词，但内涵是两个存在已久的 JavaScript 功能。这两种功能以往一直被忽略，在 Gmail、Google suggest 及 Google Maps 出现后才一举成名。

传统的网页如果不使用 Ajax，更新内容时必须重新加载整个页面内容。使用 Ajax 技术后，通过在后台与服务器进行少量数据交换，Ajax 就可以使网页实现异步更新。这意味着可以在不重新加载整个网页的情况下，对网页的某部分进行更新。

Ajax 的技术组成，如图 12-1 所示。

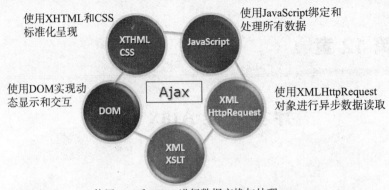

使用XHTML和CSS
标准化呈现

使用JavaScript绑定和
处理所有数据

使用DOM实现动
态显示和交互

使用XMLHttpRequest
对象进行异步数据读取

使用XML和XSTL进行数据交换与处理

图 12-1　Ajax 技术组成

 12.2　Ajax 工作原理

　　传统的 Web 应用采用同步交互过程，这种情况下，用户首先向 HTTP 服务器触发一个行为或请求，然后服务器执行某些任务，向发出请求的用户返回一个 HTML 页面。这是一种不连贯的用户体验，服务器在处理请求的时候，用户多数时间处于等待状态，屏幕内容也是一片空白。其工作过程如图 12-2 所示。

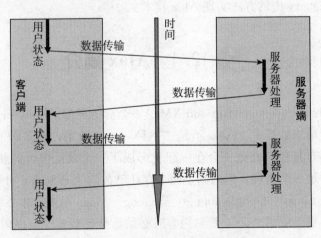

图 12-2　传统 Web 应用工作过程

　　与传统的 Web 应用不同，Ajax 采用异步交互过程。Ajax 在用户与服务器之间引入一个中间媒介，从而消除了网络交互过程中的"处理—等待—处理—等待"的缺点。Ajax 引擎用 JavaScript 语言编写，通常藏在一个隐藏的框架中，它负责编译用户界面及与服务器之间的交互。Ajax 引擎允许用户与应用软件之间的交互过程异步进行，独立于用户与网络服务器间的交流。用 JavaScript 调用 Ajax 引擎来代替产生一个 HTTP 的用户动作，内存中的数据编辑、页面导航、数据校验不需要重新载入，整个页面的需求可以交给

Ajax 来执行。

Ajax Web 应用模式（异步）如图 12-3 所示。

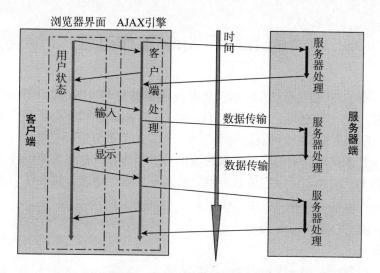

图 12-3　Ajax Web 应用模式

Ajax 的工作原理如图 12-4 所示。

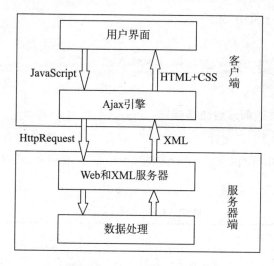

图 12-4　Ajax 的工作原理

相比较于传统的 Web 应用模式，Ajax 的优势是显而易见的，具体表现为：

（1）减轻服务器的负担。Ajax 的原则是"按需取数据"，可以最大限度地减少冗余请求和响应对服务器造成的负担。

（2）无刷新更新页面。减少用户心理和实际的等待时间，带来更好的用户体验。

（3）可以把以前一些服务器负担的工作转嫁到客户端，利用客户端闲置的能力来处理，减轻服务器和带宽的负担，节约空间和宽带租用成本。

（4）可以调用外部数据。

（5）基于标准化的并被广泛支持的技术，不需要下载插件或者小程序。

（6）进一步促进页面呈现和数据的分离。

12.3 Ajax 工作过程

XMLHttpRequest 是 Ajax 的基础。所有现代浏览器均支持 XMLHttpRequest 对象（IE5 和 IE6 使用 ActiveXObject）。XMLHttpRequest 用于在后台与服务器交换数据。这意味着可以在不重新加载整个网页的情况下，对网页的某部分进行更新。

使用 Ajax 技术实现前端与服务器端的数据发送和接收，首先需要创建 XMLHttpRequest 对象，借助此对象，可以连接服务器，向服务器发送请求，接收从服务器发回的数据并交给 JS 程序处理。具体的工作过程如下。

1. 创建对象：XMLHttpRequest

代码如下：

```
var xmlhttp;
if(window. XMLHttpRequest){
// IE7+ ,Firefox,Chrome,Opera,Safari
    xmlhttp= new XMLHttpRequest();
}else{// IE6,IE5
    xmlhttp= new ActiveXObject("Microsoft. XMLHTTP");
}
```

2. 连接服务器，发送请求给服务器端

请求的文件可以是 PHP 文件、txt 文件、XML 文件，请求的方式可以是 GET 方式或 POST 方式，使用 XMLHttpRequest 对象的 open () 方法和 send () 方法来实现。具体说明见表 12-1。

表 12-1　　　　　　　　　　　　　　open () 与 send () 方法

方法	说明
open (*method*, *url*, *async*)	规定请求的类型、URL 以及是否异步处理请求 ◇ *method*：请求的类型；GET 或 POST ◇ *url*：文件在服务器上的 URL 地址 ◇ *async*：true（异步）或 false（同步）
send ([*string*])	将请求发送到服务器 ◇ *string*：POST 请求中所传递数据 ◇ GET 请求时，string 可省略，或用 null 代替

（1）GET 方式请求 txt 文件。

代码如下：

```
xmlhttp. open("GET","1. txt",true);
```

（2）GET 方式请求 PHP 文件。

代码如下：

```
xmlhttp. open("GET","1. php? uname= moyan",true);
```

3. 发送数据，服务器处理请求，Ajax 引擎处于等待

用 send () 方法发送数据，发送方式可用 get 或 post，两种格式有所区别。

（1）GET 方式发送数据。

格式：

```
xmlhttp. send(null);
```

通过 GET 方式发送数据时，send () 方法中不需要加参数或者为 null，参数直接附在 URL 地址中发送给服务器。

（2）POST 方式发送数据。

格式：

```
xmlhttp. setRequestHeader("Content-Type","application/x- www- form- urlencoded");
xmlhttp. send("author= moyan&book= honggaoliang");
```

通过 POST 发送数据时，需要通过 setRequestHeader () 来添加 HTTP 头，设置代码如上所示，并通过 send () 方法指定发送数据。数据格式为：参数名 1＝参数值 1&参数名 2＝参数值 2&⋯参数名 n＝参数值 n，多个参数之间用 & 符号连接。

知识扩展　　　　　POST 与 GET 方式之比较

与 POST 相比，GET 更简单、更快捷，并且在大部分情况下都能使用。然而，在以下情况中，请使用 POST 请求：

● 无法使用缓存文件（更新服务器上的文件或数据库）。

● 向服务器发送大量数据（POST 没有数据量限制）。

● 发送包含未知字符的用户输入时，POST 比 GET 更稳定、更可靠。

注：

● 通过 GET 方式发送数据，可能会得到缓存结果，解决方法是：在 URL 后添加一个额外参数，其参数值为一随机数或时间戳，格式可以如下：

```
xmlhttp. open("GET","do. php? t= " +  Math. random(),true);//或者也可写成
xmlhttp. open("GET","do. php? t= " +  new Date(). getTime(),true);
xmlhttp. send();
```

● 无论是通过 GET 方式还是 POST 方式，如果传递参数为中文时，考虑到浏览器解析的差异性，需要对字符串进行编码，格式如下：

GET 请求方式：

```
xmlhttp. open("GET","1. php? uname= moyan&dianying= "+ encodeURIComponent('红高
粱'),true);
    xmlhttp. send(null);
```

POST 请求方式：

```
xmlhttp. open("POST","1. php",true);
    xmlhttp. send("uname= moyan&dianying= "+ encodeURIComponent('红高粱'));
```

4. 处理服务器返回的结果，通过 JavaScript 的 DOM 操作呈现到页面上

```
xmlhttp. onreadystatechange= function(){
    if(xmlhttp. readyState= = 4&&xmlhttp. status= = 200){// 请求已完成;
            alert(xmlhttp. responseText);    //获取服务器响应的数据
    }
}
```

Ajax 属性列表及说明如表 12-2 所示。

表 12-2   Ajax 属性列表及说明

属性	描述
onreadystatechange	存储函数（或函数名），每当 readyState 属性改变时，就会调用该函数
readyState	存有 XMLHttpRequest 的状态。从 0 到 4 发生变化 ◇ 0：请求未初始化 ◇ 1：服务器连接已建立 ◇ 2：请求已接收 ◇ 3：请求处理中 ◇ 4：请求已完成，且响应已就绪
status	200:"OK" 404：未找到页面
responseText	获得字符串形式的响应数据
responseXML	获得 XML 形式的响应数据

Ajax 的每一次操作，都经过如上所述的 4 步操作，因此可以定义一个专门的函数来完成 Ajax 的 4 步处理。以 GET 请求方式为例，函数定义如下：

```
function get_ajax(url,fnSucc,fnFail){
//1. 创建 Ajax 对象
var xmlhttp;
if(window. XMLHttpRequest){
  xmlhttp= new XMLHttpRequest();
}else{
```

```
        xmlhttp= new ActiveXObject("Microsoft. XMLHTTP");
    }
    //2. 连接服务器(打开和服务器的连接)
    xmlhttp. open('GET',url,true);
    //3. 发送
    xmlhttp. send();
    //4. 接收
    xmlhttp. onreadystatechange= function(){
     if(xmlhttp. readyState= = 4&&xmlhttp. status= = 200){
        fnSucc(xmlhttp. responseText);
     }else{
       if(fnFail){
       fnFail();
       }
      }
    };
}
```

此函数中，定义了三个参数：

- url：GET 方式请求的地址。
- fnSucc：请求成功后的回调函数。
- fnFail：请求错误的回调函数。

上述函数的使用方式如下：

```
get_ajax("isused. php? uname= Joan",function(str){
 alert(str);
},function(){
 alert("失败!");
});
```

 12.4　jQuery 中的 Ajax 技术

　　jQuery 在异步处理数据方面封装得很好，直接用 Ajax 比较麻烦，而使用 jQuery 将会大大简化 Ajax 的操作，并且不必考虑浏览器的差异问题。

　　常见处理 Ajax 操作的有三种方法：$. post ()、$. get () 和 $. ajax ()。$. post ()、$. get () 较为简单，如果要处理复杂的逻辑，需要用到 $. ajax ()。下面分别介绍这三种方法。

1. $.get () 方法

这是一个简单的 GET 请求功能，以取代复杂的 $.ajax () 方法。请求成功时可调用回调函数。如果需要在出错时执行函数，请使用 $.ajax () 方法。具体方法如表 12 - 3 所示。

表 12 - 3 $.get () 方法

方法名	$.get ()
格式	$.get (url, [data], [callback])
功能	使用 GET 方式来进行异步请求
返回值	XMLHttpRequest
参数	url（String）：发送请求的 URL 地址 data（Map）：（可选）要发送给服务器的数据，以 Key/value 的键值对形式表示，会作为 QueryString 附加到请求 URL 中 callback（Function）：（可选）载入成功时回调函数（只有当 Response 的返回状态是 success 时才调用该方法）
示例	$.get ("test.php", {name:" Joan", pwd:" iZQ"}, function (data) { alert ("数据处理成功!:" + data); });

2. $.post () 方法

$.post () 方法是通过远程 HTTP POST 请求载入信息。这是一个简单的 POST 请求功能，以取代复杂的 $.ajax () 方法。请求成功时可调用回调函数。如果需要在出错时执行函数，可使用 $.ajax () 方法。具体方法见表 12 - 4。

表 12 - 4 $.post () 方法

方法名	$.post ()
格式	$.post (url, [data], [callback], [type])
功能	使用 POST 方式来进行异步请求
返回值	XMLHttpRequest
参数	url（String）：发送请求的 URL 地址 data（Map）：（可选）要发送给服务器的数据，以 Key/value 的键值对形式表示 callback（Function）：（可选）载入成功时回调函数（只有当 Response 的返回状态是 success 时才调用该方法）
示例	$.post ("test.php", {name:"Joan", pwd:" iZQ"}, function (data) { alert ("数据处理成功!:" + data); });

3. $.ajax () 方法

$.ajax () 方法由 jQuery 的底层 Ajax 实现。通过 HTTP 请求加载远程数据，$.ajax () 方法返回其创建的 XMLHttpRequest 对象。大多数情况下无须直接操作该对象，但特殊情况下可用手动终止请求。具体方法如表 12-5 所示。

表 12-5   **$.ajax () 方法**

方法名	$.ajax ()
格式	$.ajax (key/value 对象)
功能	通过 HTTP 请求加载远程数据
返回值	XMLHttpRequest

示例	$.ajax ({
	     type:" POST",
	     url:"isused. php",
	     data:"name=Joan&pwd=123123 ",
	     success：function (msg) {
	         alert ("数据处理完成：" + msg);
	     }
	 });

$.ajax 的参数列表如表 12-6 所示。

表 12-6   **$.ajax 的参数**

参数名	类型	描述
url	String	（默认当前页地址）发送请求的地址
type	String	（默认 GET）请求方式（"POST" 或 "GET"），默认为 "GET"
timeout	Number	设置请求超时时间（毫秒）。此设置将覆盖全局设置
async	Boolean	（默认 true）默认设置下，所有请求均为异步请求。如果需要发送同步请求，请将此选项设置为 false。注意：同步请求将锁住浏览器，用户其他操作必须等待请求完成才可以执行

beforeSend	Function	发送请求前可修改 XMLHttpRequest 对象的函数，如添加自定义 HTTP 头。XMLHttpRequest 对象是唯一的参数
		 function (XMLHttpRequest) {
		         this;
		         }

cache	Boolean	（默认 true）jQuery 1.2 新功能，设置为 false 将不会从浏览器缓存中加载请求信息

续前表

参数名	类型	描述

complete	Function	请求完成后回调函数（请求成功或失败时均调用）。参数：XMLHttpRequest 对象，成功信息字符串
		function (XMLHttpRequest, textStatus) {
		       this;
		}

contentType	String	（默认 application/x-www-form-urlencoded）发送信息至服务器时内容编码类型。默认值适合大多数应用场合
data	Object, String	发送到服务器的数据。将自动转换为请求字符串格式。GET 请求中将附加在 URL 后。必须为 Key/Value 格式。如果为数组，jQuery 将自动为不同值对应同一个名称。如 {foo: ["bar1","bar2"]} 转换为 &foo=bar1&. foo=bar2
dataType	String	返回的数据类型。如果不指定，jQuery 将自动根据 HTTP 包 MIME 信息返回 responseXML 或 responseText，并作为回调函数参数传递，可用值： xml：返回 XML 文档，可用 jQuery 处理 html：返回纯文本 HTML 信息；包含 script 元素 script：返回纯文本 JavaScript 代码。不会自动缓存结果 json：返回 JSON 数据

error	Function	（默认自动判断（xml 或 html））请求失败时将调用此方法。这种方法有三个参数：XMLHttpRequest 对象，错误信息，（可能）捕获的错误对象
		function (XMLHttpRequest, textStatus, errorThrown) {
		//通常情况下 textStatus 和 errorThown 只有其中一个有值
		       this;
		}

global	Boolean	（默认 true）是否触发全局 Ajax 事件。设置为 false 将不会触发全局 Ajax 事件，如 ajaxStart 或 ajaxStop。可用于控制不同的 Ajax 事件
ifModified	Boolean	（默认 false）仅在服务器数据改变时获取新数据。使用 HTTP 包 Last—Modified 头信息判断
processData	Boolean	（默认 true）默认情况下，发送的数据将被转换为对象（技术上讲并非字符串）以配合默认内容类型 " application/x—www—form—urlencoded"。如果要发送 DOM 树信息或其他不希望转换的信息，请设置为 false

success	Function	请求成功后回调函数。这种方法有两个参数：服务器返回数据，返回状态
		function (data, textStatus) {
		       this;
		}

如果指定了 dataType 选项，请确保服务器返回正确的 MIME 信息（如 xml 返回 text/xml）。错误的 MIME 类型可能导致不可预知的错误。当设置 datatype 类型为 script

的时候，所有的远程（不在同一个域中）POST 方式请求都会转换为 GET 方式。

本章小结

　　本章主要介绍异步处理技术 Ajax，包括：Ajax 技术的组成，Ajax 的工作原理，Ajax 的工作流程，如何创建一个 Ajax 对象，Ajax 发送数据的方式和对返回数据的处理，在 jQuery 中的 Ajax 处理方式。Ajax 技术充分利用了 JavaScript 的 DOM 操作和 XMLHttpRequest 对象，在客户端和服务器端架起了一座桥梁，既减轻了服务器处理用户请求的负担，也缩短了用户请求处理的延时时间，提高了浏览器的响应速度。本章实训案例中，在用户注册新用户时，对用户名是否被占用的判断就是基于 Ajax 技术来实现的。通过此案例的学习，读者可以掌握 Ajax 的整个工作过程，实现 Ajax 的具体应用。

同步实训

● **实训目的**

　　掌握 Ajax 技术在网站中的实际应用。

● **实训要求**

　　用户在注册表单中输入新用户名时，可在页面不刷新的情况下直接提示用户此用户名是否可以使用。

● **实训安排**

　　首先定义注册表单，将用户输入的信息通过 Ajax 发送给服务器，并将返回结果做不同处理后反馈到页面上。

　　页面效果如图 12 - 5 和图 12 - 6 所示。

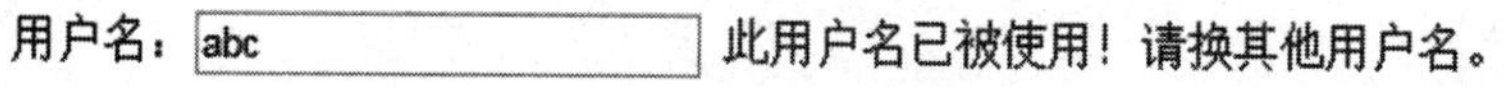

用户名：　abc　　　　　　　　　　　　此用户名已被使用！请换其他用户名。

图 12 - 5　用户名存在

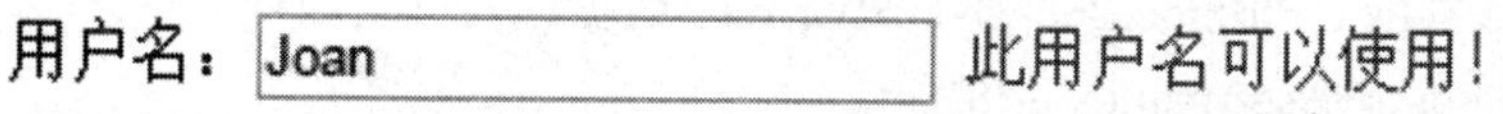

用户名：　Joan　　　　　　　　　此用户名可以使用！

图 12 - 6　用户名不存在

　　代码如下：

```
<!DOCTYPE html PUBLIC "-//W3C//DTD XHTML 1. 0 Transitional//EN" "http://www. w3. org/TR/
xhtml1/DTD/xhtml1-transitional. dtd">
<html xmlns= "http://www. w3. org/1999/xhtml">
<head>
```

```
< meta http-equiv= "Content-Type" content= "text/html;charset= utf-8"/>
<title> jQuery 中的 ajax</title>
< script type= "text/JavaScript" src= "js/jquery- 1. 11. 0. min. js"> </script>
< script>
$ (function(){
 $ ("# txt1"). blur(function(){
 var u1= $ ("# txt1"). val();//获取文本框中用户名
 $ . get("isused. php",{uname:u1},function(msg){
 if(msg= = 'yes'){
  $ ("# span1"). html("< font color= 'red'> 此用户名已被使用！请换其他用户名。</font
> ");
  }else{
  $ ("# span1"). html("< font color= 'green'> 此用户名可以使用！</font> ");
  }
 });
 });
 });
</script>
</head>
< body>
用户名:< input type= "text" id= "txt1"/> < span id= "span1"> 请输入用户名</span>
</body>
</html>
```

请求 PHP 文件（isused. php）代码如下：

```
<? php
    $ u= $ _GET['uname'];
    $ link= mysql_connect("localhost","root","wnt123") or die("数据库连接失败");
    mysql_select_db("dota2db",$ link) or die("数据库打开失败");
    mysql_query("set names utf8");
    $ sql= "select uname from user where uname= '{$ u}'";
    $ rs= mysql_query($ sql);
    if(mysql_num_rows($ rs)= = 1){//此用户名已被使用
    echo "yes";
    }else{//此用户名未被注册
    echo "no";
    }
? >
```

此例中，需要在数据库中创建一用户表，存储注册用户信息，如图 12 - 7 所示。

uid	uname
1	abc
2	wnt
3	qqq111
4	sasa
5	tttttyy
6	rrrrqqq
7	tong2014
8	jeep
9	雨辰高
10	李丽

图 12 - 7 用户列表

在上述实例中，当用户输入用户名失去焦点时，会调用 jQuery 中的 $. get () 方法，并将文本框中获取的用户名作为 get 参数传递给后台处理程序 isused. php。PHP 程序接收到此用户名参数后，连接 MySQL 数据库，并从 user 表中查询此用户名是否存在；如果能够查询到，说明此用户名已被注册，输出字符串"yes"；如果未查询到，说明此用户名可以使用，输出字符串"no"。后台程序将处理结果（即"yes"或"no"）返回给 Ajax 的回调函数。回调函数的参数接收此值，然后对此值进行判断并通过 DOM 操作在页面中提示不同内容。另外，测试此例需要有 PHP 环境及 MySQL 数据库。

第13章

综合实战——爱尚悦图书购物网站

**知识目标**

掌握网站页面结构分析。

掌握网站页面结构定义。

**能力目标**

掌握页面整体内容结构设计与制作。

掌握网页常见效果和功能实现。

随着淘宝、京东、当当、卓越、凡客等购物类网站的日益火爆与普及,制作购物类网站也越来越成为很多企业的一个迫切需求。本章主要介绍一个叫"爱尚悦"的图书购物网站首页的制作过程,包括页面结构、CSS 样式描述以及部分内容的 JavaScript 效果。

13.1 结构分析

在制作网页之前,首先需要网页设计人员确定网页主题、色彩搭配、栏目内容、结构排版等,并借助于设计软件(如 Photoshop)绘制样图。爱尚悦的页面整体效果如图13−1所示。

在设计源图中,整体页面结构分为三部分:页头、主体和页尾信息。在页头部分,最顶端是一张 banner 图片,放置网站中近期最主要的活动广告图片。中间是用户登录和网站导航信息,下面是网站 LOGO 和搜索,紧接着的是导航栏。主体部分分为左右两列,左边主要放置分类信息、公告信息和排行榜信息;右边有焦点轮换图片、新书推荐和图书特卖信息。最下面是页尾信息,放置购物指南、退换货的链接内容,页尾设计方式与当当、京东等购物网站首页类似。通过设计源图的分析,可大致画出网页结构图,如图13−2所示。

图 13 - 1　爱尚悦图书购物网站首页

　　图 13 - 2 并没有考虑各个块之间的距离和大小，只是一个大概的示意图，具体的尺寸定义在 CSS 样式中设定。

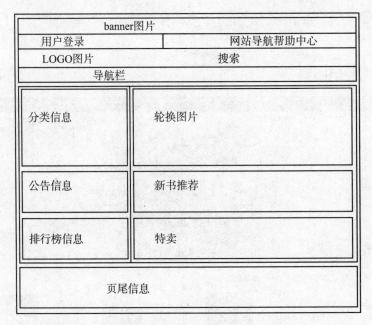

banner图片	
用户登录	网站导航帮助中心
LOGO图片	搜索
导航栏	

分类信息	轮换图片
公告信息	新书推荐
排行榜信息	特卖

页尾信息

图 13-2 首页结构示意图

 13.2 页面结构定义

分析如图 13-2 所示的结构,将每一部分通过 div 标记定义出来,并设定相应的 id 名称和 class 名称。所有的 div 内容定义在一个固定宽度且居中的 div 中。由此得到的具体页面结构定义代码如下:

```
< div id= "container"> <!-- 整体部分-->
< div id= "top"> <!-- 页头-->
< div id= "adv"> banner 图片</div>
< div id= "head"> 登录注册</div>
< div id= "top_3">
< div id= "logo"> LOGO 图片</div>
< div id= "search"> 搜索</div>
</div>
< div id= "nav"> 导航</div>
</div>
<!-- top 页头-->
< div id= "main"> <!-- 分类,公告,排行榜,新品推荐,特卖-->
< div id= "siderbar_l"> <!-- 左边-->
<!-- 分类,公告,排行榜-->
```

```
< div class= "column"> 分类信息</div>
<! - - 分类- - >
<! - - - - - - - - 公告- - - - - - - - - - - - - >
< div class= "notice"> 公告</div>
< div class= "top_list"> 排行榜</div>
<! - - 排行榜- - >
</div>
< div id= "siderbar_r"> <! - - 右边- - >
< div id= "rotate_img"> 轮换图片</div>
< div id= "new"> 新书推荐</div>
< div id= "sale"> 特卖</div>
</div>
</div>
< div id= "footer"> <! - - 页尾- - >
< div id= "service"> 购物指南</div>
<! - - 购物指南- - >
< div id= "copyright"> </div>
<! - - 正品保障- - >
</div>
</div>
<! - - 整体部分结束- - >
```

接下来，进一步细化，将页面中包括的图片、文字、超链接等信息通过页面标记一一定义出来，完成整个页面的结构和内容定义。在引用页面中图片文件时，单独建立一个目录 images 专门用于存储图片文件。参考的页面定义代码如下：

```
<!DOCTYPE html PUBLIC "-//W3C//DTD XHTML 1. 0 Transitional//EN" "http://www. w3. org/TR/
xhtml1/DTD/xhtml1-transitional. dtd">
< html xmlns= "http://www. w3. org/1999/xhtml">
< head>
< meta http-equiv= "Content-Type" content= "text/html;charset= UTF- 8">
< title> 爱尚阅图书商城</title>
< link rel= "stylesheet" href= "css/main. css" type= "text/css"/>
</head>
< body>
< div id= "container"> <! - - 整体部分- - >
< div id= "top"> <! - - 页头- - >
< div id= "adv"> < img src= "images/adv. jpg"/> </div>
```

```
<! - - 最上面图- - >
< div id="head"> <! - - 登录注册- - >
< ul>
<! - - 左边部分- - >
< li class="l1"> < a href="#"> 你好,欢迎光临爱尚阅! </a> </li>
< li class="l1"> < a href="#"> [登录]</a> </li>
< li class="l1"> < a href="register. php"> [免费注册]</a> </li>
< li class="l1"> < a href="#"> 为您服务</a> </li>
< li class="l1"> < a href="#"> 我的订单</a> </li>
< li class="l1"> < a href="#"> 收藏本站</a> </li>
</ul>
<! - - 左边部分 end- - >
< ul class="u1">
<! - - 右边部分- - >
< li class="l2"> < a href="#"> 我的爱尚阅</a> </li>
< li class="l2"> < a href="#"> 网站导航</a> </li>
< li class="l2"> < a href="#"> 帮助中心</a> </li>
</ul>
<! - - 右边部分 end- - >
< div class= "clear"> </div>
</div>
<! - - 登录注册- - >
< div id= "top_3">
< div id= "logo"> <! - - LOGO- - >
< a href="#"> < img src= "images/logo-  01. jpg" width= "400" height= "85"> </a> </
div>
<! - - LOGO end- - >
< div id= "search"> <! - - 搜索- - >
< h3> 爱尚阅</h3>
< div class= "s_txt">
< input type= "text" class= "txt1"/> < input type= "button" value= " " class= "btn"/> <!
- - 此处 button 按钮的 value 的值不能定义为空字符串,否则在 chrome 中显示有问题- -
>
</div>
< div class= "keyword">
< a href="#"> 暴风雨</a>   < a href="#"> 哈姆雷特</a>   < a href
="#"> 麦克白</a>   < a href="#"> 奥赛罗</a>
</div>
```

```
</div>
<!-- 搜索 end-->
<div class="clear"></div>
<!-- 清除浮动-->
<!--- logo 搜索--->
</div>
<div id="nav"> <!-- 导航-->
<span>所有商品分类</span> <!-- 商品分类-->
<ul>
<li class="li1"> <a href="#">开学季</a> </li>
<li> <a href="#">新书上架</a> </li>
<li> <a href="#">电子书</a> </li>
<li> <a href="#">特卖会</a> </li>
<li> <a href="#">会员专区</a> </li>
<li> <a href="#">主编推荐</a> </li>
</ul>
</div>
<!-- 导航-->
<div class="clear"></div>
</div>
<!-- top 页头-->
<div id="main"> <!-- 分类,公告,排行榜,新品推荐,特卖-->
<div id="siderbar_l">
<!-- 分类,公告,排行榜-->
<div class="column">
<ul> <li> <a href="#">小说</a> </li>
<li> <a href="#">文艺</a> </li>
<li> <a href="#">青春</a> </li>
<li> <a href="#">励志/成功</a> </li>
<li> <a href="#">童书</a> </li>
<li> <a href="#">生活</a> </li>
<li> <a href="#">人文社科</a> </li>
<li> <a href="#">经管</a> </li>
<li> <a href="#">科技</a> </li>
<li> <a href="#">教育</a> </li>
<li> <a href="#">工具书</a> </li>
<li> <a href="#">英文原版书</a> </li>
<li> <a href="#">期刊</a> </li>
```

```
</ul>
</div>
<!-- 分类-->
<!---------公告-------------->
<div class="notice">
<h3>公告</h3>
<div id="scroll">
<ul>
<li> <a href="#">爱尚阅备考季,低价抢购!</a> </li>
<li> <a href="#">新春好书汇 200 减 100</a> </li>
<li> <a href="#">精品儿童图书满 4 免 1!</a> </li>
<li> <a href="#">"屌丝男士"大鹏新书校园签售会</a> </li>
<li> <a href="#">爱尚阅独家好书惠,160 减 80!</a> </li>
<li> <a href="#">[社科专题]分享理性思想之乐趣</a> </li>
</ul>
</div>
</div>
<!----------公告结束----------------->
<div class="top_list">
<h3>排行榜<span>TOP10</span></h3>
<ul>
<li> <a href="#">1·狼图腾</a> </li>
<li> <a href="#">2·求求你,表扬我</a> </li>
<li> <a href="#">3·平凡的世界</a> </li>
<li> <a href="#">4·偷影子的人</a> </li>
<li> <a href="#">5·从你的全世界路过</a> </li>
<li> <a href="#">6·当我足够好,才会遇见你</a> </li>
<li> <a href="#">7·可怕的心理学</a> </li>
<li> <a href="#">8·毕业 3 年要赚 100 万</a> </li>
<li> <a href="#">9·神奇校车</a> </li>
<li> <a href="#">10·活着</a> </li>
</ul>
</div>
<!-- 排行榜-->
</div>
<div id="siderbar_r">
<div id="rotate_img">
<div id="rotate_img">
```

```
< div id= "playshow">
< a href= "#"> < img src= "images/lunhuan1. jpg"/> </a>
</div>
< div id= "playnum">
< a href= "#" class= "num1"> 1</a>
< a href= "#"> 2</a>
< a href= "#"> 3</a>
< a href= "#"> 4</a>
< a href= "#"> 5</a>
</div>
</div>
< div id= "new"> < ! - - 新书推荐- - >
< h3> ——新书推荐——</h3>
< ul> < li> < a href= "#"> < img src= "images/138716031818. jpg" width= "150"> < br> <
span class= "s1"> 慢慢来,一切都来得及</span> < br> < span class= "s2"> ￥14. 9 
 5. 0 折</span> </a> </li> < li> < a href= "#"> < img src= "images/138715788212. jpg"
width= "150"> < br> < span class= "s1"> 少有人走的路</span> < br/> < span class= "s2">
￥48  6. 0 折</span> </li>
< li> < a href= "#"> < img src= "images/138715786511. jpg" width= "150"> < br>
< span class= "s1"> 心态的力量</span> < br>
< span class= "s2"> ￥28. 8  9. 0 折</span> </a> </li>
< div class= "clear"> </div>
</ul>
</div>
< div id= "sale"> < ! - - 特卖- - >
< h3> ——特卖 SALE——</h3>
< ! - - 特卖 SALE- - >
< div id= "img_l"> < img src= "images/te0. jpg"> < br>
< span class= "s1"> < a href= "#"> 狼图腾(修订版)(世界上迄今为止)</a> </span> <
br>
< span class= "s2"> < a href= "#"> 作者:姜戎著</a> < br>
< a href= "#"> 出版社:长江文艺出版社</a> </span> < br>
< span class= "s3"> < a href= "#"> ￥23. 90</a> </span> < br>
< span class= "s4"> < a href= "#"> 狼图腾(修订版)(世界上迄今为止唯一一部描绘、研
究蒙古草原狼的"旷世奇书")</a> </span>
</div>
```

```
< div id= "img_r">
< ul>
<li> < img src= "images/te1. jpg"> < br>
< span class= "s1"> < a href= "#"> 追风筝的人</a> </span> < br>
< span class= "s2"> < a href= "#"> ￥21. 60</a> </span> < br>
< span class= "s3"> < a href= "#"> ￥29. 00</a> </span> </li>
<li> < img src= "images/te2. jpg"> < br>
< span class= "s1"> < a href= "#"> 解忧杂货店</a> </span> < br>
< span class= "s2"> < a href= "#"> ￥27. 80</a> </span> < br>
< span class= "s3"> < a href= "#"> ￥39. 50</a> </span> </li>
<li> < img src= "images/te3. jpg"> < br>
< span class= "s1"> < a href= "#"> 从你的全世界路过</a> </span> < br>
< span class= "s2"> < a href= "#"> ￥21. 60</a> </span> < br>
< span class= "s3"> < a href= "#"> ￥36. 00</a> </span> </li>
<li> < img src= "images/te4. jpg"> < br>
< span class= "s1"> < a href= "#"> 平凡的世界</a> </span> < br>
< span class= "s2"> < a href= "#"> ￥59. 90</a> </span> < br>
< span class= "s3"> < a href= "#"> ￥79. 80</a> </span> </li>
<li> < img src= "images/te5. jpg"> < br>
< span class= "s1"> < a href= "#"> 神奇校车</a> </span> < br>
< span class= "s2"> < a href= "#"> ￥85. 80</a> </span> < br>
< span class= "s3"> < a href= "#"> ￥132. 00</a> </span> </li>
<li> < img src= "images/te6. jpg"> < br>
< span class= "s1"> < a href= "#"> 乖,摸摸头</a> </span> < br>
< span class= "s2"> < a href= "#"> ￥21. 60</a> </span> < br>
< span class= "s3"> < a href= "#"> ￥29. 00</a> </span> </li>
<li> < img src= "images/te7. jpg"> < br>
< span class= "s1"> < a href= "#"> 百年孤独</a> </span> < br>
< span class= "s2"> < a href= "#"> ￥29. 60</a> </span> < br>
< span class= "s3"> < a href= "#"> ￥39. 50</a> </span> </li>
<li> < img src= "images/te8. jpg"> < br>
< span class= "s1"> < a href= "#"> 何以笙箫默</a> </span> < br>
< span class= "s2"> < a href= "#"> ￥17. 30</a> </span> < br>
< span class= "s3"> < a href= "#"> ￥25. 00</a> </span> </li>
</ul>
</div>
< div class= "clear"> </div>
</div> <! - - 特卖结束- - >
```

```html
     </div>
     < div class= "clear"> </div>
     </div> <! - - - - - - - - - - - - - - - - - - - - - - - - - - - - -
- - - - - - - - - - - - - - - - - - - - - - - - - - - - - - - - - - - - - - - - -
- - - - - - - - >
     < Vdiv id= "footer"> <! - - 页尾- - >
     < div id= "service">
     < ul class= "f_u1">
     < li class= "f_li1"> 购物指南</li>
     < li> 积分说明</li>
     < li> 会员制度</li>
     < li> 常见问题</li>
     </ul>
     < ul>
     < li class= "f_li1"> 账户管理</li>
     < li> 自助修改密码</li>
     < li> 支付密码设置</li>
     < li> 如何找回密码</li>
     </ul>
     < ul>
     < li class= "f_li1"> 配送方式</li>
     < li> 当日订当日到</li>
     < li> 免运费标准</li>
     < li> 订单配送查询</li>
     </ul>
     < ul>
     < li class= "f_li1"> 支付方式</li>
     < li> 货到付款</li>
     < li> 礼品卡支付</li>
     < li> 分期付款</li>
     </ul>
     < ul>
     < li class= "f_li1"> 订单服务</li>
     < li> 订单拆分说明</li>
     < li> 订单自助修改</li>
     < li> 验货与签收</li>
     </ul>
     < ul>
```

```
< li class= "f_li1"> 退换货 </li>
< li> 百货退换货 </li>
< li> 自助退货申请 </li>
< li> 退换货进度查询 </li>
</ul>
</div>
<!- - 购物指南- - >
< div class= "clear"> </div>
< div id= "copyright"> </div>
<!- - 正品保障- - >
</div>
<!- - 页尾- - >
</div>
<!- - 整体部分结束- - >
</body>
</html>
```

 ## 13.3 页面样式定义

有了页面结构和内容，接下来要根据所定义的页面元素，分别对它们进行样式设定，以达到所要求的效果。一般情况下，单独创建一个 CSS 样式文件，取名为 main. css，将其放在一名为 css 的目录下，在页面中通过如下语句进行链接引用：

```
< link rel= "stylesheet" href= "css/main. css" type= "text/css"/>
```

在样式定义中，一般先定义页面统一样式，如文字的字体、大小、颜色、超链接样式效果；还可以将一些元素如 ul、p、h1～h6 的标题标记、form 等标记在页面中，与相邻其他元素之间的外间距和内间距去除，避免造成不必要的麻烦。此外，为了兼容某些浏览器，如图片上的超链接在 IE 浏览器中有边框线，可以统一去掉，样式代码为：

```
a img{border:none;}
```

在页面排列中，用到了浮动属性，为了不对后续元素造成排列上的影响，一般可以通过清除浮动来解决，也可以写一个公共样式代码来直接应用。

```
. clear{clear:both;}
```

当然，这些都是个人习惯和编码的一般方式，如果还有其他的有利于优化页面编码的通用样式，可以一并写在此样式文件中。在写的过程中，可以由外向内、从粗略到细致，一步步将样式效果具体化，达到最终的页面效果。当然，别忘了进行浏览器兼容测试，以便适应当前主流的浏览器。

main.css 样式文件中的样式代码如下：

```css
* {
margin:0px;
padding:0px;
font-family:'微软雅黑';/* 全局字体* /
font-size:12pt;/* 全局字号* /
text-decoration:none;/* 清楚下划线* /
}
.clear{clear:both;/* 清除浮动* /}
a img{border:none;}
# container{margin:0px auto;width:1000px;}
ul,ol,p,input,form,h1,h2,h3,h4,h5,h6{
margin:0px;
padding:0px;
}
li{list-style-type:none;}
# adv{width:1000px;height:40px;}
# head{
height:30px;/* head 高度* /
background-image:url(.. /images/denglubeijing. png);/* 登录注册背景图片* /
background-repeat:repeat- x;/* 平铺* /
border- bottom:1px # CCCCCC solid;/* 下边线* /
}
# head. l1{
float:left;/* 向左浮动* /
font-size:10pt;/* 字号* /
margin-right:3px;/* 右间距* /
margin-left:7px;/* 左间距* /
line- height:30px;/* 字体行高居中* /
}/* 左边列表项浮动* /
# head. l1 a:link,# head. l1 a:visited{
color:# 000;
font-size:10pt;
}
# head. l2 a:link,# head. l2 a:visited{
color:# 000;
font-size:10pt;
```

```
}
# head. l2{
float:left;/* 向左浮动* /
font-size:10pt;/* 字号* /
margin-right:10px;/* 右间距* /
line- height:30px;/* 左间距* /
}/* 右边列表项浮动* /
. u1{margin-left:750px;/}

# top_3{width:1000px;}

# logo{
width:400px;/* LOGO 宽度* /
height:85px;/* LOGO 高度* /
float:left;/* 左浮动 LOGO* /
}
# search{
float:right;/* 右浮动* /
width:580px;/* 左浮动 LOGO* /
}
# search h3{
width:80px;/* 标题框宽* /
height:30px;/* 标题框高* /
background-color:# A20000;/* 标题框背景颜色* /
color:# FFF;/* 爱尚阁字体颜色* /
text-align:center;
line- height:30px;
margin-top:10px;/* 爱尚阁与上边距离* /
}
# search. s_txt{height:32px;}
# search. txt1{
width:450px;/* 搜索框宽度* /
height:30px;/* 搜索框高度* /
line- height:30px;
border:# A20000 1px solid;/* 搜索框边框线颜色* /
}
# search. btn{
border:0px;/* 按钮边框无* /
```

```
margin-left:5px;/* 按钮与搜索框边距* /
width:70px;/* 按钮宽度* /
height:32px;/* 按钮高度* /
background:url(. . /images/search. png) no-repeat 0px 0px;/* 按钮图片* /
}


# search. keyword a:link,# search. keyword a:visited{
color:# 000;
font-size:10pt;/* 字号* /
font-family:'宋体';/* 字体* /
}
/* 导航条样式* /
# nav{
width:1000px;/* 导航条宽度* /
height:30px;/* 导航条高度* /
margin-top:10px;/* 导航条距离上边距* /
background-image:url(. . /images/nav. png);/* 导航条背景* /
font-family:'微软雅黑';
font-size:14pt;
color:# FFF;
}
# nav span{
width:205px;/* 所有商品分类宽度* /
float:left;/* 左浮动* /
line-height:30px;/* 行高所有商品分类居中* /
padding-left:80px;/* 内边距* /
margin-left:5px;/* 左边一窄条外边距* /
margin-right:20px;/* 右边与首页外边距* /
background-image:url(. . /images/aonav. png);/* 所有商品分类导航背景条* /
}
# nav li{
float:left;/* 左浮动* /
line-height:30px;/* 行高居中* /
width:100px;/* li 的宽度* /
text-align:center;/* 字居中* /
height:30px;
```

```
}
# nav li a:link,# nav li a:visited{
color:# FFF;
text-decoration:none;
display:block;/* 块标记* /
}

# nav li a:hover,# nav li. li1{
background-color:# 675241;/* 背景色* /
width:100px;/* 链接块标记宽度* /
height:30px;/* 高度* /
text-align:center;/* 字居中* /
color:# FFF;/* 字的颜色* /
}

# main{width:1000px;}
# siderbar_l{width:262px;float:left;}
. column,. notice,. top_list{
width:260px;/* 分类宽度* /
border:1px solid # ccc;/* div 边框* /
background-color:# F2F2F2;/* 背景色* /
margin-bottom:10px;
}

# siderbar_l. column li{height:30px;line-height:30px;}
# siderbar_l. column li a:link,# siderbar_l. column li a:visited{
padding-left:40px;/* 链接的内填充* /
color:# 000;/* 字颜色* /
text-decoration:none;/* 无下划线* /
display:block;/* 块* /
}
# siderbar_l. column   li a:hover{color:# FFF;background-color:# 00F;}
/* 公告样式* /
. notice{
width:260px;
height:170px;
border:1px solid # ccc;/* div 边框* /
```

```
background-color:# F2F2F2;/* 背景色* /
margin-left:1px;/* 与主体框边距 1 像素* /
margin-top:10px;/* 公告与上边距* /
}
. notice h3,. top_list h3{margin-top:15px;margin-left:15px;}
# scroll{height:125px;overflow:hidden;}
# scroll li,. top_list li{
height:30px;
line-height:30px;
margin-left:15px;
}
# scroll li a:link,# scroll li a:visited,. top_list li a:link,. top_list li a:visited{
color:# 666;
text-decoration:none;
}
# scroll li a:hover,. top_list li a:hover{color:# F93;}
/* 排行榜* /
# siderbar_r{
float:left;/* 右边 div 向左浮动* /
width:712px;/* 右边 div 宽度* /
margin-top:10px;/* 与上边距 10* /
margin-left:20px;/* 与左边距 10* /
}

# new,# sale{width:710px;background-color:# F2F2F2;margin-bottom:10px;}
# rotate_img{margin-bottom:10px;width:700px;}
/* 图片轮换* /
# rotate_img{height:290px;overflow:hidden;position:relative;}
# playshow{
width:700px;
height:290px;
}
# playnum{
position:absolute;
bottom:10px;
right:20px;
```

```
}
# playnum a{
background-color:# 666;
padding:2px 4px;
color:# FFF;
font-weight:bold;
font-size:12px;
}
# playnum a. num1{background-color:# 09F;}
/* 新书推荐* /
# new h3,# sale h3{
padding-top:15px;/* 新品推荐与上边距* /
margin-left:30px;/* 新品推荐与左边距* /
}
# new li{
float:left;/* 新品推荐 li 左浮动* /
width:150px;/* 列表宽* /
margin-left:50px;/* 与左边边距* /
text-align:center;
margin-top:10px;
margin-bottom:10px;
padding-right:20px;
border-right:1px dashed # 333333;
}
# new li a:link,# new li a:visited{
color:# 7EBAE8;
font-size:10pt;/* 字号* /
font-family:'宋体';/* 字体* /
}

# new li. s1{font-size:10pt;}
# new li. s2{font-family:'宋体';color:# F00;font-size:10pt;}

/* 特卖左边内容* /
# img_l{
float:left;
width:150px;/* 特卖大书左宽* /
padding:20px 20px 10px 20px;
```

```
border-right:1px dashed # 666666;
}
# img_l img{width:150px;}
# sale. s1 a:link,# sale. s1 a:visited{font-size:10pt;color:# 7EBAE8;}
# sale. s2 a:link,# sale. s2 a:visited{font-size:10pt;color:# 999;}
# sale. s3 a:link,# sale. s3 a:visited{font-size:10pt;color:# C00;font-weight:bold;}
# sale. s4 a:link,# sale. s4 a:visited{font-size:9pt;color:# 999;}
/* 特卖右边内容* /
# img_r{
float:left;
width:480px;
margin-left:20px;
}
# img_r img{width:80px;}
# img_r   li{
float:left;
width:100px;
margin-right:15px;
margin-bottom:30px;
border-bottom:1px dashed # 666666;
border-right:1px dashed # 666666;
text-align:center;
}


# img_r. s1{font-size:10pt;}
# img_r. s2{text-decoration:line-through;color:# 999;}
/* 页尾样式* /
# footer{
margin-top:10px;
width:1000px;
border:1px solid # CCC;
background-color:# F2F2F2;
margin-bottom:10px;
}
# footer ul{float:left;margin-left:40px;}
# footer ul li{
```

```
line-height:50px;
font-size:10pt;/* 整体字号* /
font-family:'宋体';/* 下部分字体* /
width:110px;/* li 宽度* /
}/* * /
# footer. f_u1{padding-left:40px;}
# footer. f_li1{
font-family:'微软雅黑';
font-size:12pt;/* 字号* /
border-bottom:solid # CCC 2px;/* 下横线* /
}
```

13.4 焦点图轮换效果

焦点图轮换效果在网页中是一种非常好的推广网站活动和热门商品的方式,它一般处于网站中比较醒目的位置,以大尺寸广告图形式吸引用户眼球,促使用户点击访问,以达到增加流量和销量的目的。此首页中焦点图轮换效果如图 13 - 3 所示。

图 13 - 3　焦点轮换图

要完成此效果,需要通过 JavaScript 编码来实现。这里借助于 jQuery 框架的功能,实现五张图片的轮换效果。页面中改变的代码如下:

```
< div id= "rotate_img">
 < div id= "playshow">
 < a href= "#"> < img src= "images/lunhuan1. jpg"/> </a>
< a href= "#"> < img src= "images/lunhuan2. jpg"/> </a>
< a href= "#"> < img src= "images/lunhuan3. jpg"/> </a>
< a href= "#"> < img src= "images/lunhuan4. jpg"/> </a>
< a href= "#"> < img src= "images/lunhuan5. jpg"/> </a>
```

```
</div>
< div id="playnum">
 < a href="#" class="num1"> 1</a>
< a href="#"> 2</a>
< a href="#"> 3</a>
< a href="#"> 4</a>
< a href="#"> 5</a>
</div>
</div>
```

首先是将五张焦点图定义到网页中，通过 JavaScript 代码设置第一张图片显示，其余四张隐藏。然后在页面中引入 jQuery 源文件，及实现轮换效果的 JavaScript 语句。

```
< script type="text/JavaScript" src="js/jquery-2. 1. 1. min. js"> </script>
< script type="text/JavaScript" src="js/lunhuan. js"> </script>
```

lunhuan. js 文件实现的焦点图轮换代码如下：

```
var n= 0,num,timer,ms= 5000;
//num 变量存储轮换图片的总张数,ms 设置定时时间为 5000 毫秒
$ (function(){
//显示第一张图,隐藏其余图片
num= $ ("# playshow a"). find("img"). length;
//alert(num);
//获取轮换图片总数
$ ("# playshow a:first"). show();
$ ("# playshow a:not(:first)"). hide();
//显示第一张图的文本
$ ("# playnum a:first"). addClass("num1");//默认第一个超链接加样式
//鼠标在每一个超链接点击时图片切换
$ ("# playnum a"). click(function(){
var i= $ (this). text()- 1;
n= i;//这句话的作用:点击对应的链接后,轮换的图片自动切换到点击的那一张的下一幅图
if(i> = num) return;
$ (this). addClass("num1"). siblings(). removeClass("num1");
$ ("# playshow a:visible"). hide();
$ ("# playshow a"). eq(i). fadeIn(3000);
});
//设置定时操作,自动轮换
timer= window. setInterval("autoplay();",ms);
```

```
//鼠标悬停时计时停止,鼠标移开继续计时
$ ("# rotate_img"). hover(function(){window. clearInterval(timer);},function(){timer= win-
dow. setInterval("autoplay();",ms);});

});

function autoplay(){
 n+ + ;
 if(n= = num){n= 0;}
 $ ("# playnum a"). eq(n). trigger("click");//在自动轮换时的效果触发鼠标点击效果的执行
}
```

此代码实现的效果是当页面加载后，焦点图自动开始轮换，定时时间为 5 秒。鼠标悬停在图片区域上时，轮换停止；鼠标移开后轮换继续。在链接数字上点击时可自动跳转到对应的轮换图片。

13.5　滚动公告栏效果

公告栏一般是最新活动和通知事项显示的地方。如果公告栏划分区块有限，公告内容比较多，可以通过动态效果滚动播出。这样不仅可以充分利用有限空间，也使滚动效果增加了页面动感，随时能够捕捉到用户眼球。滚动公告栏效果如图 13-4 所示。

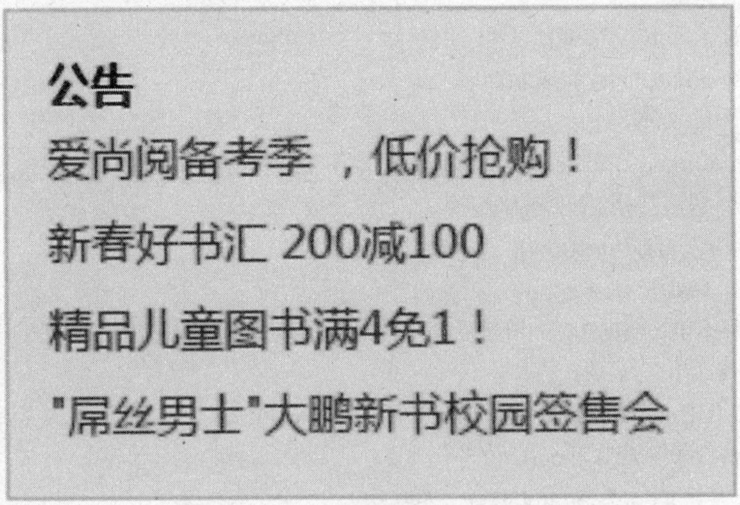

公告
爱尚阅备考季 ，低价抢购！
新春好书汇 200减100
精品儿童图书满4免1！
"屌丝男士"大鹏新书校园签售会

图 13-4　滚动公告栏效果

下面其余公告内容被隐藏了，可以通过定时操作将隐藏内容不间断输出。要实现上述效果，首先需要对页面元素和样式定义做稍微调整，步骤如下所示。

（1）公告列表定义标记 ul 添加 id="ulist"。

代码如下：

```
<ul id="ulist">
<li> <a href="#"> 爱尚阅备考季,低价抢购！</a> </li>
<li> <a href="#"> 新春好书汇 200 减 100</a> </li>
<li> <a href="#"> 精品儿童图书满 4 免 1! </a> </li>
<li> <a href="#"> "屌丝男士"大鹏新书校园签售会</a> </li>
<li> <a href="#"> 爱尚阅独家好书惠,160 减 80! </a> </li>
<li> <a href="#"> [社科专题]分享理性思想之乐趣</a> </li>
</ul>
```

（2）CSS 样式中定义列表 ul 的定位属性及其父标记 div 的定位属性。

代码如下：

```
# scroll{width:260px;height:125px;overflow:hidden;position:relative;}
/* 父标记 div 定义相对定位属性* /
# scroll li{
height:30px;/* 指定每一个列表项的高度* /
line- height:30px;
margin-left:15px;
}
# ulist{/* 定义 ul 列表的定位属性及其位置* /
position:absolute;left:0px;top:0px;
}
```

（3）引入 jQuery 文件和实现公告栏滚动效果的 js 文件。

代码如下：

```
<script type="text/JavaScript" src="js/jquery-2. 1. 1. min. js"> </script>
<script type="text/JavaScript" src="js/gundong. js"> </script>
```

gundong. js 文件中效果实现源代码如下：

```
$ (function(){
var timer= null;
$ ("# ulist"). html($ ("# ulist"). html()+ $ ("# ulist"). html());
var h= $ ("# ulist li:eq(0)"). height();//获取每一个列表项高度
var n= $ ("# ulist li"). length;//获取列表项个数
$ ("# ulist"). height(h* n);//计算列表总高度
var speed= 2;
function move(){
```

```
  var top= $ ("# ulist"). position(). top;
  $ ("# ulist"). css({'top':(top- speed)});
  if($ ("# ulist"). position(). top< - $ ("# ulist"). height()/2){
    $ ("# ulist"). css({'top':0});
  }
}
timer= window. setInterval(move,100);
oDiv. hover(function(){clearInterval(timer);},function(){timer= setInterval(move,100);});

});
```

到此，关于爱尚悦图书购物网站的首页制作介绍完了。首页中还有很多其他效果可以补充，比如选项卡效果、排行榜中鼠标悬停查看榜中图书详情信息。这些内容读者可以根据所学知识自行补充和完善。

本章小结

本章是一个爱尚悦图书购物网站的综合案例，内容包括页面设计及网页结构分析；页面结构及内容定义；页面样式定义。此案例还实现了两个 JavaScript 特效，焦点图轮换效果和滚动公告栏效果，均用 jQuery 语句编写。通过这个综合案例的学习，主要目的在于让读者对前面章节内容有一个整体回顾和综合应用，搞清楚前端工作中主要涉及的内容，对 Web 前端工作有一个更真实的体验。

对于 CSS 样式及 JavaScript 中的很多操作和处理，不同浏览器的处理和支持是有差异的。这里以 Firefox（火狐）和 IE[①] 这两个有代表性的浏览器为例，将常见网站制作中的兼容性问题列举出来，供大家参考。[②]

附录一　CSS 样式兼容性问题

1. cursor：hand VS cursor：pointer

Firefox 不支持 hand，但 IE 支持 pointer。

解决方法：统一使用 pointer。

2. innerText 在 IE 中能正常工作，但在 Firefox 中不行，需用 textContent

解决方法：

```
if(navigator. appName. indexOf("Explorer")> - 1){ document. getElementById ('element'). innerText = "
my text";
}else{
        document. getElementById('element'). textContent= "mytext";
}
```

3. CSS 透明度设置

IE：filter：progid：DXImageTransform. Microsoft. Alpha (style＝0, opacity＝60)。

FF：opacity：0.6。

4. CSS 中的 width 和 padding

在 IE7 和 FF 中，width 宽度不包括 padding，在 IE6 中包括 padding。

5. ul 和 ol 列表缩进问题

消除 ul、ol 等列表的缩进时，样式应写成：

```
list-style:none;margin:0px;padding:0px;
```

---

① 在"附录"中 IE 代表微软的 Internet Explorer，FF 表示 Mozilla 的 Firefox 浏览器。

② "附录"内容来自网络资源和编者整理，如有错误、纰漏之处，恳请读者指出，E-mail：zhang-qiong9762@qq. com。

在 IE 中，设置"margin：0px"可以去除列表的上下左右缩进、空白以及列表编号或圆点，设置"padding"对样式没有影响；在 Firefox 中，设置"margin：0px"仅仅可以去除上下的空白，设置"padding：0px"后仅仅可以去掉左右缩进，还必须设置"list-style：none"才能去除列表编号或圆点。在 IE 中仅仅设置"margin：0px"即可达到最终效果，而在 Firefox 中必须同时设置"margin：0px""padding：0px""list-style：none"三项才能达到最终效果。

6. 元素水平居中问题

FF：margin：0 auto。

IE：父级〈text-align：center;〉。

7. DIV 的垂直居中问题

首先将行距增加到和整个 DIV 一样高：height：200px；line-height：200px。然后插入文字，就垂直居中了。其缺点是要控制内容不要换行。

8. margin 加倍的问题

设置为 float 的 div 在 IE 下设置的 margin 会加倍。这是一个 IE6 都存在的 bug。

解决方案：在这个 div 里面加上"display：inline"。

例如：<div id="imfloat">相应的 CSS 为

```
# imfloat{float:left;   margin:5px;/* IE 下理解为 10px* /   display:inline;/* IE 下再理解为 5px* /}
```

9. IE 与宽度和高度的问题

IE 不识别 min-这个定义，实际上它把正常的 width 和 height 当作有 min- 的情况来使用。如果只用宽度和高度，正常的浏览器里这两个值就不会变，如果只用 min-width 和 min-height，IE 下等于没有设置宽度和高度。比如要设置背景图片，这个宽度是比较重要的。

解决方案：

```
# box{width:80px;height:35px;}
html> body # box{width:auto;height:auto;min-width:80px;min-height:35px;}
```

10. 页面的最小宽度

IE 不识别 min，要实现最小宽度，可用下面的方法：

```
# container {min-width: 600px; width: expression (document. body. clientWidth < 600? "600px":"auto");}
```

第一个 min-width 是正常的；但第 2 行的 width 使用了 JavaScript，这只有 IE 才识别，这也会让 HTML 文档不太正规。它实际上通过 JavaScript 的判断来实现最小宽度。

11. DIV 浮动，IE 文本产生 3px 的 bug

左边对象浮动，右边采用外补丁的左边距来定位，右边对象内的文本会离左边有 3px 的间距。

解决方案：

```
#  box{float:left;width:800px;}
#  left{float:left;width:50% ;}
#  right{width:50% ;}
*  html #  left{margin-right:-  3px;/*  这句是关键*  /}
<  div id= "box">
                 <  div id= "left">  </div>
                 <  div id= "right">  </div>
</div>
```

12. 清除浮动

当定义浮动块时，如果不希望后面的内容受到前面浮动块的影响，应在浮动块与不设置浮动的块之间添加清除属性。例如，定义如下三个 div：

```
<  div id=  "floatA">  </div> <  div id=  "floatB">  </div> <  div id=  "NOTfloatC">  </div>
```

这里第三个 id 为 NOTfloatC 的 div 块并不希望继续横排，而是希望往下排。其中 floatA、floatB 的属性已经设置为 float：left。这段代码在 IE 中毫无问题，问题出在 Firefox。原因是第三个 div 块并非 float 标签，必须将 float 标签闭合。在＜div class＝"floatB"＞与＜div class＝"NOTfloatC" ＞之间加上＜div class＝"clear" ＞，这个 div 一定要注意位置，而且必须与两个具有 float 属性的 div 同级，相互之间不能存在嵌套关系，否则会产生异常。并且将 clear 样式属性定义为如下样式：.clear ｛clear：both;｝。

13. 高度自适应

作为外部包含块的 div 不要固定高度，为了让高度能自适应，要在包含块里面加上 overflow：hidden;。当包含 float 的 box 的时候，高度自适应在 IE 下无效，这时候使用 IE 的 layout 私有属性 zoom：1; 可以做到，这样就达到了兼容。例如，某一个包含块如下定义：

```
.colwrapper{overflow:hidden;zoom:1;margin:5px auto;}
```

14. 万能 float 闭合

关于 clear float 的原理可参见［How To Clear Floats Without Structural Markup］。将以下代码加入 Global CSS 中，给需要闭合的 div 加上 class＝" clearfix" 即可。

```
.clearfix:after{content:"";display:block;height:0;clear:both;visibility:hidden;}
.clearfix{display:inline-  block;}
.clearfix{display:block;}
```

15. 高度不适应

高度不适应是当内层对象的高度发生变化时，外层高度不能自动进行调节，特别是当内层对象使用 margin 或 padding 时。例如：

```
# box{background-color:# eee;}
# box p{margin-top:20px;margin-bottom:20px;text-align:center;}
< div id= "box">
< p> p 对象中的内容</p>
</div>
```

解决技巧:

在 P 对象上下各加 2 个空的 div 对象,如设置 class＝"kong",定义如下:

```
< div id= "box">
< div class= "kong"> </div>
< p> p 对象中的内容</p>
< div class= "kong"> </div>
</div>
```

CSS 代码为 ♯ box. kong〔height：0px; overflow：hidden;〕,或者为 DIV 加上 border 属性。

16. IE6 下图片下有空隙产生

解决这个 bug 的技巧有很多,可以是改变 html 的排版,或者设置 img 为 display：block,或者设置 vertical-align 属性为 vertical-align：top/bottom/middle/text-bottom。

17. 对齐文本与文本输入框

对齐文本与文本输入框加上 vertical-align：middle 即可。

```
< style type= "text/css">
<!--
   input{width:200px;height:30px;border:1px solid red;vertical-  align:middle;}
-->
</style>
```

经验证,在 IE9 以下的版本可使用此方式解决,IE9 以上的版本默认居中。而 FF、Opera、Safari、Chrome 都可以。

18. li 中内容超过长度后以省略号显示

此技巧适用于 IE、Opera、Safari、Chrome、FF 浏览器。

```
< style type= "text/css">
<!--
        li{width:200px;white-  space:nowrap;text-overflow:ellipsis;- o- text-overflow:
ellipsis;overflow:hidden;}
-->
</style>
```

19. IE 无法设置滚动条颜色

解决办法是将 body 换成 html。

```
<!DOCTYPE html PUBLIC "-//W3C//DTD XHTML 1.0 Strict//EN" "http://www.w3.org/TR/xhtml1/DTD/xhtml1-strict.dtd">
<meta http-equiv="Content-Type" content="text/html;charset=gb2312"/> <style type="text/css">
<!--
html{scrollbar-face-color:#f6f6f6;  scrollbar-highlight-color:#fff;  scrollbar-shadow-color:#eeeeee;
    scrollbar-3dlight-color:#eeeeee;  scrollbar-arrow-color:#000;  scrollbar-track-color:#fff;
    scrollbar-darkshadow-color:#fff;
    }
-->
</style>
```

20. 无法定义 1px 左右高度的容器

IE6 下这个问题是因为默认的行高造成的，解决的技巧也有很多，例如：

```
overflow:hidden
zoom:0.08
line- height:1px
```

21. 链接（a 标签）的边框与背景

a 链接加边框和背景色，需设置 display：block，同时设置 float：left 保证不换行。

22. 超链接访问过后 hover 样式不出现

被点击访问过的超链接样式不再具有 hover 和 active 样式，解决技巧是改变 CSS 属性的排列顺序：L—V—H—A。

```
<style type="text/css">
<!--    a:link{}  a:visited{}  a:hover{}  a:active{}  -->
</style>
```

23. form 标签的间距问题

在 IE 中，form 标签将会自动有一些外间距，而在 FF 中 margin 则是 0。因此，如果想显示一致，最好在 CSS 中指定 margin 和 padding。针对上面两个问题，CSS 中一般首先都使用这样的样式：

```
ul,p,h1,h2,h3,h4,h5,h6,form{margin:0;padding:0;}
```

24. FF 下文本无法撑开容器的高度

标准浏览器中固定高度值的容器是不会像 IE6 里那样被撑开的，如果想固定高度，又想能被撑开，需要怎样设置？解决方案：去掉 height，设置 min-height：200px。为了兼容 IE6 可以这样定义：

```
选择器{height:auto! important;height:200px;min-height:200px;}
```

附录二 JavaScript 兼容性问题

函数和方法差异

1. getYear () 方法

【分析说明】先看以下代码：

```
var year= new Date(). getYear();
document. write(year);
```

在 IE 中得到的日期是"2010"，在 Firefox 中看到的日期是"110"，主要是因为在 Firefox 里面 getYear () 方法返回的是"当前年份－1900"的值。

【兼容处理】

（1）加上对年份的判断，代码如下：

```
var year= new Date(). getYear();
year= (year< 1900? (1900+ year):year);
document. write(year);
```

（2）通过 getFullYear () 代替 getYear ()，代码如下：

```
var year= new Date(). getFullYear();
document. write(year);
```

建议用第二种方式更简便。

2. eval () 函数

【分析说明】在 IE 中，可以使用 eval ("idName") 或 getElementById ("idName") 来取得 id 为 idName 的 HTML 对象；Firefox 下只能使用 getElementById ("idName") 来取得 id 为 idName 的 HTML 对象。

【兼容处理】统一用 getElementById ("idName") 来取得 id 为 idName 的 HTML 对象。

样式访问和设置

1. CSS 的 float 属性

【分析说明】JavaScript 访问一个给定 CSS 值最基本的句法是：object. style. property，

但部分 CSS 属性与 JavaScript 中的保留字命名相同，如"float""for""class"等，不同浏览器写法不同。

在 IE 中这样写：

```
document. getElementById("header"). style. styleFloat= "left";
```

在 Firefox 中这样写：

```
document. getElementById("header"). style. cssFloat= "left";
```

【兼容处理】在写之前加一个判断，判断浏览器是否是 IE：

```
if(document. all){
        document. getElementById("header"). style. styleFloat= "left";
}
else{
        document. getElementById("header"). style. cssFloat= "left";
}
```

2. 访问和设置 class 属性

【分析说明】同样由于 class 是 JavaScript 保留字的原因，这两种浏览器使用不同的 JavaScript 方法来获取这个属性。

IE8.0 之前的所有 IE 版本的写法如下：

```
var myObject= document. getElementById("header");
var myAttribute= myObject. getAttribute("className");
```

适用于 IE8.0 以及 Firefox 的写法如下：

```
var myObject= document. getElementById("header");
var myAttribute= myObject. getAttribute("class");
```

另外，在使用 setAttribute () 设置 Class 属性的时候，两种浏览器也存在同样的差异。

```
setAttribute("className",value);
```

这种写法适用于 IE8.0 之前的所有 IE 版本。注意：IE8.0 也不支持"className"属性了。

```
setAttribute("class",value);   /* 适用于 IE8.0 以及 firefox。* /
```

【兼容处理】

方法一，两种都写上：

```
var myObject= document. getElementById("header");
myObject. setAttribute("class","classValue");
myObject. setAttribute("className","classValue");
```

设置 header 的 class 为 classValue。

方法二，IE 和 FF 都支持 object. className，所以可以这样写：

```
var myObject= document. getElementById("header");
myObject. className= "classValue";//设置 header 的 class 为 classValue
```

方法三，先判断浏览器类型，再根据浏览器类型采用对应的写法。

3. 对象宽高赋值问题

【分析说明】FireFox 中类似 obj. style. height＝imgObj. height 的语句无效。

【兼容处理】统一使用 obj. style. height＝imgObj. height ＋'px'。

DOM 方法及对象引用

1. getElementById () 方法

【分析说明】先来看一组代码：

```
<! - - input 对象访问 1- - >
< input id= "id" type= "button" value= "click me" onclick= "alert(id. value)"/>
```

在 Firefox 中，按钮没反应；在 IE 中，就可以。因为对于 IE 来说，一个 HTML 元素的 ID 可以直接在脚本中当作变量名来使用，而 Firefox 中则不可以。

【兼容处理】尽量采用 W3C DOM 的写法，访问对象的时候，用 document. getElementById ("id") 以 ID 来访问对象，且一个 ID 在页面中必须是唯一的，同样在以标签名来访问对象的时候，用 document. getElementsByTagName ("div") ［0］。该方式得到较多浏览器的支持。

```
<! - - input 对象访问 2- - >
< input id= "id" type= "button" value= "click me"onclick= "alert(document. getElementById('id'). value)"/>
```

2. 集合类对象访问

【分析说明】IE 下，可以使用 () 或 ［］ 获取集合类对象；Firefox 下，只能使用 ［］ 获取集合类对象。如：

```
document. write(document. forms("formName"). src);
```

该写法在 IE 下能访问到 Form 对象的 src 属性。

【兼容处理】将 document. forms ("formName") 改为 document. forms ［"formName"］。统一使用 ［］ 获取集合类对象。

3. parentElement

【分析说明】IE 中支持使用 parentElement 和 parentNode 获取父节点；而 Firefox 只可以使用 parentNode。

【兼容处理】因为 Firefox 与 IE 都支持 DOM，因此统一使用 parentNode 来访问父节点。

4. table 操作

【分析说明】IE 下，table 中无论是用 innerHTML 还是用 appendChild 插入＜tr＞都没有效果，而其他浏览器却显示正常。

【兼容处理】解决的方法是将＜tr＞加到 table 的＜tbody＞元素中，如下所示：

```
var row= document. createElement("tr");
var cell= document. createElement("td");
var cell_text= document. createTextNode("插入的内容");
cell. appendChild(cell_text);
row. appendChild(cell);
document. getElementsByTagName("tbody")[0]. appendChild(row);
```

5. 移除节点 removeNode () 和 removeChild ()

【分析说明】appendNode () 方法在 IE 和 Firefox 下都能正常使用，但是 remove-Node () 方法只能在 IE 下用。

removeNode () 方法的功能是删除一个节点，语法为 node. removeNode (false) 或者 node. removeNode (true)，返回值是被删除的节点。

removeNode (false) 表示仅仅删除指定节点，然后这个节点的原子节点提升为原双亲节点的子节点。

removeNode (true) 表示删除指定节点及其所有下属节点。被删除的节点成为孤立节点，不再具有子节点和双亲节点。

【兼容处理】Firefox 中节点没有 removeNode () 方法，只能用 removeChild () 方法代替，先回到父节点，再从父节点上移除要移除的节点。

```
node. parentNode. removeChild(node);
```

为了在 IE 和 Firefox 下都能正常使用，取上一层的父节点，然后移除。

6. childNodes 获取的节点

【分析说明】childNodes 的下标的含义在 IE 和 Firefox 中不同，看下面的代码：

```
< ul id= "main">
    < li> 1</li>
    < li> 2</li>
    < li> 3</li>
    </ul>
    <input type= button value= "click me!" onclick= "alert(document. getElementById('main')
. childNodes. length)">
```

分别用 IE 和 Firefox 运行，IE 的结果是 3，而 Firefox 则是 7。Firefox 使用 DOM 规范，"♯text"表示文本（实际是无意义的空格和换行等），在 Firefox 里也会被解析成一个节点，在 IE 里只有具有实际意义的文本才会解析成"♯text"。

【兼容处理】

方法一，获取子节点时，可以通过 node.getElementsByTagName () 方法来回避这个问题。getElementsByTagName 对复杂的 DOM 结构遍历明显不如 childNodes，因为 child-Nodes 能更好地处理 DOM 的层次结构。

方法二，在实际运用中，Firefox 在遍历子节点时，不妨在 for 循环里加上：

```
if(childNode. nodeName= = "# text") continue;//或者使用 nodeType= = 1
```

这样可以跳过一些文本节点。

- 延伸阅读：《IE 和 FireFox 中的 childNodes 区别》。

事件处理

如果在使用 JavaScript 的时候涉及事件（event）处理，就需要知道 event 在不同的浏览器中的差异。

1. window. event 事件对象

【分析说明】先看一段代码：

```
function et(){
        alert(event);//IE:[object]
}
```

以上代码在 IE 中运行的结果是 [object]，而在 Firefox 中则无法运行。

因为在 IE 中 event 作为 window 对象的一个属性可以直接使用，但是在 Firefox 中却使用了 W3C 的模型，它是通过传参的方法来传播事件的，也就是说需要为函数提供一个事件响应的接口。

【兼容处理】添加对 event 判断，根据浏览器的不同来得到正确的 event：

```
function(ev){
  var oEvent= ev||window. event;
  alert(oEvent);
}
```

2. 键盘值的取得

【分析说明】IE 和 Firefox 获取键盘值的方法不同，Firefox 下的 event. which 与 IE 下的 event. keyCode 相当。关于彼此不同，可参考《键盘事件中 keyCode、which 和 charCode 的兼容性测试》。

【兼容处理】

```
function myKeyPress(ev){
        //兼容 IE 和 Firefox 获得 keyBoardEvent 对象
var oEvt= ev||window. event;
        //兼容 IE 和 Firefox 获得 keyBoardEvent 对象的键值
```

```
        var key= oEvt. keyCode? oEvt. keyCode:oEvt. which;
        if(oEvt. ctrlKey &&(key= = 13 || key= = 10)){
                    //同时按下了 Ctrl 和回车键

                //执行语句
        }
    }
```

3. 事件源的获取

【分析说明】在使用事件委托的时候，通过事件源获取来判断事件到底来自哪个元素。但是，在 IE 下，event 对象有 srcElement 属性，没有 target 属性；Firefox 下，even 对象有 target 属性，没有 srcElement 属性。

【兼容处理】

```
ele= function(evt){//捕获当前事件作用的对象
evt= evt||window. event;
    return(obj= evt. srcElement? evt. srcElement:evt. target;);
}
```

4. 事件监听

【分析说明】在事件监听处理方面，IE 提供了 attachEvent 和 detachEvent 两个接口，而 Firefox 提供的是 addEventListener 和 removeEventListener。

【兼容处理】最简单的兼容性处理就是封装这两套接口：

```
function addEvent(elem,eventName,handler){
    if(elem. attachEvent){
        elem. attachEvent("on" + eventName,function(){
                                            handler. call(elem)
                                        });
            //此处使用回调函数 call(),让 this 指向 elem
    }else if(elem. addEventListener){
        elem. addEventListener(eventName,handler,false);
    }
}
function removeEvent(elem,eventName,handler){
    if(elem. detachEvent){
        elem. detachEvent("on" + eventName,function(){
                                            handler. call(elem)
                                        });
            //此处使用回调函数 call(),让 this 指向 elem
```

```
        }else if(elem. removeEventListener){
            elem. removeEventListener(eventName,handler,false);
        }
    }
```

需要特别注意，在 Firefox 下，事件处理函数中的 this 指向被监听元素本身，而在 IE 下则不然，可使用回调函数 call，让当前上下文指向监听的元素。

5. 鼠标位置

【分析说明】在 IE 下，event 对象有 x、y 属性，但是没有 pageX、pageY 属性；Firefox 下，even 对象有 pageX、pageY 属性，但是没有 x、y 属性。

【兼容处理】使用 mX (mX＝event. x event. x：event. pageX;) 来代替 IE 下的 event. x 或者 Firefox 下的 event. pageX。复杂点还要考虑绝对位置。

```
function getAbsPoint(e){
    var x= e. offsetLeft,y= e. offsetTop;
    while(e= e. offsetParent){
        x+ = e. offsetLeft;
        y+ = e. offsetTop;
    }
    alert("x:" + x + "," + "y:" + y);
}
```

其他差异的兼容处理

1. 创建 XMLHttpRequest 对象

【分析说明】创建 XMLHttpRequest 对象时，new ActiveXObject ("Microsoft. XM-LHTTP") 只在 IE 下起作用，而 Firefox 不支持，但支持 XMLHttpRequest。

【兼容处理】

```
function createXML(){
var xmlhttp;
    if(window. XMLHttpRequest){// code for IE7+ ,Firefox,Chrome,Opera,Safari
        xmlhttp= new XMLHttpRequest();
    }else{// code for IE6,IE5
        xmlhttp= new ActiveXObject("Microsoft. XMLHTTP");
}
}
```

2. 模态和非模态窗口

【分析说明】在 IE 下可以通过 showModalDialog 和 showModelessDialog 打开模态和

非模态窗口，但是在 Firefox 下不支持。

【解决办法】直接使用 window. open (pageURL，name，parameters) 方式打开新窗口。如果需要传递参数，可以使用 frame 或者 iframe。

3. input. type 属性问题

在 IE 下 input. type 属性为只读，但是在 Firefox 下可以修改。

4. img 对象 alt 和 title 的解析

【分析说明】img 对象有 alt 和 title 两个属性，区别在于：alt 属性是当照片不存在或者加载错误时的提示；title 属性是照片的 tip 说明。在 IE 下如果没有定义 title，alt 也可以作为 img 的提示说明使用，但是在 Firefox 下，两者完全按照标准中的定义使用。

【兼容处理】在定义 img 对象时，最好将 alt 和 title 对象都写全，保证在各种浏览器中都能正常使用。

5. img 的 src 刷新问题

【分析说明】先看一下代码：

```
< img id= "pic" onclick= "this. src= 'a. jpg'"src="a. jpg" style= "cursor:pointer"/>
```

在 IE 下，这段代码可以用来刷新图片，但在 FireFox 下则不行，主要是缓存问题导致的。

【兼容处理】在地址后面加个随机数就可以解决了。

```
< img id= "pic" onclick= "JavaScript:this. src= this. src+ '? '+ Math. random()"src="a. jpg"
style= "cursor:pointer"/>
```

参考文献

［1］月影.JavaScript 王者归来［M］.北京：清华大学出版社，2008.

［2］David Flanagan.JavaScript 权威指南：第 6 版［M］.北京：机械工业出版社，2012.

图书在版编目（CIP）数据

Web 前端开发技术实用教程/单兴华，张琼主编；全国青年彩虹工程实施指导办公室，全国电子商务人才从业能力教育项目管理办公室组编. —北京：中国人民大学出版社，2017.11
ISBN 978-7-300-21686-7

Ⅰ.①W…　Ⅱ.①单…　②张…　③全…　④全…　Ⅲ.①网页制作工具-程序设计　Ⅳ.①TP393.092

中国版本图书馆 CIP 数据核字（2015）第 163216 号

全国青年彩虹工程·大学生预就业计划官方教材
全国电子商务人才从业能力教育官方教材
总策划　单兴华
Web 前端开发技术实用教程
全国青年彩虹工程实施指导办公室
　　　　　　　　　　　　　　　　　　组编
全国电子商务人才从业能力教育项目管理办公室
单兴华　张　琼　主编
Web Qianduan Kaifa Jishu Shiyong Jiaocheng

出版发行	中国人民大学出版社				
社　　址	北京中关村大街 31 号		**邮政编码**	100080	
电　　话	010 - 62511242（总编室）		010 - 62511770（质管部）		
	010 - 82501766（邮购部）		010 - 62514148（门市部）		
	010 - 62515195（发行公司）		010 - 62515275（盗版举报）		
网　　址	http://www.crup.com.cn				
	http://www.ttrnet.com（人大教研网）				
经　　销	新华书店				
印　　刷	北京昌联印刷有限公司				
规　　格	185 mm×260 mm　16 开本		**版　　次**	2017 年 11 月第 1 版	
印　　张	25		**印　　次**	2017 年 11 月第 1 次印刷	
字　　数	596 000		**定　　价**	58.00 元	